華章圖書

一本打开的书，一扇开启的门，
通向科学殿堂的阶梯，托起一流人才的基石。

物联网核心
技术丛书

物联网嵌入式软件

（原书第3版）

[丹麦] 克劳斯·埃尔克（Klaus Elk）著

张利明 徐坚 甘健侯 孙瑜 李佳蓓 译

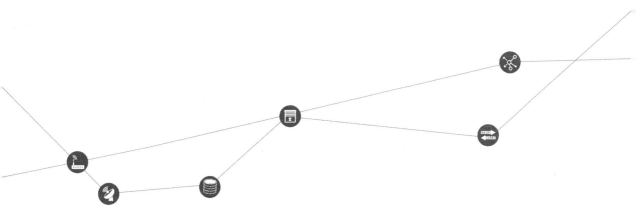

机械工业出版社
China Machine Press

图书在版编目（CIP）数据

物联网嵌入式软件（原书第3版）/（丹）克劳斯·埃尔克（Klaus Elk）著；张利明等译 .
—北京：机械工业出版社，2019.10
（物联网核心技术丛书）
书名原文：Embedded Software for the IoT, Third Edition

ISBN 978-7-111-63789-9

I. 物… II. ①克… ②张… III. ①互联网络 - 应用 - 软件工程 ②智能技术 - 应用 -
软件工程 IV. TP311.5

中国版本图书馆 CIP 数据核字（2019）第 213743 号

本书版权登记号：图字 01-2019-5678

物联网嵌入式软件（原书第 3 版）

出版发行：机械工业出版社（北京市西城区百万庄大街 22 号　邮政编码：100037）
责任编辑：孙榕舒　　　　　　　　　　　　　　责任校对：殷　虹
印　　刷：中国电影出版社印刷厂　　　　　　　版　　次：2019 年 10 月第 1 版第 1 次印刷
开　　本：186mm×240mm　1/16　　　　　　　印　　张：16
书　　号：ISBN 978-7-111-63789-9　　　　　　定　　价：89.00 元

客服电话：（010）88361066　88379833　68326294　　　投稿热线：（010）88379604
华章网站：www.hzbook.com　　　　　　　　　　读者信箱：hzit@hzbook.com

版权所有 · 侵权必究
封底无防伪标均为盗版
本书法律顾问：北京大成律师事务所　韩光 / 邹晓东

The Translator's Words · 译者序

2019 注定是不平凡的一年，在这一年中，中国三大运营商和中国广播电视网络有限公司正式获 5G 商用牌照，中国由此进入 5G 商用元年。5G 时代已经来临，万物互联不再是空中楼阁，物联网开始盛行，物理设备不再冷冰冰，物理世界和数字世界深度融合，行业边界越来越模糊，人类将进入全新的智能时代。在此背景下，对传统 IT 工程师的需求放缓，而对物联网开发者的需求呈井喷式增长。

本书将为你成长为物联网开发者提供强力支持。本书是作者 30 多年来在企业和大学关于物联网编程方面的经验总结，系统全面地展示了物联网编程的方方面面，涉及物联网生态下的基本体系、最佳实践和物联网技术。

本书的翻译得到了同行、老师、学生和朋友的帮助及鼓励，在此表示真挚的谢意。译稿力求忠于原著，但限于译者水平，加上时间仓促，译文中难免有疏漏之处，敬请读者批评指正。

译者

2019 年 7 月于云南曲靖

前言 · Preface

物联网已经出现，很快将有 500 亿台设备被"连接"。这就提出了一个问题：谁来对这些设备进行编程？

在"StackOverflow"2018 年的一项重大调查中，10 万名参与调查者有 5.2% 的人声称自己在使用嵌入式应用程序或设备，这一比例是 2016 年同一调查的两倍，要吸引余下 94.8% 的人中的开发人员仍有很大的潜力。

这些开发人员除了要掌握基本的编程技能，还要进军大量的新领域。

VDC Research 发布的《2018 年物联网开发者/工程师普查与分析》（*2018 IoT Developer/Engineer Census and Analysis*）指出，"在工程公司寻找具备领域特定技能和云/IT 技能、能够构建互连解决方案和应用程序的'多面手'物联网开发者的同时，传统工程师的增长和需求已经放缓。"

本书旨在为读者提供上述的众多技能。作者以结构化的方式展示了相关领域全面深入的基础知识。这为读者打下了一个坚实的基础，所有分散的 Web 细节都可以附加到这个基础之上。

在这本书中，作者非正式而中肯地总结了自己 30 多年来私营企业工作和大学教学的实践经验。

本版的新颖之处

与上一版相比，本书在"物联网技术"部分增加了两章。其中一章与互联网安全有关，这或许并不令人意外，因为随着物联网规模的增长，互联网安全问题越来越重要。另一章是统计过程控制（SPC），增加这一章用户可能不太理解。然而，正如本书第 1 章所介绍的，SPC 是"工业 4.0"的重要组成部分，这是一个与物联网密切相关的术语。

除了新增这两章之外，本书还对现有的章节进行了更新。"进程"章节已经被更改为"代码维护"，新引入的章节内容还有 Yocto，尤其引入了 git，其他章节也做了类似的更改。就篇幅而言，这个版本比上一个版本增加了一半以上。

网络部分的 Wireshark 屏幕截图更加易于阅读，同时大量新的图片和表格也提升了阅读体验。

本书第 3 版由 De Gruyter 出版。这意味着在内容、印刷和设计方面有数不胜数的改进。许多细节更新到 2018 年的新进展，而 Python 现已成为仿真的核心语言。

致谢

非常感谢 Stuart Douglas 发现了本书，并将这本书带入 De Gruyter 家族。感谢我的编辑 Jeffrey Pepper 耐心审查了本书，他发现我过度使用了"首字母大写"和连字符。Jeffrey 对文本和图片进行了许多改进，改善了阅读体验。同样，我要感谢 Paul Cohen 对技术的深入审校。最后，感谢家人的耐心倾听，并感谢他们容忍我长时间待在电脑前面工作。

Klaus Elk

Contents · 目录

第一部分　基本体系

第二部分　最佳实践

第三部分　物联网技术

引　言

1.1　互联网的故事

局域网（Local Area Network，LAN）在 20 世纪 70 年代开始可用。这项技术使一幢建筑物内的计算机相互连接，最为典型的应用是打印和文件共享，其余功能留给用户自己开发。随着 20 世纪 80 年代中期 IBM PC（个人计算机）的出现，市场不断地发展，因此我们经常会看到网络供应商之间发生一场关于技术的无硝烟"战争"，涉及的技术诸如 Token-Ring（令牌环）、Token-Bus（令牌总线）、Ethernet（以太网）、Novell、AppleTalk 和 DECnet，特别是前三个技术为一般市场而战，而 AppleTalk 和 DECnet 分别针对 Apple 和 Digital。Novell 在其解决方案中迅速采用了以太网，从而成功专注于开发网络软件很多年。尽管以太网不是技术上最先进的解决方案，而且只涵盖了我们现在所知的 OSI 协议栈的最低两层，但它赢得了这场战争。这很好地展示了一个可用的"足够好"的解决方案如何获得吸引力，并变得流行，从而导致价格下降、销量增加等。

在以太网成为明显的赢家之前，工程师和科学家一直努力研究如何扩展局域网，以使它变得超越本地化。不同的物理层、寻址方案和协议几乎使这成为不可能。来自 DARPA 的 Vinton Cerf 和 Robert Khan 在 1974 年的一篇论文中提出了一个位于各种物理根地址之上的通用虚拟地址的概念。在这些的基础之上，他们提出了一个新的通用协议，即传输控制协议（TCP）。TCP 连接现有的网络，他们将这个概念称为互联网。这些虚拟地址被称为 Internet 协议地址（IP 地址）。后来，TCP 和 IP 成为单独的层，从而能够运行简单的基于 IP 网络协议的 UDP。在第 7 章，我们将深入讨论 TCP 和 IP。

回顾过去，在一个强大的解决方案中，以太网如何从 10 Mbit/s 扩展到 10 Gbit/s，以及 TCP 如何能够适应这一系列变化，都是令人惊讶的。正如第 7 章所述，IPv4 的地址逐渐接近溢出，而 IPv6 在逐步取而代之。虚拟地址是分层的，这意味着它们是可路由的，并且可以在我们移动时而改变。这与邮政地址完全相同，并且已经被证明是非常有用的。

1989 年，欧洲核子研究中心（CERN）的蒂姆·伯纳斯·李（Tim Berners-Lee，万维网之父）展示了万维网（WWW）。许多人认为万维网与互联网相同，但万维网比互联网"年轻"20多岁，而且只是互联网上许多应用程序中的一个。图 1.1 所示的"沙漏"架构，以单个 IP 为中心，顶层有数百万个应用程序，底层有许多物理网络解决方案，这也证明了它本身是非常强大的。我们将在第 4 章中讨论软件架构。

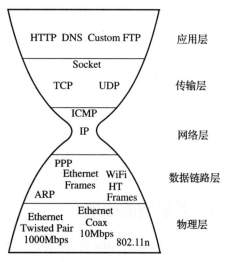

图 1.1　沙漏状的互联网堆栈

在互联网发展的同一时期，Ken Thompson 和 Denis Ritchie 在美国电话电报公司（AT&T）使用新的独立于机器的 C 语言开发出 UNIX，C 语言也是由他们创建的。同时，UNIX 也是 TCP/IP 的第一批采用者之一。换句话说，Linux 今天拥有的许多优势都是源于 20 世纪 70 年代。我们将在第 2 章中讨论操作系统。

1.2　云

虽然早期的互联网主要是一种学术兴趣[⊖]，但万维网以其可点击的超链接将其呈现给了人们。Web 服务器进入公司和机构，在那里，它们从文件服务器向我们提供固定的内容、文本和图表。

借助 PHP 和 CGI 等脚本语言，从数据库中获取的内容变得更加动态。这种情况持续了好几年，直到我们看到了什么是 Web 2.0。在 Web 2.0 之前，Web 服务器可以更新发送到 Web 浏览器的内容，但代价是彻底重绘页面。现在，Web 应用程序开始看起来像 Windows 或 Mac 应用程序，可以更新字段、图形等。这也是开源的一个突破，流行的 LAMP 代表 Linux（OS）、Apache（Web 服务器）、MySQL（数据库）以及 Python、PHP 或 Perl（所有脚本语言）。

　⊖　电子邮件出现在万维网之前，并缓慢地推动着互联网的发展。

随着 Web 服务器复杂性的增加以及互联网发展得更快、更健壮，许多公司和机构开始使用 web hotels，这在经济上是明智之举。web hotels 的收入是基于规模的：运行一台服务器所需的多变的技术诀窍在运行许多服务器时得到了更好的利用。现在，即使是某家公司的员工也不知道他们公司网站主机的所在地，他们也不关心这个。它在云里的某个地方。当我们开始使用智能手机时，显然是通过云在空中连接，"云"这个词变得更加流行。参见图 1.2。

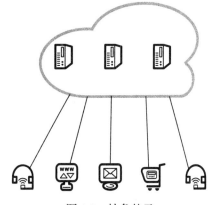

图 1.2　抽象的云

1.3　物联网

第一个网络摄像头是在剑桥大学发明的，用于监视咖啡机，这样就没有人白跑一趟去看是否有咖啡。就是这样，一个有趣但不是很实用的想法诞生了。相反，可以考虑在咖啡机中构建一个 Web 服务器，告诉用户还剩下多少杯咖啡，但这个解决方案的问题在于可扩展性不高。这是一个重要的术语，我们稍后会讲述。一台廉价咖啡机的小型电子设备上的 Web 服务器通常太有限，以致无法为许多 Web 浏览器提供服务。在这个历史时刻，我们确实看到了许多支持 Web 的设备。实际上，服务技术人员可以使用标准的 Web 浏览器连接到硬件，这是切实可行的，我们将仍然使用这个概念。然而，当时这些设备通常不会永久连接到互联网，它们只是偶尔在本地连接中使用该技术直接连接到技术人员的 PC。

针对咖啡机问题的可扩展解决方案是利用基于 PC 的 Web 服务器读取许多台咖啡机，以便每台咖啡机只有一个客户端来读取它的状态，例如每分钟读取两次，接下来大量用户可以连接到 Web 服务器。

让咖啡机成为任意小型互联网连接设备，将 Web 服务器置于云端，并让用户通过智能手机、PC 或平板电脑连接，你就拥有了物联网（IoT）。如图 1.3 所示，这是沙漏架构的另一个应用，只是现在沙漏架构不

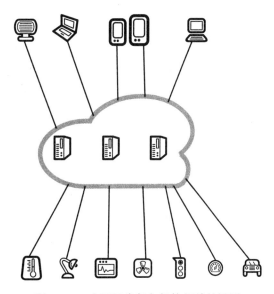

图 1.3　一个不寻常但与架构相关的视图

是在单个 PC 而是在整个互联网上实现。不寻常的是，客户端被放置在云端之上，以展示架构点。有时，用于形容"地面上"所有设备的另一个术语是"雾"（fog）。

Linux 的发明者 Linus Thorvalds 曾在接受采访时表示，他为台式机开发了 Linux，并且在台式机以外已经超越了计算机化的世界。这是指，由于价格、稳健性和编程的简易性，开源首先在服务器中极受欢迎，而现在由于同样的原因，它还会进入小型设备，当然还有一些其他原因。Web 服务器和设备的共同点在于，它们只由计算机专业人员直接使用。这些人并不依赖于清晰的图形界面，而是更喜欢以自动化为特色的程序和脚本。

BeagleBone、Arduino 和 Raspberry Pi 等设备为新一代的 Linux 设备打开了大门，但现实世界中的设备通常需要更强大。这些将在第 3 章中讨论。

1.4　物联网相关术语

1. 工业 4.0

长期以来，德国一直是汽车市场上最先进的欧洲国家。2015 年的"柴油门"事件动摇了大众汽车公司的地位。甚至在此之前，德国人就担心会出现混乱——新技术可能会让一家欣欣向荣的企业在短时间内破产，他们知道自己不能安于现状。德国政府在 2013 年公布了工业 4.0，作为 2020 年计划中的十个未来项目之一。

第四次工业革命在历史上曾多次被提出过。这一次，它是一个精心设计的计划。设想物联网的连通性，它能够将来自巴西等地的工厂中的实时地面数据传送到德国的生产控制设备中。这些数据通常采用与特定装配线、产品类型、生产装备、日/夜班等有关的统计数据。同样重要的是，该计划侧重于权力下放。这意味着在装配线上有更智能的嵌入式系统，该系统能做出更多自主和高级的决策。根据收集的统计数据，这些系统可能会在整个过程中进行远程校准。在第 12 章中，我们将讨论嵌入式系统的统计过程控制（SPC）。在第 4 章中，我们将介绍 CANOpen，这是工厂自动化中的几个标准之一。

如今，这种先进的嵌入式软件通常会与产品本身进行通信。毫无意外，可以查询汽车的类型和序列号等，并且校准的生产数据可能会被写入汽车。然而，通过汽车，工厂的软件可以与内部的 CAN 总线通信，并通过这些总线与制动器、安全气囊和其他子系统通信。

2. 工业物联网（IIoT）

工业物联网这个术语听起来非常像工业 4.0 概念，但它的诞生标志不是太明确。工业互联网联盟（Industrial Internet Consortium，IIC）已采纳这一术语，该联盟于 2014 年由美国电话电报公司（AT&T）、思科（Cisco）、通用电气（General Electric）、IBM 和英特尔（Intel）组成，从那时起，全球各地的公司纷纷加入。它们的目标是确保设备之间的真正互连。这些产业涉及制造业、能源、医疗保健、交通运输和智能城市等。

3. 万物互联（IoE）

思科是工业互联网联盟的成员之一。思科将万物互联定义为"人、流程、数据和事物之间的网络连接"。它以这种方式包括了物联网，而没有忘记已经存在的人与人之间的互联网。这是有道理的，因为思科的市场是基础设施，所以一个人或一个设备是生成数据还是订阅数据并不重要。通过包含"流程"一词，思科打开了一扇门，通过其 Web 服务器和数据库以及实际应用程序来扩展当前的云。这也是谷歌、微软、Facebook 和亚马逊等主要参与者的兴趣所在。

4. 大数据

大数据显然与物联网不同。然而，所有这些数十亿的互联网连接设备将创造前所未有的数据量。第 11 章将介绍这些数据中的某些数据在设备诞生时是如何进行过滤的，这在许多情况下都是必不可少的。在计算机时代，处理能力以令人印象深刻的速度增长，但存储容量增长得更快。大数据也许很棒，但如果我们想要快速的算法，它们需要处理较少但更相关的数据。我们需要在源和各个流程步骤中将数据减少到一定程度。引用爱因斯坦的话："让每件事情尽可能简单，而又不过度简单。"在云中处理大数据的主题不在本书的讨论范围之内，但我们仍将看到许多减少数据量的方法。

如果你想了解一下网络的惊人诞生以及所有帮助它发展的创新，可以看看 Jim Boulton 的《改变网络的 100 个想法》（*100 Ideas that Changed the Web*）。该书关于网络的每项创新仅用两页来解说，其中一页通常是彩色图片，这使它不仅很有趣而且实用性很高。

基 本 体 系

第 2 章 · CHAPTER 2

如何选择操作系统

在"过去"，你首先会选择 CPU，然后再考虑操作系统（OS）。然而今天，更常见的是先选择操作系统，然后选择 CPU 或 CPU 系列。实际上，这通常是一个迭代过程。例如，你可以决定使用 Linux，但这需要一个 MMU（内存管理单元），这可能会导致你使用太大且昂贵的 CPU。在这种情况下，你可能不得不重新考虑你原来的选择。表 2.1 是本章的"开始"，总体趋势是由简单到高级。

表 2.1 任务管理——从简单到高级

操作系统/内核/语言	类　型
Simple main	严格的轮询
Ruby	协程
Modula-2	协程
Windows 3	非抢占式调度程序
ARM mbed simple	用 FSM 中断 +main
OS-9	抢占式实时内核
Enea OSE	抢占式实时内核
Windows CE	抢占式实时内核
QNX Neutrino	抢占式实时内核
SMX	抢占式实时内核
Windows NT	抢占式操作系统
ARM mbed advanced	抢占式调度程序
Linux	抢占式操作系统
RT-Linux	抢占式实时操作系统
VxWorks	抢占式实时操作系统

我们将深入探讨各种类型的操作系统及其优缺点，同时介绍一些重要的参数。这些解决方案将以最易于阅读的方式排列，从而实现完全抢占式的 RTOS（Real Time Operating System，实时操作系统）。

2.1　无操作系统和严格的轮询

最简单的嵌入式系统是没有操作系统的，只留给程序员一些底层细节。如果使用 C 语言，则有一个 main() 函数，那么你的"官方"程序在启动时将使用 main() 函数执行。由于没有操作系统（OS），因此必须通过配置编译器、链接器和定位器来确保这一点[⊖]。首先必须调用一个小程序集，该程序集将完成以下工作：将程序复制到 RAM，禁用中断，清除数据区域，准备堆栈和堆栈指针。

> 我曾经使用过编译器包来完成上述所有操作。不幸的是，供应商忘记执行带所有全局 C 变量初始化的代码的调用，这通常被认为是理所当然的。因此，在意识到这一点之后，我们可以自己完成这项工作，或者记住在 main() 的一个特殊"init"函数中显式地初始化所有全局变量。这是一个典型的例子，说明了在嵌入式世界中编程与在 PC 上编程的区别，PC 上的工具比小型系统上的工具更"完善"。

在一个无操作系统的系统中，main() 有一个无限循环，看起来像这样：

清单 2.1　循环调度

```
 1  int main(int argc, char *argv[])
 2  {
 3      for(;;)
 4      {
 5          JobA();
 6          JobB();
 7          JobA();
 8          JobC();
 9      }
10  }
```

这是一种"循环"方案，略有增强，JobA 通过以比其他进程更短的间隔访问 CPU 获得了更多的"关注"（不是真正的优先级）。在每个作业中，当有时间时，我们从代码中读取相关的输入。这就是所谓的"轮询"，我们甚至可以做一个循环，反复测试输入，直到它从一个状态转到另一个状态，这称为"忙等待"，因为 CPU 除了循环之外什么都不做。在 JobB 中引

⊖　定位器通常与链接器集成在一起，所以如果你以前没有听说过它，不要担心。

入这样的循环对于 JobA 和 JobC 来说是一场灾难——在这种状态发生变化之前它们不会被执行。如果我们在这个循环中等待的状态改变实际上取决于 JobA 或 JobC 的行为，会怎么样？在这种情况下，我们显然是遇到了死锁。忙等待循环的另一个问题是浪费了大量精力，因为不允许 CPU 进行任何形式的节能。所以在循环中忙等待有时可能没问题，但在这样简单的系统中就不一样了。

另一个概念是 FSM（Finite State Machine, 有限状态机），在 FSM 中读取所有输入，确定已更改的内容并执行操作，如清单 2.2 所示。尽管它仍然没有任何操作系统，但相比起来要智能得多。

清单 2.2　包含有限状态机的 main 函数

```
1  int main(int argc, char *argv[])
2  {
3      for(;;)
4      {
5          ReadSensors();          // 读取所有的输入
6          ExtractEvents();        // temp 是否超过限制
7          StateEventHandling();   // 执行操作
8      }
9  }
```

清单 2.3 是三个有限状态机之一，这三个有限状态机共同控制一个 TOE——TCP 卸载引擎。TOE 在硬件中实现 TCP 的实际传输，而其余部分通过 FSM 在嵌入式软件中处理。稍后我们将研究 socket 和 TCP，可以看出，该清单非常直观地表示了图 7.8 的大部分内容，即 TCP 连接状态的图形表示。目前，研究 FSM 的概念更有意义。

每一列都是 TCP socket 的状态，在给定的时间是"当前状态"。每一行表示在这种状态下发生的事件，例如已收到一个 ACK（应答信号）。表中的每个元素都包含要执行的操作以及下一个状态。为了能竖排下代码清单，它被分成了两部分。在实际的 C 语言代码中，"表在此处继续"之后的部分位于上面几行代码的右边，这样我们就有了一个包含 7 行和 7 列的表（巧合的是，状态和事件的数量是相同的）。FSM 不仅适用于简单的无操作系统，而且可以在任何地方使用。清单 2.3 中所示的 FSM 也适用于 Linux 系统。FSM 在硬件设计人员中非常受欢迎，但却没有被很多软件设计人员使用，这很可惜。尽管如此，许多现代框架都包含 FSM，以提供"事件驱动"模型。

清单 2.3　TOE 的三个有限状态机之一

```
1  struct action connected_map[EV_MINOR(EV_ENDING_COUNT)]
2                             [ST_MINOR(ST_ENDING_COUNT)] =
3  {
4  //st_normal      st_close_wait    st_last_ack      st_fin_wait_1 // 事件
5  //NORM           CL_W             LACK             FW_1          // ev_end_
```

```
 6  {{error,   NORM},{error,   CL_W},{error,   LACK},{error,   FW_1},// <error>
 7  {{send_fin,FW_1},{send_fin,LACK},{no_act, LACK},{no_act, FW_1},// close
 8  {{error,   NORM},{error,   CL_W},{req_own,OWN },{fw1_2,  FW_2},// ACK
 9  {{ack_fin, CL_W},{error,   CL_W},{error,   LACK},{ack_fin,CL_G},// FIN
10  {{error,   NORM},{error,   CL_W},{error,   LACK},{ack_fin,TM_W},// FIN_ACK
11  {{error,   NORM},{error,   CL_W},{fin_to, CL  },{fin_to, CL  },// TimeOut
12  {{abort,   GHO },{abort,   GHO },{abort,   GHO },{abort,   GHO },// Exc_RST
13  };
14  // 表在此处继续
15  //st_fin_wait_2   st_closing       st_time_wait              // 事件
16  //FW_2            CL_G             TM_W                       // ev_end_
17  {error,    FW_2},{error,   CL_G},{error,   TM_W}},           // <error>
18  {no_act,   FW_2},{no_act, CL_G},{no_act, TM_W}},            // close
19  {error,    FW_2},{cl_ack, TM_W},{error,   TM_W}},            // ACK
20  {ack_fin,  TM_W},{error,   CL_G},{error,   TM_W}},            // FIN
21  {error,    FW_2},{error,   CL_G},{error,   TM_W}},            // FIN_ACK
22  {req_own,  OWN },{req_own,OWN },{req_own,OWN }},             // TimeOut
23  {abort,    GHO },{abort,   GHO },{abort,   GHO }},            // Exc_RST
```

FSM 的一个优点是，它们既是工具又是文档，通常可以在屏幕上显示单个页面。与许多 if else 或 switch 子句相比，FSM 的使用更加"清晰"，因此更容易创建并保持无差错状态。通过良好的概述，很容易发现缺少的状态和事件的组合。同时，它也是一个紧凑的解决方案。在该示例中，相同的 FSM 代码适用于所有 socket。我们只需要保持每个 socket 的当前状态，并且仅使用两个参数调用状态机，这两个参数是 socket 句柄和传入事件。顺便提一下，当不用 C++ 而是用 C 编写代码时，通常第一个参数是"你没有的对象"。因此，如果 C++ 版本是 socket-> open(a, b)，那么在 C 中应变为 open(socket, a, b)。

图 2.1 显示了一个无操作系统的系统。它的主要优点是简单，没有需要你理解并获取更新的第三方操作系统。如果该系统要持续使用很多年，这一点可能非常重要。这种简单性包括应用程序可以直接读取输入和写到输出，没有"驱动程序"的概念。这在只有单个开发人员的小型系统中是可行的，但它也有缺陷，因为一个简单的错误就可能导致灾难。图 2.1 引入了一个我们将会多次看到的小型设置：

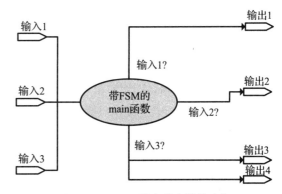

图 2.1　main 函数中的有限状态机

❑ 输入 1——导致一些处理，最终导致输出 1 的变化。

❑ 输入 2——导致一些处理，最终导致输出 2 的变化。

❑ 输入 3——导致一些处理，最终导致输出 3 和 4 的变化。

2.2 协程

协程与操作系统的任务（我们稍后会讲到）不同，但它们确实具有相似的特征：

1）相同的协程可能存在许多实例，通常每个资源一个，例如游戏中的角色或生物模拟中的细胞。

2）当 CPU 执行其他操作时，每个实例都可以在某个时刻上暂停。它可以保持状态，并且从给定的点继续。

3）这个暂停必须由协程通过"让步"（yielding）到另一个协程来调用。但是，没有调用者和被调用者。这是由某些特定语言支持的，不是 C 语言，而是 Ruby 和 Modula-2。

在当今的嵌入式世界中，协程主要是学术界的兴趣所在。你永远不会知道，它们是否可能会再次流行起来。

2.3 中断

当输入发生变化时，将生成中断，而不是轮询各种输入。一个或多个中断例程读取输入并执行操作。中断是硬件中的外部事件异步触发执行流中的更改时发生的情况。通常，CPU上的给定引脚映射到中断号。在内存布局的固定位置中可以找到中断向量，它是一个固定每个中断字节数的数组——主要包含 CPU 必须跳转到的地址。这是中断服务程序（ISR）的地址。当进入 ISR 时，大多数 CPU 都会禁用所有中断[⊖]。

在这种"纯中断控制系统"中，中断服务程序原则上可以执行与给定事件相关的所有操作，参见图 2.2。

这种系统有很多版本：

1）每个输入都有自己的中断服务程序（ISR）和中断优先级。因此，一个中断可能会中断主程序（堆叠它计划使用的寄存器），然后这可能会被下一个更高级别的中断所中断，这被称为嵌套中断，通常只有在原始 ISR 重启时才会发生。如果存在操作系统，这可以在将控制权交给程序员之前由操作系统完成，或由程序员自己在当前的无操作系统的情况下完成。嵌套中断在较大的系统中非常正常，但是如果对输入的所有操作都在中断程序中完成，则嵌套中断"理解"系统的确切

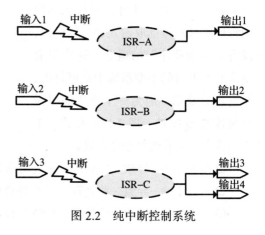

图 2.2 纯中断控制系统

⊖ NMI 除外——如果中断存在，不可屏蔽中断。

状态变得非常重要。这同样取决于我们在中断的中断中运行到了哪个步骤，而这几乎是不可能知道的。这很好地解释了为什么可以将尽可能多的操作推迟到稍后运行的、优先级较低的操作上。但它不再是纯粹的基于中断的系统。此外，许多系统没有足够的中断级别来匹配所有输入。

2）如上所述，每个输入都有自己的中断服务程序（ISR）和自己的中断优先级。但是，在这个系统中不允许嵌套中断。这意味着所有其他中断必须等到第一次中断完成后才能进行。这对于其他中断的中断延迟（最坏情况下的响应时间）非常不利。因此，通常把大部分工作推迟到稍后运行就变得更加重要了。对于纯粹基于中断的系统来说，这又是个坏消息。

3）上述两种情况都可以选择许多不同的输入来触发相同的中断。ISR 必须做的第一件事就是找出实际改变状态的输入，这是菊花链中断。可以这么说，测试各种事件的顺序变成了所谓的"次优先级"。

从上面可以清楚地看出，一个纯粹的中断控制系统没有任何程序延迟到低优先级处理，这样的系统将面临巨大的挑战。

> 我曾经遇到过一个关于中断的特别棘手的问题，与"边沿触发"和"条件触发"中断之间的差异有关。如果一个中断是条件触发的，那么除非在硬件本身或者代码（通常是在 ISR 中）中发生条件更改，否则你将继续获得中断。另一方面，边沿触发中断仅发生在脉冲的上行或下行沿。如果在短时间内禁用了中断，则永远不会得到中断，除非边沿被锁存在 CPU 硬件中，而不是在所有 CPU 中。

任何具有中断的良好系统的一般规则就像游击战的"快进快出"，这是为了实现其他中断的最佳中断延迟。这意味着实际的 ISR 只处理所需最小的事情，例如可以在一个采样被下一个采样覆盖之前设置一个标志或从 A/D 转换器读取它。在后一种情况下，ISR 会将采样保存在缓冲区中，稍后将从标准流程或任务中读取缓冲区。在这样的系统中，中断延迟必须小于 $1/f_s$，其中 f_s 是采样频率。因此，这样的系统可以非常快速地检测外部事件，但是在多任务处理方面，它对开发者没有任何帮助（我们将很快看到这个概念）。

然而，如果主循环被分解成一些小代码片段，并且在有限状态机的帮助下组织它们，则只要完成其中一小段代码就可以对 ISR 中设置的标志做出反应，然后（通过 FSM）决定下一段代码是什么，见图 2.3。

这正是 ARM 在其免费"mbed"操作系统的基本版本中所做的。在这里，来自 ISR 的标志被称为事件。ARM mbed 以通常的方式对中断进行优先级排序，并在"伪线程"(小段代码)上提供优先级。这仅仅意味着如果"伪线程"A 和 B 都在等待来自同一中断的事件，则首先启动具有最高优先级的事件。由于所有这些"伪线程"都是从特定的点上启动并且运行到结束，所以不存在抢占。应用程序代码中的一项任务永远不会从另一项任务中接管 CPU，它只会被 ISR 中断，并且这些 ISR 可以将单个 CPU 堆栈用于它们使用的特定寄存器。这节省了大量的 RAM 空间，并且在小型系统中非常实用。

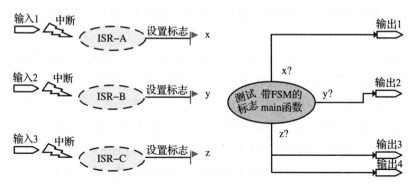

图 2.3 main() 函数中带有限状态机的中断系统

因此，mbed 适用于如具有稀缺资源的小型 32 位 Cortex M0 CPU 等（不包括 MMU）。使 mbed 变得有趣的是，它有很多附加功能，通常可以在较大的操作系统上看到：TCP/IP 堆栈、蓝牙 LE 堆栈等。它还拥有 HAL（硬件抽象层），使其不用改写代码即可应用于 ARM 系列的其他 CPU。通过这种方式，mbed 定位良好并且非常有趣。

请注意，ARM mbed 可以配置为使用抢先式调度程序，如下一节所述。这占用了更多的空间，但也让 mbed 成为一个更严肃的成员。

2.4 小型实时内核

通常，上述概念仅用在非常小且简单的系统中。把不同的任务分开是很实际的，实时内核恰恰提供了任务的概念。内核也可以说是关于管理资源的，它的基本理论是为系统中的每个独立资源预留一个任务，可以是打印机、键盘、硬盘驱动器或生产线"工作站"（或其中的一部分）。但是，如果这使得你的代码更易于维护，那么拥有更多的任务并不罕见。然而，仅为每个开发人员分配任务并不是一个好主意，因为这将需要在任务之间进行更多的协调。任务之间所需的协调越少越好。实际上几乎所有使内核的使用复杂化的怪事都与任务之间的交互有关。图 2.4 显示了一个带有抢占式调度程序的系统（我们稍后将对此进行讨论）。

图 2.4 中使用的状态是：

❑ 休眠：这项任务尚未被唤醒，必须由应用程序明确地完成。

❑ 就绪：任务可以运行，只有它正在等待当前"运行"任务，即"获取 CPU"。

❑ 运行：实际执行代码。每个 CPU 只能运行一个任务——或者更确切地说，每个 CPU 内核只能运行一个任务。许多现代 CPU 芯片包含多个内核，就像一个房子里有几个 CPU。英特尔的超线程虚拟内核也包含在内。

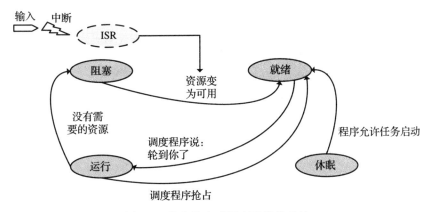

图 2.4　带有抢占式调度的操作系统

❑ **阻塞**：任务正在等待即将发生的事件。例如 recv() 调用中的 socket 等待输入数据，当数据到达时，任务变为"就绪"。如果使用 send() 写入 socket，并且分配的 OS 传输缓冲区已满，则 socket 也会阻塞。

现在大多数内核都支持抢占，这意味着任务中的应用程序代码不会只被 ISR 中断。当一个任务运行了一段允许的时间（所谓的时间片），调度程序可以"在半空中"停止它，转而启动另一个任务。由于没有人知道当前任务或下一个任务需要哪个寄存器，所以必须将所有寄存器保存在每个任务的堆栈上，这就是上下文切换。它与中断程序不同，中断程序只需要保存例程本身使用的寄存器⊖。甚至在使用时间片之前也可以发生上下文切换。如果某个更高优先级的任务已经准备就绪，则调度程序可以将当前运行的低优先级任务移动到就绪状态（因此不再继续执行但仍保持准备继续执行的状态），以便为运行高优先级的任务腾出空间。

更高级的内核支持优先级倒置，这是当前高优先级任务被阻塞时的情况，等待低优先级任务执行将阻塞解除的操作。在这种情况下，低优先级任务"继承"等待任务的优先级，直到解除阻塞。

图 2.5 再次展示了我们的小系统——现在已经完成了中断和任务。

在某些方面，任务现在变得更加简单。这是因为 ISR 中发生的一些事件使每个任务都被阻止，直到被 OS 唤醒。图中显示了三个 ISR 如何分别使用 x、y 或 z 数据结构，以及这三个任务各自等待其中一个数据结构。这并不一定是一个 1：1 的对应关系——例如所有三个任务可能都等待了"y"。x、y 和 z 的性质随着 OS 不同而不同。在 Linux 中，等待任务调用 wait_event_interruptible()，而 ISR 调用 wake_up_interruptible()。Linux 使用等待队列，以便同一事件可以唤醒多个任务。在调用中使用的术语"可中断"不是指外部中断，而是指调用

⊖　一个经典错误是 ISR 程序员仅保存了使用的寄存器。随后添加代码但忘记保存额外使用的寄存器。

也可以利用"信号"解除阻塞,例如键盘上的〈Ctrl + C〉键。如果调用返回非零,则代表发生了这种情况。在普通的嵌入式系统中,我们对信号的使用不太感兴趣。

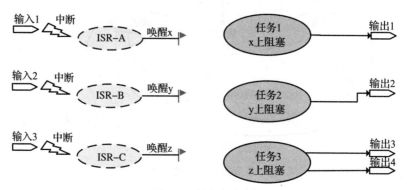

图 2.5 任务和中断

任务可以通过这些低级机制以及信号量相互通信,但通常更好的方法是使用消息。可以将 C 结构或类似的结构映射到发送至队列的此类消息,该队列有时被称为邮箱。

强烈推荐的设计是,所有任务在它们自己的特定队列中等待,并在有"邮件"时被唤醒。任务可能在特定情况下等待其他队列,或者它可能发生阻塞并等待数据输入或输出,但它通常会返回到主队列,以进行下一个"作业"。它与经理没什么不同,主要都是由 Outlook 收件箱中的邮件驱动的。使用消息的一个特定优点是,某些内核可以将其无缝地扩展到核心之间的工作中——所谓的本地网络。另一个优点是它允许在更高级别上进行调试,稍后我们将看到这一点。"零消息队列"是支持此功能的独立于平台的实现。

警告:不要试图通过改变任务的优先级来修复死锁。关于互斥锁、信号量等的简单规则是,所有任务必须始终以相同的顺序获取它们,并以相反的顺序释放。如果一个任务"先做 A 再做 B",而另一个任务"先做 B 再做 A",那么总有一天这两个任务会分别做 A 和 B,结果两个任务都将阻塞,并且永远不会解除阻塞。尽管规则很简单,但要遵守规则并不容易。因此,最好将资源共享保持在最低限度。在实际多个内核并行执行的系统中尤其如此。在这种情况下协调资源是低效的,而在许多情况下复制数据可能是首选。

2.5 非抢占式操作系统

当存在用户界面和调度程序时,我们通常会讨论操作系统。尽管以这种方式运行的操作系统比内核"更大",但它也可能具有一个不太高级的调度程序。1990 年 5 月发布的 Windows 3 就是一个很好的例子。这是一个庞大而又非常复杂的操作系统,包含了许多令人兴奋的关于 GUI 的新东西和工具。在 Windows 3.1(1992)中,我们获得了"True-Type",这对大多数人来说是在打印方面的突破。

　　然而，从 RTOS（Real Time Operating System，实时操作系统）的角度来看，Windows 3 并不是那么先进。Windows 3 确实支持中断并且有一个任务概念，但与小型 RTOS 内核相反，它不支持抢占。因此，Windows 3 就像图 2.4 中的没有抢占操作的系统。同时，Windows 3 中缺少的另一项功能是对 MMU 的支持，这也是目前所有优秀的操作系统都有的功能。这在当时的标准 Intel 80386 CPU 中得到了支持，但软件并没有与硬件达到同样高的配置。

　　无论如何，输入可能会引起如前所述的中断。这意味着即使等待已久的资源现在已准备就绪，调度程序也无法将低优先级任务从 CPU 移除，以便为现已准备好的高优先级任务腾出空间。直到当前正在运行的任务退出后，任务才能到达 CPU，这与协程的"退出"不同。Windows 版本很容易在 C 语言中实现。Windows 3 退出的方式是执行特定的 OS 调用，通常是 sleep()。sleep 函数将进程希望占用 CPU 的最小秒数（或微秒）作为输入，从而为其他任务腾出时间。

　　在 Windows 3 代码中，经常会看到 sleep(0)。这意味着任务可以继续，但另一方面也准备在此时离开 CPU。此外，Windows 3 还引入了一个名为 WinSock 的伯克利套接字（Berkeley Socket）变体。正如我们稍后将看到的，如果尝试从套接字读取尚未到达的数据，则你的任务将在抢占式系统中阻塞。

　　在 Windows 3 时代，这在 UNIX 中是标准的，但是 Windows 还无法处理它。相反，微软发明了 WinSock，其中一个套接字可以告诉你它只要可以"就会阻塞"，那么你可以在它的外围写一个带有 sleep() 的循环，这样你就不会在有数据或者套接字关闭之前继续了。

　　如果是这种行为让 Linus Thorvalds 开始编写 Linux，那就不足为奇了。缺乏抢占支持也是微软开发 Windows NT（新版本称为 Windows XP、Vista、7、8 或 10）的主要原因之一，它是所有现代人都不陌生的"Windows"，这不仅仅是一个趣闻。我们仍然可能看到用于非抢占式的非常小的系统的内核，例如 ARM mbed 的简单版本。

　　重要的是，不仅操作系统或内核支持抢占，而且 C 库代码也支持这一点。我们在这里需要考虑两个重叠的术语。

1. 可重入

　　可以递归地使用可重入函数。换句话说，可以通过相同的线程使用可重入函数。为了实现这一点，它不能使用静态数据，而是使用堆栈。非重入 C 函数的一个典型例子是 strtok()，它可以非常快速有效地对字符串进行标记，但在将其解析为标记时保留并修改原始字符串。程序将一次又一次地调用它，直到原始字符串被完全解析。如果想要在完成第一个字符串之前开始解析另一个字符串，第一个原始字符串的剩余部分将会被覆盖。

2. 线程安全

　　线程安全函数可以从并行执行的不同线程中使用，这是通过使用 OS 锁或临界区来实现的。例如，如果函数在外部存储中增加一个 16 位数字，则可能会出错。为了增加数字，我们需要将其读入 CPU，添加并将其写回。如果 CPU 的字长为 8 位，则首先读取低字节，然后添加一个字节并将其写回。如果这个操作意味着进位，则下一个字节将以同样的方式递增。不幸的是，另一个线程或中断服务程序可能会在高字节递增之前读取这两个字节。即使使用 16 位字长，如果数据不是字对齐的，也会发生这种情况。在这种情况下，CPU 需要读取两个 16 位字。如果你想让整个操作"原子化"，则可以通过使用相关的操作系统宏（OS-macro），在整个读-修改-写操作期间禁用中断来完成。许多现代 CPU 都有特定的汇编指令来执行这些原子函数。符合 C11 和 C11++ 标准的编译器可以使用这些函数——显式地使用 std :: atomic <> :: fetch_add()，或者通过声明 std :: atomic <unsigned>counter 这样的变量，然后在代码中简单地写入 counter++。

在更复杂的场景（例如引擎控制）中，可能需要执行几个操作，而不需要在它们之间进行任何操作。在这种情况下，需要操作系统宏或手动中断禁用/启用。

这两项有时会被混淆。作为嵌入式程序员，你所需要的通常是"完整的 Monty"：需要库函数既是线程安全的也是可重入的。许多内核和操作系统提供了两个版本的库，一个用于多任务（线程安全），另一个不是。完全采用后者的原因是，它更小并且执行速度更快。正如我们在本章开头所看到的那样，它在非抢占式系统或完全没有操作系统的系统中是有意义的。

应该注意的是，现在有了现代的非阻塞套接字。为了创建具有数万个连接的服务器，有各种各样的解决方案可供选择，包括众所周知的异步 I/O、IO-port-completion（输入输出完成端口）和类似的术语，这些解决方案在 OS 中创建一个 FSM，因此具有事件驱动的编程模型。但是，基本的物联网设备不会直接为许多客户提供服务。通常，云中只有一个或两个客户端，这些客户端为许多客户提供服务。除此之外，我们经常会看到本地蓝牙或 WiFi 控制。出于这个原因，并且因为经典套接字是普遍实现的，所以我们将重点放在经典套接字范例上。在任何情况下，底层 TCP 都是相同的。

2.6 完整的操作系统

小型抢占式内核提供了执行多任务和处理中断所需的一切。逐渐地，内核将文件系统和 TCP/IP 堆栈添加到它们的指令集中。当内核附带了许多不同类型硬件的驱动程序，以及用户可以在命令行提示符下运行的工具（通常是图形用户界面（GUI））时，我们就拥有了一个完整的操作系统。

如今，Linux 是嵌入式世界中最著名和使用最广泛的完整操作系统。Windows 也有针对嵌入式世界的版本，但不知道为什么，微软从来没有真正地关注它，Windows CE 正在消亡。很少有硬件供应商支持它，因此桌面 Windows 没有我们习惯使用的丰富驱动程序。如果你习惯使用 Visual Studio，那么开发环境" Platform Builder"可能会令你非常失望。微软先是推出了第一款 Windows XP，后来推出了针对嵌入式世界的"碎片化"版本的 Windows 8，现在正在推广 Windows 10。但是，嵌入式世界通常要求操作系统的维护时间比微软将某些事物宣告为"遗产"的时间要长，而且 Windows 很难缩小到小型系统。如果可以在应用程序中使用带有 Windows 的标准工业 PC，那么请务必执行这个操作。你可以在 Visual Studio 中使用 C# 及其所有的花哨功能。这是一个奇妙而富有成效的环境。

Linux 和 Windows 都不是所谓的实时系统（Windows CE 除外）。"实时"这个术语有很多定义，但最常用的定义是必须有一个确定的、已知的中断延迟。换句话说，需要知道硬件更改状态直到相关 ISR 执行其第一条指令的最坏情况下的时间。Linux 和 Windows 都是针对高吞吐量，而不是针对确定性中断延迟而设计的。真正的实时操作系统（RTOS）的一个例子是 WindRiver 的 VxWorks。

如果 Linux 不是实时的，那么它在嵌入式世界中为什么如此受欢迎呢？首先，它几乎可以使用驱动程序和库。当可以利用这种巨大的可用性时，嵌入式开发人员的工作效率要高得多。其次是社区。如果你遇到困难，有很多地方可以供你寻求帮助。在大多数情况下，只需浏览一下即可找到类似问题的一个好的答案。最后，Linux 是开源的，我们将单独讨论相关内容。

事实上，通常高吞吐量是非常好的，并且在现实中，系统中通常没有很多硬实时需求。在下一个采样覆盖它之前读取 A/D 转换器的采样就是一个这样的例子。这个问题有几种解决方案：

- 在 Linux 上应用实时补丁。通过这种方式，Linux 成为一个实时系统，但天下没有免费的午餐。在这种情况下，代价是一些标准驱动程序不再工作。由于这是选择 Linux 的主要原因之一，因此它的价格可能很高。

- 添加外部硬件以处理少数硬实时案例。例如可以是一个从 A/D 收集 100 个样本的 FPGA。从理论上讲，Linux 仍然可能无法实现，但实际上在正确的 CPU 上这并不是问题。

- 添加内部硬件。如今，我们看到 ARM SoC 包含两个内核：一个具有很高的功率，非常适合 Linux；另一个很小，非常适合处理中断。由于后者不做任何其他事情，因此它可以在没有操作系统或使用非常简单的内核的情况下工作。由于这个 CPU 与更大的 CPU 共享一些内存空间，因此可以将数据放入缓冲区，为更大的 CPU 做好准备。ARM/Keil 的 DS-MDK 环境实际上支持这样一个概念，用于在 Windows 和 Linux 上进行开发。在使用 A/D 转换器的简单示例中，许多 CPU 能够直接从 I^2S 总线等缓冲数据。

Linux 的另一个问题是它需要 MMU（Memory Management Unit，内存管理单元）。事实上，在与操作系统协作的大型 CPU 中，这是一个非常好的组件。它保证一个任务不会以任何方式打乱另一个任务，甚至无法读取其数据。实际上，这种系统中的任务通常被称为进程。MMU 保护进程免受其他进程的影响，但这也意味着不存在简单的内存共享。当这是相关的时，进程可能会产生线程。同一进程空间中的线程可以共享内存，因此这非常类似于没有MMU 的较小系统中的任务。进程在 PC 上是非常相关的，并且在嵌入式系统中是实用的，但是如果你想要一个非常小的系统，它就没有 MMU。不使用 MMU 也可以编译 Linux，同样，这可能会损害软件兼容性。

从以太网中可以吸取教训。以太网并不完美，它无法像 Firewire 那样保证确定性延迟。尽管如此，Firewire 仍然输掉了这场战斗，而以太网自 1983 年以来一直存在（也就是说，以各种速度和拓扑结构存活了下来）。如果能够解决小型社区之外的问题，那么廉价的"足够好"的解决方案（在这种情况下是非实时 Linux）胜过昂贵的完美解决方案。

2.7　开源、GNU 许可和 Linux

众所周知，Linux 将 UNIX 的方式（主要是服务器）带到了 PC 世界，现在正在接管嵌入式世界。有趣的是，对于嵌入式世界来说，UNIX 克隆已经是老生常谈了。在 Linux 诞生之前很多年，像 OS-9、SMX 和 QNX 等许多 RTOS 都采用了 UNIX 风格。它甚至被标准化为"POSIX"。我们的想法是让它能够从一个切换到另一个。那么为什么 Linux 如此成功？一种解释是由于它通过嵌入式系统中的 PC 硬件获得的巨大惯性。另一种解释是因为它是开源的。

内核和操作系统分为两大类：开源或闭源。如果你来自 Windows 世界，可能想知道为什么这么多嵌入式开发人员想要开源。当然，很多人都相信原因是不垄断知识的概念。然而，对许多开发人员来说，"打开"的字面意思是你可以打开盖子并向内看。

以下是开源如此重要的几个原因：

1）如果你正在调试一个问题，那么最终可能会发现问题的源头在内核/操作系统中。如果你有资源，你可能就会找到是哪里出了问题。通常，你可以在自己的代码中进行解决。这将是使用闭源的完全依靠猜测所做的工作。

2）面对如上所述的问题而没有可能的解决方法时，你需要更改操作系统。如果有了开源，就可以实际执行此操作。你应该无限制地尝试将你的更改纳入官方代码库，以便下一个更新包含你的补丁。没有什么比发现一个 bug 之后意识到你之前已经发现过它更令人沮丧。此外，GNU 公共许可证（GPL）要求将改进公之于众，因此将其放回到官方内核会使生活更轻松，这就是重点。

3）如前所述，许多嵌入式代码已经存在多年。如果操作系统不开源，这将是令人痛苦的事情，如果它是开源的，那么即使没有其他人维护，你也可以维护它。

如果你来自"小内核"嵌入式世界，你可能习惯于编译和链接一个大的"bin"、"exe"或类似的东西。这使你可以完全控制用户在其设备上拥有的内容。你可能已经注意到嵌入式 Linux 系统看起来很像 PC，就像在类似的文件系统中有大量文件一样。这是开源许可概念的结果。如果你是商业供应商，则需要为你的系统收费，该系统除了应用程序之外还包含许多开源代码。这是可以的，只要来自开源的部分"按原样"重新分配即可。这使得配置控制更加困难，因此你可能想要创建自己的发行版。有关 Yocto 的信息，请参见 6.9 节。

GNU 意味着"GNU 不是 UNIX"。它是在美国大学环境中创建的，作为对使用 UNIX 的一些诉讼的回应，目的是在不禁止商业用途的情况下传播代码。同时 GNU 非常注重不被商业利益所"限制"。基本的 GNU 许可证允许你使用所有开源程序。但是，不能将它们合并到你的源代码中，甚至不能链接它们而不受"copy-left"规则的影响，这意味着你的程序源也必须是公开的。

许多网站声称允许在不受 copy-left 子句影响的情况下动态链接。但是，gnu.org 上的常见问题解答提出并回答了这样一个问题：GPL 对静态与动态链接的模块有不同的要求吗？答案是没有。静态或动态地将 GPL 覆盖的工作与其他模块相链接，就是对基于 GPL 覆盖的工作进行组合。因此，GNU 通用公共许可证的条款和协议涵盖整个组合。

这意味着你的代码必须将所有这些 GPL 代码调用为可执行文件。这不是一种"解决方法"，而是一种预期的方法。这一事实可能有助于保持 UNIX 的一个很好的功能：你可以在命令行上调用程序，也可以从程序或脚本中调用它们——工作原理相同。Linux 哲学认为程序应该是"精简和吝啬的"，换句话说，只做一件事但要做得好。这一点，加上大多数程序使用文件的事实，或者更确切地说是 stdin 和 stdout，允许你以这种方式从 GPL 程序中真正获益。这与 Windows 非常不同，在 Windows 中命令行程序很少在应用程序中使用，请参见 4.4 节。

但是如果不被允许链接到任何东西，那么库会怎样呢？创建任何使用开源的专有技术都是不可能的。这就是"宽 GNU 公共许可证"（LGPL）的用武之地。GNU 的创始人意识到，如果这是不可能的话，那么它将会抑制开源概念的传播。所有系统库都在此许可下，允许以任何形式进行链接。但是，如果选择静态链接，则必须分发对象文件（而不是源文件），从而使其他人可以在更新的库可用时进行更新。这使得动态链接成为首选。

GNU 组织非常不希望太多代码泄露到 LGPL 中。甚至还有一个名为"已净化的头文件"（sanitized header）的概念。这通常是指 LGPL 库的头文件，这些库经过 GNU 的删减和预批准，以便在专有代码中使用。为了使用库，需要有头文件，有人甚至认为需要对这些文件进行清理，这表明了 GPL 的严肃性。主要规则是将事物完全分开——永远不要启动基于开源的专有代码模块。除了 GPL 我们还有其他的选择，例如 FreeBSD 和 MIT 许可证，它们旨在使基于它们的代码的产品更容易生存。这些库也可以从专有代码中使用。

不过，Linux 仍然坚持使用 GNU。关于 LKM（可加载内核模块）有很多争议。顾名思义，LKM 中包含程序部分，它被动态地加载到内核中。一家供应商已经制造了一个专有的 LKM。虽然我不是律师，但我发现这违反了 GPL。我理解它的方式，但 GNU 社区忽略了这一点，从而没有接受它。

2.8 操作系统结构

表 2.2 给出了一些 OS 结构的简短列表和解释。

表 2.2 用于调度的 OS 原语

概　念	基 本 用 法
原子	一个保证变量原子性的 Linux 宏。一些变量通常不具有原子性，例如外部存储中的变量
临界区	通常一次只能由一个线程访问的代码块。通常由互斥锁保护。具体地说，在 Windows 上，临界区是同一进程中线程的一个特殊的、有效的互斥量
事件	被反复使用的术语。就内核而言，Windows 在如 WaitForMultipleObjects() 中使用其他线程/进程可能等待的事件（阻塞与否）
信号量	可以同时处理对资源的 n 个实例的访问。信号量被初始化为"n"。当进程或线程希望访问受保护的数据时，信号量会递减。如果它变成 0，那么下一个请求进程/线程将被阻塞。当释放资源时，信号量会增加
锁	据说可以用互斥量实现锁
互斥量	相当于初始化为 1 的信号量。然而，只有"锁"的所有者才能"解锁"。所有权促进优先级倒置
信号	UNIX/Linux 异步事件，如〈Ctrl + C〉或 kill -9。进程可能阻塞，直到它就绪为止，但它也可能在当前流中被"中断"以运行一个信号处理程序。与中断一样，信号也可以被屏蔽
自旋锁	一种在 Linux 中不休眠的低级互斥量，因此可以在内核中使用。这是一个忙等待，对于短时间的等待是有效的。它用于多处理器系统，以避免并发访问
队列	用于消息传递的高级结构

2.9 扩展阅读

❑ Andrew S. Tanenbaum：*Modern Operating Systems*
该书用经典、通俗的方式来阐释操作系统。最新版本是第 4 版。

❑ Jonathan Corbet 和 Alessandro Rubini：*Linux Device Drivers*
这是一本关于 Linux 驱动程序的核心书籍，如果理解了它，你就会了解临界区、互斥锁等内容。最新版本是第 3 版。

❑ lxr.linux.no

这是开始浏览 Linux 开源代码的好地方。在 www.kernel.org 上也有 git 档案，但 lxr.
linux.no 很易于有选择性地浏览。当你只想学习 Linux 的操作时这是可以的，但是也
可以在调试时使用单独的窗口。

❑ Mark Russinovich 等人：*Windows Internals Part 1 and 2*

为了避免全部都是 Linux，本文包括了由出色的"Sysinternals"开发人员编写的书籍。
这最初是一个网站，里面有一些很棒的工具，这些工具对 Windows 开发人员来说非常
有用，现在仍然如此。这些人比微软更了解 Windows，直到他们与微软"合并"为止。

❑ Simon：*An Embedded Software Primer*

本书包含一个名为 uC 的小内核，并将其用于如何设置并调用任务和 ISR 等的示例。
它包括一些特定的低级 HW 电路的描述。这本书使用的是匈牙利符号，可以在示例中
使用，但不建议日常使用。

❑ C. Hallinan：*Embedded Linux Primer*

这是一本非常全面的关于 Linux 操作系统的书。

❑ Michael Kerrisk：*The Linux Programming Interface*

一本很厚的参考书——不是你从头到尾都能读到的。然而，一旦开始阅读，你可能最
终阅读的内容超出了计划——因为它写得很好，并且列举了很好的例子。

第 3 章 · CHAPTER 3

使用哪个 CPU

3.1　概述

如第 2 章所述，CPU 的选择与操作系统的选择密切相关。作为嵌入式开发人员，你可能无法抉择你将要使用的 CPU，这可能在很久以前的一个项目中就已经决定了，或者是由组织中的其他人决定的。尽管如此，了解各种参数将有助于你充分利用现有的资源，并使你更容易选择下一个 CPU，它还将提高你与数字设计师之间的沟通效率。

从历史上来看，CPU 是执行代码的基本芯片。在其他芯片中，其余一切都超出了这个范围。然后是"微控制器"，它特别适用于小型嵌入式系统，这种系统包含一些外设，如定时器、小型板载 RAM、中断控制器，有时还包含 EPROM 来存储程序。随着集成度的提高，最终出现了现代 SoC（片上系统）。在这样的芯片中，过去被称为 CPU 的东西，现在被称为"核心"（但其本身通常比旧的 CPU 更强大），而术语"CPU"可以表示从核心到完整 SoC 芯片的任何内容。

SoC 芯片的一个例子是德州仪器公司（Texas Instruments）的 AM335x，其中"x"表示的是时钟周期和板载外围设备的变化。它也被称为"Sitara"，如图 3.1 所示。

AM335x 特别有趣，因为它是用在 BeagleBone Black 板上的。这是一个类似于树莓派（Raspberry Pi）的爱好者/原型板。BeagleBone 在本书中涉及几种情况⊖。AM335x 内部是 ARM Cortex-A8，以及许多集成外围设备。核心运行指示指令集的实际程序，而其他组件决定整体功能和接口。这一章致力于全集成芯片的概念，即所谓的 CPU。术语"核心"用于执行代码的部分。

　　⊖　BeagleBone 也是 Yocto 项目的一个参考硬件解决方案，参见 6.9 节。

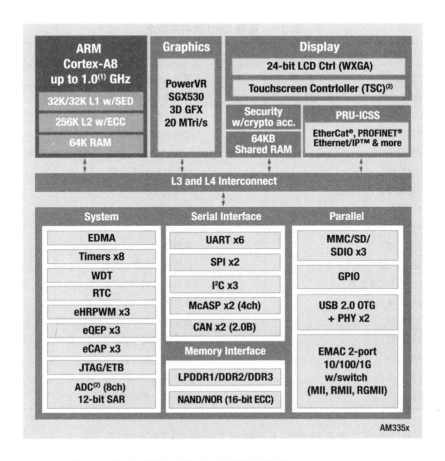

注：(1) >800MHz支持15×15包，13×13支持高达600MHz
(2) 使用TSC将限制可用的ADC通道；SED：单错误检测/奇偶校验

图 3.1 AM335x（由德州仪器公司提供）

因此，现代计算机设备就像"俄罗斯娃娃"（Russian doll）⊖或"中国盒子"（Chinese box）一样被创造出来，见图 3.2。

公司创建的产品可能基于其他供应商的计算机板。该电路板的供应商使用了像 TI 的 AM335x 这样的 SoC，而 TI 已经从 ARM 购买了核心的 IP（知识产权）。ARM 为许多供应商的许多现代设计提供内核，但也有其他选择。表 3.1 概述了本章讨论的主要概念。

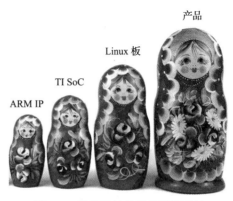

图 3.2 系统设计就像俄罗斯娃娃

⊖ 正确的名字是俄罗斯套娃（Matryoshka doll）。

表 3.1　选择 CPU 的有关概念

概　　念	目标（简短）
CPU 核心	基本可编程单元
MMU 支持	高端操作系统需要
DSP 支持	信号分析
功耗	电池供电、发热
外围设备	A/D、UART、Mac、USB、Wi-Fi 等
基础架构	对于特定解决方案
内置 RAM	为了速度和简单
内置缓存	加快速度
内置 EEPROM 或闪存	可现场升级
温度范围	环境要求
RoHS 认证	合规性（通常）需要
JTAG 调试器支持	无 ICE 硬件调试
操作系统支持	见第 2 章
升级路径	如果不再使用当前的解决方案
第二来源	如果供应商停止服务或提高价格
数量价格	基本但也很复杂
评估委员会	基准和/或原型
工具链	编译器、调试程序等

在接下来的文章中，我们将更深入地研究上面的每一个主题。

3.2　CPU 核心

虽然并非所有内容都与 ARM 有关，但它在现代嵌入式设计中非常流行。ARM 已经创建了三个不同的"Cortex"（用于"核心技术"）的"配置"：

❑ A——申请（application）

这些是最"花哨"的、最大的、最高性能的和最集成的设计。这些 CPU 可以进行硬件控制，但更适合数字运算，包括 DSP 和 NEON 媒体处理引擎，见图 3.1。它们集成了许多外围设备，我们将在本章中看到。它们非常适合运行 Linux 或其他高端操作系统。Cortex-50 系列甚至支持 64 位，并用于一些高端手机。

❑ R——实时（realtime）

这些有利于引擎控制、机器人等，其中重要的是延迟低且安全性高。它们是网络路由器、媒体播放器和类似设备的不错选择，这些设备不需要 Cortex-As 的性能，但仍然需要实时的数据。

❑ M——微控制器（microcontroller）

这些是用于处理外部硬件的经典微控制器。它们虽然作为 FPGA 的软核提供，但也有许多与内存和外设集成的版本。由于缺少 MMU，所以它们无法运行标准 Linux。

上述三个字母拼出的"ARM"可能并非巧合。尽管如此，它们确实反映了嵌入式领域的一些主要部分，其他微控制器和 SoC 也是如此。然而，它却没有给出与物联网设计最相关的部分，这正是因为物联网是一个非常广泛的术语，涵盖了从智能灯泡（"M"配置）、ATM（"R"配置）到高级图像处理（"A"配置）的一切。

如前所述：Linux 并不是非常适合实时，但对于充分利用高级"应用程序配置文件"CPU来说非常有帮助。在许多方面，使用这样的设备来控制简单的 I/O 甚至是一种浪费。由于这些原因，一些厂商正在进行集成处理，例如在同一芯片中集成 A 和 M 配置，这或许能让我们"两全其美"。A-CPU 可以在 Linux 上进行高级的大量数字运算，而 M-CPU 可以专注于硬件交互，并且可能完全不需要操作系统，如 2.1 节和 2.3 节所述。因此，集成将继续进行，现在是针对多核和（或）DSP。

3.3　CPU 架构

最著名的 CPU 架构是"Von Neumann"（冯·诺伊曼）。在这里，程序和数据由相同的数据总线访问，并通过相同的地址总线寻址。主要优点是 CPU 的引脚少，易于"设计"。另一个优点是，可以（或者有可能）更新这个字段中的程序。在一个对安全性敏感的项目中，最好不要更改设备执行的指令。

冯·诺伊曼的替代品是"Harvard"。这里的数据和程序有单独的总线，这在 DSP 中特别受欢迎。数字信号处理器执行许多"乘法-累加"指令，并且通常（正如我们将在第 11 章中看到的）乘法操作数是以下两项之一：

❑ 常数——来自程序。

❑ 数据值——例如来自 A/D 转换器或之前的计算。

因此，Harvard 架构允许 DSP 和（或）核心同时获取常量和数据。在 ARM 系列中，v6 系列是 Von Neumann 架构，用于例如 Cortex M0。v7 系列是 Harvard，用于"应用程序配置文件"CPU 中，这些 CPU 大多还具有 DSP 扩展。ARM Cortex-A8 是第一个使用 v7 系列的（没错，名称和数字并不容易理解）。

微处理器架构的另一个参数是它是基于 CISC 还是基于 RISC。CISC（复杂指令集计算）是"经典方式"。在这里，单个汇编指令可以使用许多循环来执行复杂操作。如果想用汇编语言编程，那么 CISC 有许多类似于等效 C 语言的指令。使用 RISC（精简指令集计算），可以使每个汇编指令都更简单，执行速度更快。然而，相同的复杂操作需要更多指令，这使得汇编编码更加困难，同时还占用更多代码空间，并在指令解码上消耗更多的性能。随着指令变得更简单，聪明的程序员或编译器可以仅执行当前环境中所需的操作。

现在很少有代码是用汇编语言编写的。C 语言和更高级别的语言完全占主导地位，而 CPU 变得更快，内存更便宜，编译器也越来越好。因此，重要的是"我的 C 语言程序运行速度有多快"。通常，目前是 RISC 获胜。我们仍然拥有大量 CISC 处理器的主要原因是，无论是运行 Windows、Mac OS-X 还是 Linux，几乎所有现代台式计算机都使用英特尔 80x86 CPU（或 AMD 外观）。

CPU 的一个重要架构参数是"流水线"⊖的级别。一条指令的执行有几个阶段，例如获取指令、解码、获取操作数、执行指令和存储结果。为了有效地利用总线，CPU 可以具有多个流水线级，以重叠的方式处理指令。这具有内在的"危险"，因为一条指令可能会使用旧值更改下一条指令已经获取的操作数。这也是使用编译器的原因之一。

CPU 可以是大端模式（big-endian）或小端模式（little-endian），参见图 3.3。

如果 ASCII 字符串"Hello"从地址 0x100 开始，则那是 'H' 所在的位置（假设为 C 样式），在地址 0x101 中则是 'e'，然后是 'l' 等。类似地，字节数组也按顺序排列。但是，32 位数据字 0x12345678 中的字节可以通过两种主要方式排列（参见图 3.3）。

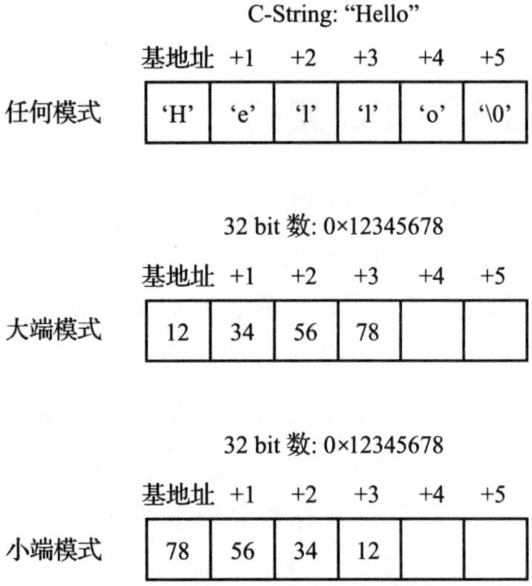

1. 大端模式

0x12 位于地址 0x100 处，然后 0x34 位于地址 0x101 处，以此类推。对应的一个论证是，当在调试器中以字节的形式查看数据时，它们的排序顺序与 32 位字相同。因此，人们相对容易获得存储器内容的概述。摩托罗拉在"字节序的斗争"（endian-wars）中支持了这种模式。

2. 小端模式

0x78 位于地址 0x100，然后 0x56 位于地址 0x101，以此类推。对应的一个论证是，最高有效字节位于最高地址。英特尔的大多数 CPU 都是小端的（包括 80x86），尽管 8051 实际上是大端的。

大端模式也被定义为"网络字节顺序"，这意味着它应该用于平台之间交换的网络数据。我们将在设置端口号（16 位）和 IPv4 地址（32 位）时看到这一点，但它也应该用于实际的应用程序数据，尽管并非所有协议都遵循这一规则。当在两台同时是小端的 PC 之间发送应

C-String: "Hello"

基地址	+1	+2	+3	+4	+5
'H'	'e'	'l'	'l'	'o'	'\0'

任何模式

32 bit 数: 0×12345678

基地址	+1	+2	+3	+4	+5
12	34	56	78		

大端模式

32 bit 数: 0×12345678

基地址	+1	+2	+3	+4	+5
78	56	34	12		

小端模式

图 3.3　字节次序

⊖　涉及 TCP 套接字也使用了类似的术语。

用程序数据时，在更改网络顺序和返回时会有相当大的性能开销。至少必须记录协议的"字节序"。许多现代的 CPU 可以配置为其中之一。

与字节排序类似，位排序可能也是一个问题，但我们通常不会遇到这种问题。所有以太网 PHY 首先发送 LSB（最低有效位）。其他串行总线，如 CAN，首先发送 MSB（最高有效位）。但由于 PHY 是标准化的，并且是为此而购买的，所以我们并不需要关心，除非我们使用导线连接示波器进行调试。

3.4　字长

CPU 的字长定义为其内部数据总线的宽度。地址总线可以是相同的大小，也可以更宽。还有一些具有不同内部和外部总线大小的变体的例子。最著名的例子是 16 位 8086，它有一个外部 16 位数据总线，但后来出现了一个称为 8088 的 8 位外部数据总线变体，由 IBM PC XT 永久保存。

64 位 CPU 在嵌入式领域中并没有真正流行起来。问题是是使用 8 位、16 位还是 32 位的字长。有些人可能会惊讶于 8 位仍然是相关的。网站"embedded.com"对此进行了一些有趣的讨论。2014 年 1 月 6 日，Bernard Cole 引用了 Jack Ganssle 早些时候的一篇文章，并认为物联网世界中的英特尔 8051 可能是现代 ARM CPU 的一大威胁。

8 位控制器的基本优点是它们非常便宜。基础专利已经用尽，供应商现在可以制造 8051 的衍生产品，而无须向英特尔支付许可费，而且市场上仍有许多基于 8051 的设计。一些大学和其他公司已将最小的 TCP/IP 堆栈移植到 8051，甚至有 IPv6 支持的也是如此。硬件供应商仍在使用更多内置外设升级这些设计，同时不断加快运行速度。这通过以更少的周期执行指令以及以更高的时钟速度运行来实现。最后，很多开发人员对这种体系结构非常有信心，并且十分有效地利用着它。

因此，如果设计对价格非常敏感，那么 8 位 CPU 可能会让你感兴趣。另一方面，如果针对高度集成且高性能的现代片上系统（SoC）解决方案，那么 32 位 CPU 无疑是最值得关注的。然而，事实上直到最近才有 32 位 CPU 超过 8 位 CPU 成为最畅销的 CPU。

这使得 16 位 CPU 处于一种不确定状态，从互联网上的讨论来看，16 位的设计确实不值得讨论。

> 我不确定是否可以忽略 16 位 CPU。德州仪器（TI）、Frescale/NXP 和 Microchip Technology 等一些供应商为许多设计供货，而我们对瑞萨（日立和三菱合并的结果）的设计并没有太多的了解。然而，这是主要的供应商之一———提供许多基于 16 位的 CPU。原因可能是瑞萨的目标客户是汽车行业，该行业的汽车零部件数量较多，但集成商的数量相对较少———因此在互联网上的宣传较少。

3.5 内存管理单元

如第 2 章所述，MMU（Memory Managed Unit，内存管理单元）是 CPU 中的一个硬件实体，它将 OS 进程彼此完全隔离。有了它，一个进程就不可能覆盖甚至无法读取另一个进程中的数据。这也有一些开销。例如，如果一个进程要求一个套接字缓冲区放入数据，那么这个缓冲区必须在被传递给进程之前由操作系统清除，因为它可能已经被其他进程使用过，并且新进程可能看不到这些数据。

除了这些 IT 安全问题之外，MMU 还是我们查找 bug 方面的益友。一个常见的，有时甚至是非常棘手的问题是内存覆盖。它有很多种方式，其中有些只能在内存中的任何地方写入，这通常是由于" wild "或未初始化的 C 指针。如果在具有 MMU 的系统中发生这种情况，则通常会触发"异常"。如果这种情况被发现，就很容易找到罪魁祸首。

3.6 RAM

没有 RAM，任何真正的程序都无法运行。当然，如果可以在 CPU 内部安装 RAM，那么在它外部不需要任何东西。此外，访问内部 RAM 比访问外部 RAM 更快。

台式计算机可能具有千兆字节的动态 RAM（DRAM）。这可能不适合 CPU。动态 RAM 的优势在于它比静态 RAM（SRAM）占用更少的空间。然而，它需要一个" DRAM 控制器"，用来不断"访问" RAM 单元以保持内容"新鲜"。DRAM 通常内置在 CPU 中。SRAM 通常比 DRAM 更快、更贵，并且不需要刷新。现代 RAM 被称为 SDRAM，这非常令人困惑，因为我们现在有" SRAM "和" DRAM "，所以它是什么？事实证明，这里的" S "是"同步"。它仍然是动态的，最新版本被称为 DDR，代号为 DDR、DDR2 和 DDR3 等。DDR 意为"双倍数据速率"，指定数据是在时钟的上升沿和下降沿获取的。

像 Intel 8051 和较新的 Atmel Atmega128A 这样的微控制器具有内部 SRAM。在某些情况下，这可能就是它们所需要的全部。在其他情况，例如 Atmel 的情况下，我们可以利用芯片的各个部分可以进入休眠模式而内部 SRAM 仍然工作的事实。系统堆栈和中断向量保留在此处。甚至可以在休眠模式下完全关闭外部 RAM，但这要求该设计能够从头开始重新启动。

3.7 缓存

在过去的许多年中，CPU 性能比内存性能提高了很多。如前所述，因此通常在从外部存储器获取数据时，使硬件进入"等待状态"。为了处理这种不断增长的差距，我们发明了高速缓存（cache，简称缓存），这是 CPU 内部的中间存储器，它是从外部存储器获取的最新数据块的"影子"。在冯·诺伊曼系统（参见 3.3 节）中，只需要单个缓存。在 Harvard 系统中，如果同时缓存程序和数据，则需要"拆分缓存"。

如果在没有高速缓存的系统中，代码正在执行一个快速的"内部循环"，那么它将花费许多时钟周期，一次又一次地等待从外部存储器（带有等待状态）中获取程序的相同部分。相反，如果我们有一个足够大的缓存来容纳内部循环中的所有代码，那么代码执行得会更快。缓存可能有好多层，设置起来可能很复杂。一个常见问题是，大多数现代 CPU 都在使用"内存映射 I/O"。当我们从中读取数据时，我们可能会在每次读取时读取新数据，除非它被缓存，在这种情况下，缓存将持续提供相同的第一个值。这就是必须在低级别上将内存映射 I/O 声明为非高速缓存（noncacheable）的原因。似乎 C 语言关键字"volatile"会帮助我们，但它并不会。

许多编译器提供了对速度或大小进行优先级排序的选项，即编译器要么将程序的速度最大化，要么将指令的数量最小化。在具有缓存的系统中，建议优先考虑大小。这是因为程序占用的字节越少，重要循环进入缓存的可能性就越大。这比任何速度优化编译器提高速度的效果都好。并非所有现代 CPU 都具有缓存，该功能通常仅包含在较大 CPU 中，比如 ARM Cortex M0、M1、M2、M3 和 M4 都没有内部缓存。

3.8　EEPROM 和闪存

如果 CPU 有内置的闪存，它就可以在其中存储自己的程序。与 RAM 不同，我们通常看不到同时具有内部和外部闪存的 CPU，它是非此即彼的。EEPROM（电可擦除可编程存储器）也可用于存储程序，但通常没有存储程序的空间。相反，EEPROM 主要用于设置数据。它可以是用户可更改的数据，如 IP 地址、生产数据（如 MAC 地址），甚至是"服务小时数"。后者是一个挑战，因为 EEPROM 只允许有限的写入量。

3.9　浮点运算器

有很多不同程度的数学辅助单元。例如，旧 Intel 8051 的许多新衍生产品都增加了特殊的乘法器，以辅助具有 16 位整数乘法运算的小型 8 位内核。有些甚至添加了具有单精度（8 位指数和 24 位尾数）或双精度（11 位指数和 53 位尾数）的真正 IEEE 754 浮点单位，它们在 C 语言中分别被称为 float 和 double。

在比较 FPU 时，重要的是要注意它们需要多少个周期以进行不同类型的乘法和除法。准确的比较是相当困难的，因为各种 CPU 结构不能以相同的方式或以相同的速度获取它们的变量。这就是 MFLOPS（每秒百万浮点运算）的数量变得有趣的地方。

3.10 DSP

在进行数字信号处理时，每秒可能出现的 MAC（乘法和累加）数量是一个重要参数，必须以相关精度（整数，单精度或双精度）进行测量。正如我们将在第 11 章中看到的那样，对于使用整数运算实现的滤波器，使用输出移位器进行乘法累加是非常重要的。如果实现 FFT，则所谓的位反转寻址可以节省大量周期。一些高性能 CPU 包括 SIMD 扩展。SIMD 是对多个数据的单指令。这意味着可以同时对数组的许多元素执行完全相同的指令。ARM NEON 具有 32 位、64 位宽的寄存器，可以被看作是一个数组。这在图像处理中尤其重要。但请注意，编译器不直接支持此操作。

3.11 加密引擎

在第 10 章中，我们将深入探讨安全性这个巨大的主题。例如，为了参与 https，系统必须支持 SSL（安全套接字层）或 TLS（传输层安全性）。这需要大量的数学知识来支持加密和解密等。所有这些都可以在软件中完成，但在硬件中更快，有趣的是也更安全。

例如，TI AM335x 中的加密引擎将 SSL 性能提升了两倍（块大小 1 kB）到五倍（块大小 8 kB）。该引擎还可以与 Linux DM-Crypt 一起对硬盘进行加密。在这种情况下，它将性能提升了两到三倍。TI AM335x 中的加密引擎仅支持 TPM 规范⊖的子集，例如非对称密钥算法⊖在软件中运行。

3.12 升级路径

大多数 CPU 内核都是具有多种性能等级、板载外设和温度变化的系列的一部分。ARM 是一个特例，因为核心 CPU 蓝图是出租给许多芯片供应商的。通过这种方式，与任何其他嵌入式 CPU 相比，ARM 衍生产品的数量巨大。另一方面，各个供应商版本之间可能存在很大的差异。随着系统趋于增长，升级路径非常重要。如果更大更好的设备甚至可以与旧设备兼容，那么你的梦想就成为了现实。不同的制造商往往会朝着不同的方向发展。当一个版本不断提升性能时，另一个在降低每条指令消耗的能源，同时引入更好的休眠模式。

⊖ 10.17 节将讨论 TPM。

⊖ 10.7 节将解释非对称密钥加密。

3.13　第二来源

令人欣慰的是，如果 CPU 制造商决定停产或涨价，至少还有一家其他的制造商。这并不总是可能的。至少我们需要一个过程，让我们得知何时是最后购买期限。这就像酒吧中的"最后一轮"一样。你需要快速赶到那里，储备你需要的东西，直到你找到解决办法为止。你的 CPU 越特殊，得到第二来源的机会就越小。

3.14　价格

获得一个好价格听起来很简单，但实际上是一个复杂的过程。大多数元件，如电容器、电阻和运算放大器，或多或少都是彼此的复制品，你可以在设计完成后购买最便宜的产品。然而，当涉及更大的半导体芯片，作为微控制器、微处理器、FPGA、A/D 转换器和电压调节器时，会有很多讨价还价的过程。

通过选择组件来开始设计，并等到准备投入生产时才开始谈判价格并不是一个好主意。供应商已经知道你的产品是基于这个芯片的，这时你的谈判基础是糟糕的。事先谈好价格是比较理想的。对于许多设计师来说，这是一种非常令人讨厌的工作方式。他们通常希望在项目期间亲自挑选自己想要的。对于专业购买者来说，这也是一种弊端，因为他们通常不具备设计师所具备的概览能力。这限制了我们在做出选择之前可以与经销商真正能够讨论的内容。显然，当以相对较大的量子产生时，所有这些都是相关的。对于小型系列，开发成本通常远高于生产成本。这意味着大多数缩短了开发阶段的选择缩短了上市时间并降低了总体成本。

3.15　出口控制

关于哪些公司可以出口到哪些国家以及如何注册，有许多复杂的规定。一些规定应用于产品说明中美国商品的价格，例如最高 25% 可能来自美国。此"最低减让标准"为美国产品的总成本与你的产品的销售价格的比值。

如果你是非美国公司，那么如果要购买昂贵的芯片，例如某些 CPU 和 FPGA，则购买一些非美国产部件以保持在最低减让标准计算中的安全可能是有利的。这也适用于得到许可的软件。

其他规定更具技术性，例如，规定如果一个系统能够为给定的系统（累积所有通道）采样超过 100 M 样本/秒，则必须登记最终用户。还有关于加密级别的规定，参见 10.20 节。

最后，有关双重用途的规定是指既可用于军事用途也可用于非军事用途的技术区别于专门用于军事目的的技术。我不是律师，由于美国对违法行为的处罚相当严厉（我们在这里谈论的是监禁），所以你不能完全相信我所说的，而应该找个有能力处理这些事情的人。

3.16　RoHS 合规性

这个主题实际上与嵌入式软件无关。它虽然是关于电子的，但更多是关于化学的。它涉及电子设计中的所有组件，不仅是 CPU，还包括使用的所有机器部件。RoHS 的意思是"限制有害物质"，它是欧盟的一项指令，旨在保护人类和环境免受铅、汞、"六价"铬以及一些有机化合物的污染。这种保护主要针对废弃阶段，但发热的电子产品也会排放含有机软化剂。尽管 RoHS 起源于欧盟，但也被其他市场所采用，所以即使它不适用于美国，实际上也适用于美国的出口企业。要获得符合 RoHS 标准的产品，公司必须能够记录下进入电子产品的所有部件都符合 RoHS 标准。

换句话说，这几乎是一个文档化工作，迫使所有的子供应商也要这样做。如今，RoHS 是 CE 标志指令的一部分。RoHS 经过几年来的逐步分阶段实施，现已在欧盟全面实施。一开始很难找到符合 RoHS 的产品，特别是在许多地方因为铅不能使用导致使用的焊接工艺需要更热。这再次对许多现有组件造成了损害。如今，符合 RoHS 标准的组件是默认设备，"上车"变得越来越容易。任何新设计都应符合 RoHS 标准。

3.17　评估板

评估板也被称为 EVM，即评估模块。当尝试一个新的 CPU 时，它是非常有价值的。MIPS，即每秒百万条指令，可能是根据你的应用程序的不同的情况计算出来的。实现它是对实际性能进行良好评估的最佳机会，或者更确切地说是"快速路径"。主要供应商通常销售非常便宜的 EVM，这意味着如果你从一开始就知道什么是"必要的"，那么检查 2-3 个平台上的一些基本代码确实是可行的。但是，EVM 可以在开发过程中进一步使用。有时可以使用 EVM 为最终目标创建许多嵌入式软件。

像 Arduino、Raspberry Pi 和 BeagleBone 等便宜的业余爱好设备也可以达到同样的目的，参见第 5 章。BeagleBone 和 Raspberry Pi 的功能和外形几乎完全相同，参见图 3.4。

图 3.4　BeagleBone（左）和 Raspberry Pi

在原型开发方面，BeagleBone 比 Raspberry Pi 稍微更实用一点，因为它有两排连接器，很容易在它上面固定外设（cape）。你可以购买各种配有显示器、继电器、电池、电机控制等的外设。

3.18　工具链

如果工具不好，那么拥有世界上最好的 CPU 是没有用的。这是因为编译器、链接器、调试器和编辑器的工作效率有高有低，并且它们应适合开发团队的工作流程。如果团队习惯于使用集成开发环境（IDE），并且被迫使用命令行调试器的"vi"编辑器，那么可能会出现一些不好的情况。通常，这些工具与所选的 OS 以及 CPU 有关。操作系统可能需要特定的文件格式和 MMU 等的特定设置。另一方面，CPU 可能会指示中断向量的位置、特殊的函数寄存器、内部 RAM 与外部 RAM 的处理等。

3.19　基准测试

显然，CPU 以多种不同的方式得以实现。我们如何比较它们的性能呢？例如数字处理或网络能力。使用评估板是可以的，但是只有当针对几个选项时，它才是实用的。在谈到这一点之前，先看看基准测试是否相关。这些数字由供应商和独立来源提供，最基本的是 MIPS（每秒百万条指令）。这说明不了什么，因为一个指令可能完成的任务会有很大的不同。然而，有时供应商可能会指定软件库中的给定功能，以便在特定的 CPU 类型上提出特定数量的 MIPS 需求，在这种情况下，这使 MIPS 很有意思。

更为相关的是 MFLOPS（每秒百万次浮点运算），它必须符合使用的精度。在科学应用中，经常使用 Linpack 基准测试。

网站 eembc.org 不仅在整个系统上执行许多基准测试，同时也在 CPU 上执行。这很有意思，因为很多数据都是在没有成员资格的情况下提供的。CPU 的总分被称为 CoreMark，而网络上的基准被称为 Netmark。

另一个常用的基准测试是 DMIPS（Dhrystone MIPS），它是一个运行特定程序的测试，执行标准的经典操作组合，不包括浮点数。有时更新这些测试是为了"愚弄"聪明的编译器，这些编译器可能会对主要部分进行优化。当比较不同的 CPU 架构时，DMIPS 是实用的。

由于 CPU 通常有许多速度变形，所以许多基准测试提供 MHz 单位。请注意，具有 1200 MHz CPU 的系统通常不会比运行在 600 MHz 上的系统快两倍。更快的版本可能大部分时间都在等待 RAM。因此，运行速度较慢的多核解决方案可能比运行速度较快的单核解决方案更好，正如我们在 PC 世界中所看到的那样。如前所述，这只有在程序具有并行任务且这些任务不等待它们之间共享的资源时才可能实现。

3.20　功耗

在运行某些应用程序时，功率充足且不是问题。在其他情况下，设备必须长时间使用电池，和（或）不得释放出太多热量。从数据表比较 CPU 是非常困难的。现代 CPU 可以调整电压和时钟频率，还可以将各种外设设置成或多或少的高级休眠模式。

同样，最好的比较方法是购买最有可能的候选的评估模块，并运行类似于目标应用程序的基准测试。通过在供电线路中插入电能表，可以轻松测量 EVM（Evaluation Module，评估模块）板的功耗。或者可以在供电线路中插入一个小的串联电阻，其上的电压降除以电阻就可以得到电流。通过乘以电源电压，我们可以很好地估算出功率。EVM 可能有很多不相关的硬件，我们不希望这成为我们计算的一部分。因此，建议将测量值记录在 Excel 中，并计算在运行这个或那个特性或算法时与不运行时之间的增量。如上所述，现代 CPU 可以动态地加速和减速。有时这很简单，有时我们更喜欢设置"策略"来保证测试中 CPU 的速度和电压。

3.21　JTAG 调试器

许多集成电路都有 JTAG 接口，用于在生产过程中测试安装在 PCB（印制电路板）上的 IC。该接口还可用于单步调试、检查和更改变量等简单调试，这几乎适用于所有现代 CPU。一些 CPU 也有跟踪设施。

请注意，嵌入式系统中的开放式 JTAG 也存在安全风险，参见 10.19 节。

3.22　外设

当然，如果你需要 SoC 中不包含的外围设备，则需要在外部添加它们。这将影响价格，功耗，电路板空间和开发时间。另一方面，制造商在 CPU 中内置的特殊外设越多，你与该制造商"锁定"得就越紧，适合的工具就越少。因此，当你在查看这些高度集成的设备时，你应该多看一下编译器和库：是否有任何语言扩展支持你的需求？如前所述，你可以快速地找到 8051 核的现代设计，其中包括浮点处理器。但是，每次执行浮点运算时，C 编译器是否可以自动帮助你利用这一点——或者你是否必须记得使用特殊的宏？这里需要的纪律不是每个团队都拥有的，如果没有大量的"全局替代品"（之后进行大量测试），那么你将无法利用旧代码。有些外围设备甚至需要操作系统的支持。

本书在前面的部分中列出了诸如 DSP 和 FPU 之类的构建块，人们很可能会辩称它们是外围设备。另一方面，Cache 和 MMU 不是外设，因为它们与核心 CPU 的功能紧密集成。在这些"营地"之间的是 RAM 等。通常，它在系统中有非常特殊的用途，因而不能将其视为外围设备。在其他时候，它的性能完全像外部 RAM，在芯片内部使用它非常方便，在这种情况下它可能被列为外围设备。

无论如何，这里列出了"至今未被提到的外围设备"：

❑ 中断控制器

在最初的计算机系统中，这是一个外部芯片。它是对输入中断进行映射和优先级排序的设备，并被编程为例如允许嵌套具有更高优先级的中断。

❑ DMA（Direct Memory Access，直接内存访问）

直接内存访问是一种帮助 CPU 更有效地移动大量数据的方法。例如，它可能能够以突发模式将数据从外部存储器移动到磁盘，并在磁盘上完全接管总线。其他模式有循环挪用，在这种情况下，DMA 和 CPU 必须协商谁占用总线；而在 transparent 模式下，DMA 仅能在 CPU 不使用总线时使用总线。

❑ MAC（Media Access Control，媒体访问控制）

该块实现了以太网的互联网协议栈的第 2 层，也就是数据链路层。它通常采用快速以太网（100 Mbit/s + 10 Mbit/s）或千兆以太网（1000 Mbit/s + 100 Mbit/s + 10 Mbit/s）。在外部，我们仍然需要实现第 1 层（即物理层），该层包含磁性材料和连接器。请注意，如果你可以使用 10 Mbit/s 和更高的延迟，则可以节省电量。

❑ 开关

经典的同轴以太网允许设备像字符串上的串珠一样连接在一起。然而，现代网络设备像马车车轮上的辐条一样连接，这些辐条的中间有一个开关。这具有许多优点，例如"辐条"上的两个方向上的鲁棒性和全带宽，主要缺点是额外的布线。有时网络设备布局在一条线上，带宽需求很小，此时同轴解决方案很不错。在这种情况下，可以通过每个设备上的小型 3 端口交换机来解决问题。一个端口连接到设备，一个端口位于上游，最后一个端口位于下游。这种 3 端口交换机内置于许多现代 SoC 中。随着我们越来越接近数据的主要消费者/供应商，流量负荷也在增长。因此，指定保证在应用程序中工作的最大设备数量是很重要的。

❑ A/D 转换器

虽然最好的模拟/数字转换器不是内置于微控制器中，但有时我们并不需要最好的。如果你可以使用 10-12 位分辨率、相对较低的采样率和额外的抖动，那么这可能是一个完美的解决方案。你还可以找到 D/A（数字到模拟）转换器。

❑ UART（Universal Asynchronous Receive/Transmit，通用异步接收/传输）

这曾经是 RS-232 连接所需的非常重要的部分。多年来，RS-232 是小型设备的首选物理连接。如今，UART 仍然在开发中被使用。虽然在"盒子"上可能没有外部 RS-232 连接器，但是许多 PCB 在调试期间有一个用于串行连接的小型连接器，用于日志记录等。BeagleBone 就是一个很好的例子，你可以订购电缆作为附件。UART 的另一个应用领域是 IrDa（红外线）连接和类似的功能。

请注意，嵌入式系统中的开放式 UART 也存在安全风险，参见 10.19 节。

不幸的是，现在很少有 PC 具有 RS-232 端口，允许其直接连接到调试端口。但可以以小型廉价 USB/RS-232 转换器的形式代替。

❑ USB 控制器

在 RS-232 之后，USB 成为与 PC 的首选连接方式。凭借 RS-232 的经验，USB 的发明者并没有止步于物理层。不仅如此，他们还引入了许多标准的设备类，简单地使用"即插即用"。可以通过 USB"打通"TCP/IP，这是许多小型设备所支持的。在 USB 世界中，存在一个主设备（例如 PC）和一个或多个从设备。但高级设备可能会在某一天成为 PC 的"奴隶"，而第二天就可以掌控一套耳机。它的解决方法是 USB OTG（on-the-go），它允许这两个角色同时成立——虽然不是在同一时间。新的 USB-C 标准很有前途，它将取代许多现有的短电缆。

❑ CAN（控制器局域网络）

这是一款小巧、便宜且非常坚固的总线，由德国 Bosch 公司设计，用于汽车。如今，它也用于工厂地面的传感器和许多其他设备。见 4.5 节。

❑ 无线局域网（Wi-Fi）

有些芯片具有内置 MAC 的无线等效功能，但是天线自然在外面。有时天线可以被直接布置在 PCB 上。参阅第 9 章。

❑ 蓝牙或低功耗蓝牙（BLE）

最初的蓝牙技术用于在物联网中为 BLE 让路。BLE 不允许高比特率，但是非常灵活，可用于配对 Wi-Fi 设备和以低速率传输有限信息，参阅 9.10 节。蓝牙版本 5 于 2016 年底被推出，旨在消除经典蓝牙和低功耗蓝牙之间的差异，见 9.10 节。

❑ 总线

SPI（串行外设接口）和 I^2S（inter-IC sound）是标准的串行总线，用于连接外部板载设备。许多 CPU 都在这些总线上智能地提供数据，从而使内核免于被大量中断所消耗。更基本的是 GPIO（通用 I/O），它是可以从软件控制的单引脚（可选择配置为字节组）。

❑ PRU（Programmable Realtime Unit，可编程实时单元）

德州仪器（Texas Instruments）在其某些 ARM 衍生产品中使用 PRU，包括 AM335x 系列。PRU 具有非常有限的指令集，并且根本无法与 DSP 竞争。它们可以在短时间内移动、添加和删除数据，而不会干扰主内核及其操作系统，并且可以很好地访问中断、GPIO 引脚和内存。这非常方便，因为主要核心和像 Linux 这样的大型操作系统不擅长处理低延迟的实时需求。对 PRU 进行编程需要 PRU 汇编程序——额外的构建步骤。

- McASP（Multichannel Audio Serial Port，多声道音频串行端口）

  这是德州仪器的另一项专长，可用于将芯片链接在一起。

- RTC（Real-Time Clock，实时时钟）

  这通常是具有小型电源（通常是纽扣电池）的芯片，能够在电源关闭时保持日历时间继续。在物联网情况下，设备可以或多或少地经常连接，并且可以使用 NTP（网络时间协议）来维持日历时间。但是，在启动时知道正确的时间将帮助你获得更好的日志。此外，可能存在互联网不可用的情况，并且如果需要正确地对数据进行时间戳，则 RTC 是必需的。许多许可方案不仅依赖于时间信息，还依赖于日期和年份信息。

- 定时器

  硬件定时器是不可或缺的，大多数微控制器中都有若干定时器。操作系统使用一个计时器，另一个通常是专用的看门狗计时器。看门狗一旦启动，必须由软件将其重置（"踢出"），然后才能倒计时到零。如果没有这样做，它将重置 CPU，假设发生了一些"坏"的事情，例如具有禁用中断[⊖]或死锁的无限循环。快速定时器用于产生脉冲以及测量脉冲长度。

- 内存控制器

  如前所述，动态 RAM 需要 DRAM 控制器。它通常内置在 CPU 中。同样，flash 控制器内置于许多较新的 CPU 中。

- 显示控制器

  LCD、触摸屏和其他技术通常需要特殊控制。

- HDMI 控制器

  HDMI 是现代电视用于高质量视频和音频的协议。视频是大多数 ARM 的 A 型 CPU 的重要组成部分。

- 图形引擎

  这是 OpenGL 图形的加速器。流行的 QT GUI 框架使用它，但也可以不使用。许多图形包都需要 OpenGL。

- LCD 控制器

  这是一个更低级别的控制器，用于专用 LCD 显示器上的图形和文本。

- GNSS

  GNSS 是指"全球导航卫星系统"。在日常生活中，我们谈论 GPS（全球定位系统），因为这是第一个并且是多年来唯一的系统。如今还有俄罗斯的格洛纳斯号（Glonass）、欧盟的伽利略号，中国的北斗也来了。在物联网的世界中，知道一个设备的位置非常

⊖ 注意，你可以有一个无限循环，它被某个触发看门狗的东西整齐地中断，然后系统就不会重新启动。出于这个原因，你也可以考虑一个软件版本，要求任务每隔一段时间"报到"一次。

关键，即使它是固定在某个位置的。因为这样可以更容易地验证你确实在与正确的设备联系。当事物移动时自然会变得更加有趣，根据位置随时间的变化可以计算速度和加速度。请注意，提供这些参数的专业系统通常将 GPS/GNSS 数据与加速度计数据相结合，以获得更好的结果。

大多数人没有意识到准确的位置是准确计时的结果。你可以获得精度优于 50 纳秒的时间。在外部设备中，这通常以串行总线上的字符串形式出现，与通常为 1PPS（每秒脉冲）的定时信号对应。顺便提一下，GPS 需要考虑到爱因斯坦的相对论理论才能正常工作。

在查看给定 CPU 中的内置外围设备时，重要的是要了解全套设备永远不会同时可用。限制因素是芯片上的引脚数，通常内部功能复用到这些引脚上。这意味着你必须在很多集合中选择"设置 A"和"设置 B"。最好向供应商询问此概述。

3.23　自制或外购

前面的部分都在假设你正在创建和构建自己的电子设计，可能是在设计公司的帮助下间接创建的。如果有非常特殊的需求或大量销售，这是个可行的方法。另一方面，如果你的主要业务是软件，例如移动应用程序和云，那么你可能需要更短的路径到控制你正在使用的任何传感器或执行器的硬件。这个讨论可以追溯到图 3.2 中的俄罗斯娃娃。没有多少公司像 ARM 那样拥有 CPU 知识产权，或像德州仪器的 SoC 那样。然而，大量公司正在制造他们自己的 Linux 板，而许多其他公司从 OEM 众多的产品供应商之一"按原样"购买这些 Linux 板。

Raspberry Pi、BeagleBone 或 Arduino 板很容易上手。这些都是非常优秀的：低成本、易于购买、快速交付，还有大量的硬件支持和软件工具。然而，就总体的鲁棒性和温度范围而言，其中大多数不是工业强度。如果 BeagleBone 在"糟糕的时刻"掉电，设备就会被"砖砌"。这对现实生活中的产品来说根本不够好。

同样，你可能正在制作硬件和固件，但是云解决方案如何？以下是一些行业备选方案和概要：

❏ Libelium——设备

　　Libelium 是一家向系统集成商销售硬件的现代西班牙公司。嵌入式物联网设备被称为"WaspMote"。它们使用 ZigBee 连接到传感器并无线连接到连接互联网和云的"Meshlium"路由器，例如许多"智能"项目——停车、交通、灌溉和辐射等。

❏ Arduino Industrial 101——底层平台

　　这不仅仅是一个工业温度范围的 Arduino 一般强大版本。基本的 Arduino 非常适合 I/O，但是没有太多的处理能力。该主板有一个 Atheros AR9331 MIPS 处理器，用于运行

Linux 的一个变体 Linino，它通过 OpenWRT（以其许多 Wi-Fi 路由器实现而闻名）开发，见 6.10 节。

❑ Hilscher netIOT——连接工厂

Hilscher 是一家古老的德国公司，它是物联网是如何将经过充分验证的现有技术与现代云技术相结合的一个有趣例子。Hilscher 的核心能力是为现场总线创建 ASIC。它被 EtherCAT 和 CANOpen（参见 4.6 节）等用于工厂车间自动化。如今，许多"从底层"编程的解决方案可以在 CANOpen 等软件的帮助下更快、更便宜地得到实现。

Hilscher 的产品系列"netIOT"允许集成商通过 MQTT 协议（适用于较小的系统）将工厂自动化连接到云。因此，可以在不制作任何硬件的情况下设计和实施系统。一个经典例子是巴西的汽车工厂由德国监控。这就是"工业 4.0"的核心。

❑ Kvaser Ethercan Ligth HS——桥接工厂

Kvaser 是一家瑞典公司，其历史可以追溯到 60 多年前。它是最知名的 CAN 设备供应商之一。Kvaser 有一款名为"Ethercan Ligth HS"的产品。这是标准的 CAN（因此包括但不限于 CANOpen）和以太网之间的桥梁。这是在"工业 4.0"中包含现有产品系列的一个例子。该产品可以将以太网供电（PoE）作为 CAN 的电源，使连接更简单。

❑ Z-Wave——智能家居平台

Z-Wave 是一种智能家居控制系统的完整生态系统。它由多家公司提供支持，可提供云服务器、手机应用程序等基础设施。最终用户可以从众多供应商中的一家购买入门工具，并轻松地对现有房屋或多或少地进行远程控制。入门工具包括连接到家用路由器以连接到互联网的网关。我们有一个从网关到设备的网状网络，这允许远程设备跳过更靠近网关的设备。爱玩的用户可以使用带有 USB 网关的 BeagleBone 来玩 Z-Wave，其中可能包含其本地版本的网页控件。

作为开发人员，你可以购买带有 8051 衍生产品和 Keil 编译器等的 SDK。虽然你需要在较长时间内使用此内置构建自己的硬件，但生态系统已经建立。该系统使用 ISM 频段（欧洲为 868 Mzh，美国和加拿大为 908 MHz，世界其他地区类似）。它的吞吐量低于 40 kbit/s，如果你可以用更少的吞吐量，那么省电功能允许电池使用一年或更长时间。

❑ ThingWorx/KepWare——云接口和分析

ThingWorx 是一个基于云的数据收集、用户界面和分析系统，用于工厂控制等。2015 年，ThingWorx 的所有者 PTC 收购了 KepWare，它本质上是连接到生产设施的协议和中间件的集合。通过合并后的系统，客户可以访问工厂的当前数据，以及"异常值"的趋势和警报，参阅第 12 章。它的访问不仅可以在办公室中获得，还可以通过工厂内的增强现实获得。

❑ TheThings.io——云接口

TheThings.io 是另一个用于在云端发布数据的平台。该产品的一个特殊功能是与 SigFox 的接口，参阅第 9 章。

❑ PLC（可编程逻辑控制器）

许多工程师在设计工业解决方案时往往会忽视 PLC——可能是由于历史原因。PLC 最初是相当原始的设备。为了使技术人员和其他没有编程背景的人更容易使用它们，它们使用"梯形逻辑"，因此它们类似于继电器。然而，PLC 从那时起已经走过了漫长的道路，并且可能是你用来应对挑战的完美解决方案。

3.24 扩展阅读

本书信息的主要来源是各个供应商的网站。其他来源如下：

❑ Derek Molloy：*Exploring BeagleBone*

这是一本关于充分利用 BeagleBone Black 来运行 debian Linux 的好书。你是否了解大多数 Linux 或 CPU 硬件取决于你从哪里开始。Derek Molloy 也有一个网站，其信息比书更新颖。

❑ Derek Molloy：*Exploring Raspberry Pi*

类似上一项所述，但读书是关于 Raspberry Pi 的。

❑ Elecia White：*Making Embedded Systems - Design Patterns for Great Software*

本书介绍了如何在硬件相关的水平上工作。它介绍了数据表和方框图，并解释了如何与电气工程师一起工作。

❑ embedded.com

这是一个有趣的网站，其中包含来自嵌入式世界中许多"大牛"的文章。

❑ eembc.org

该站点在系统上和 CPU 执行了许多基准测试。这很有意思，因为很多数据都是在没有会员的情况下提供的。CPU 上的总分被称为"CoreMark"，而网络上的基准则被称为"Netmark"。

❑ wikipedia.org

你可能已经知道这是一个很棒的网站。大学学者通常不被允许使用来自该网站的信息，因为可能难以追踪信息的来源。但是对于实际目的来说，这不是问题。

❑ bis.doc.gov/index.php/forms-documents/doc_view/1382-de-minimis-guidance

这是出口管制的良好起点。

PART 2 · 第二部分

最佳实践

软件架构

4.1 性能设计

> 30 多年来，使用软件、PC 和嵌入式技术让我意识到，为性能而设计的系统通常也是一个简单的系统，易于解释、理解而且强大。另一方面，性能最佳的代码通常是难以创建的，甚至有可能在一年后更加难以阅读，并且经常容易出 bug。除此之外，与糟糕的设计相比，好的设计的性能提升可能是 10 倍，而代码优化中的性能改进是以百分比来衡量的，25% 就是一个"提升"。

通常很少有"内部循环"，例如第 11 章讨论的数字滤波器中那样的内部循环。这一切都导致以下的准则：

性能设计——可维护性代码

例如：在过去的许多年里，面向对象程序设计（OOP）已经在 PC 编程中占了上风。对于 GUI 编程来说，这是一个很棒的概念。在屏幕上采用多种或多或少相同形状之一的视点的想法可以说是很棒的。如果你要处理"垃圾收集"的复杂性和基于堆的对象的隐藏实例化，那么你还可以在 OOP 中编写嵌入式代码。但是 OOP 有一部分不适合物联网这样的分布式系统。

OOP 中的典型工作流程是：首先实例化一个对象，然后设置很多"属性"。属性是具有"访问方法"的"私有属性"，从而确保了封装。考虑一下如果将这个概念复制到物联网系统设计中会发生什么。假设我们有 1000 个 IoT 设备，每个设备都有 100 个对象，每个对象都有 5 个我们想要从 PC 设置的属性。这意味着 $1000 \times 100 \times 5 = 50$ 万次往返。如果执行"tracert"（在第 7 章中有更多内容），那么你可能会看到数据包传输的典型时间，例如 ieee.org 是 100 毫秒。假设应答的返回时间是相同的，并且微小的物联网设备需要 50 毫秒来处理接收、操作和响应变化的工作，那么我们将花费：

$$50 \text{ 万} \times 250 \text{ 毫秒} = 125\,000 \text{ 秒} = 35 \text{ 小时}$$

当然，你可以并行地完成所有这些操作，将时间减少到 2 分钟，但并行处理 1000 个套接字绝非易事，如果在连接途中出了问题，那么错误处理将是一场噩梦。即使每个设备都有一个套接字，我们也可能需要处理这样的情况，即我们完成了 100 个对象的一半，然后发生了一些事情。这使得给定的设备处于未知状态——然后该怎么办？

另一种方法是使用一个可以节省往返时间的概念，并允许你在操作中发送所有装备齐全的"对象"。这可以被称为"事务"，因为你可以将其设计为设置操作的结果是好或不好——而不是介于两者之间。虽然嵌入式设备中的执行时间现在会更长，但实际上大部分时间仍在处理输入和输出消息，所以我们将这次的执行时间从 50 毫秒提高到 100 毫秒，从而使往返时间增加到 300 毫秒。这将需要：

$$1000 \times 300 \text{ 毫秒} = 300 \text{ 秒} = 5 \text{ 分}$$

如果你坚持使用 1000 个并行套接字，则可在 300 毫秒内完成。

处理更大的设置数据块的结果是更少的通信量以及更简单的错误处理，并且至少你可以选择并行处理 1000 个套接字。

那么，如何一次性发送设置操作呢？一种想法是将所有设置数据集中在 SQLite 数据库的嵌入式设备中。设置操作只是发送一个新版本，设备存储它并重新启动。如果重启需要 1 分钟，那么最后一台设备将在你开始后 6 分钟准备好——不是那么糟糕。由于操作的事务性，即使是并行场景也变得可行。SQLite 具有基于文件的优点，文件格式在所有平台上都是相同的。这允许你在受保护的 PC 环境中进行大量测试。

现在，团队中的一些人可能开始意识到用户实际上并不经常更新内容，他们可能会对每次更新使用这种方法，而不仅仅是那些真正的大规模更新。这实际上取决于应用程序。如果可行的话，它将确保所有设备都处于相同的已知配置中，这些配置已经在测试实验室中自动测试了几天$^\ominus$。这意味着除了上传新文件之外，没有其他设置命令需要实现。该设备必须处理的唯一状态更改是启动——无论如何这是必要的。因此，通过查看系统性能，而不仅仅是嵌入式性能，我们最终得到了一个更简单、更健壮的系统。除非我们有一个单独的项目，否则这在代码阶段永远不会发生。相反，为了缩短执行时间，每个开发人员将编写越来越难读的代码。好的设计决策通常不是单独工作的一个人做出的，而是整个跨职能团队围着小黑板讨

$\ominus$　IP 地址和传感器序列号等内容在不同设备之间会有所不同。

论的结果。

另一个更灵活的想法是将 REST 与 json 或 XML 中的"子树"一起使用，从而可以执行更大的设置命令块。这将在第 7 章中讨论。

4.2　从零开始的恐惧

从零开始会给你带来巨大的压力。行业中的大多数开发人员都是在一个项目中开始他们的职业生涯，项目中包含许多"遗留的"代码，他们对这些代码进行了扩展并修复了一些 bug。与此同时，他们向同行学习，并通过这个过程成为给定架构、硬件、语言和使用模式的专家。但后来偶然有人决定下一个产品需要从零开始制作。"最终我们做到了！"每个人表面上都欣喜若狂，但是内心深处可能没有那么高兴——什么才是正确的？从零开始实际上可能非常可怕。

针对这种问题有几种方法。一种方法是将项目建立在来自其他人的框架上。如果你能找到一些合适的框架，这真的很有意义。我们以 PC 领域为例，当 Microsoft 从 MFC/C++ 迁移到 .NET/C# 时，选择了更好的语言和更好的库——但实际上并不是一个平台。MFC 以前提供过文档/视图结构、文件的序列化和观察者-消费者模式等，但是没有结构化的 MFC 替代品。

当时，许多硬件（CPU、FPGA 等）供应商通常都会编写自己的 IDE（集成开发环境），以供客户在开发中使用。其中大多数使用 MFC/C++。剩下的使用 Delphi，这在某种程度上已经输掉了这场战斗。无论哪种情况，硬件供应商都在寻找新的应用程序框架。Eclipse 显然是这个社区中最受欢迎的选择。Eclipse 最初是为 Java 开发的 IDE 平台，但从那以后扩展了许多工具。Eclipse 不仅用于 C/C++，也用于 FPGA 设计和 DSP 开发等。

因此，在这种情况下，答案来自另一个源，它是为另一种语言（Java）编写的，但对于这些硬件供应商来说，其解决方案已经完成了一半。其他供应商也已经找到了其他类似的小平台，而剩下的已经在 C# 和 .NET 的新世界中找到了自己的方式，其平台不太正式，更像是指南。

但是如果没有 Eclipse 怎么办？你将如何真正打破面前的空白？就像一口吞下大象一样——一次一个字节。人们经常说，当已经有一个基础或平台时，敏捷方法最有效。虽然这可能是正确的，但也可以以敏捷的方式从头开始。不是在编码之前考虑整个平台，而是只要开始就可以了。但是，团队和管理层必须准备好进行一些重写。

实际上，你很少从零开始。是不是需要从旧产品、竞争对手或某些工业标准中读取文件呢？新系统不应该与旧数据库、云或其他进行接口吗？那么为什么不从这里开始呢？使用它来学习新的语言、编译器、IDE、库。正如 4.4 节所示，文件是一个很好的会面地点。在开始时缺少一个完整的计划是大胆的。但是，在新的编程工具和理想主义指导方针的基础上，制订一个关于如何创建新产品的完整计划甚至更加危险。

作为一个程序员，"看到光明"和学习新技术是非常令人满意的。但是，一旦你试着站在一个无法被满足基本需求的客户面前，你就会发现告诉他"这是用 ××× 编程的程序"是没用的，然后你意识到，满足客户的要求至少和尝试最新的编程潮流一样有趣。如果你首先关注这一点，那么你就没有理由不尝试一些新技术——但可能不是全部新技术。

换一种说法，不要从第一天开始就在新应用程序中创建所有层。实现一些垂直功能——一些终端用户功能。当你实现其中的一些功能时，你的团队将开始讨论他们应该如何隔离功能"x"，并将所有与"y"相关的功能放在一个单独的层中。这就是管理者应该为团队所做的事情以及重写代码的权利。争论的焦点可能是，你保存了所有最初几个月的设计和讨论。这就是敏捷方法的本质。

然而，所有这些都是嵌入式领域多年来的良好实践。嵌入式程序员习惯于采用"自下而上"的方法。在可以进行任何类似应用程序的编写之前，他们需要能够完成所有基础操作：在 RS-232 线路上获得提示、创建文件系统和发送 DHCP 消息等。这可能是敏捷方法在许多嵌入式部门中受到欢迎的原因之一。对于嵌入式开发人员来说，这感觉就像新瓶子里装旧酒——在许多方面确实如此。不过，嵌入式开发人员还可以从正式的 SCRUM 流程及其竞争对手那里学习。

> 前段时间，我参加了一个会议，会议上一些项目经理介绍了他们是如何做 SCRUM 的。其中一位经理正在管理 FPGA 团队。事实证明，在许多方面，他们实际上仍然遵循瀑布流程。然而，现在他们举行站立会议，在会议中讨论问题，注意到问题，优先考虑问题，并更多地进行团队合作。对我而言，这并不是真正的敏捷，但是这比四个家伙在各自的世界中工作要好得多。

4.3　分层

目前存在许多或多或少有趣的设计模式，这里只需要考虑一种架构模式：分层。这种模式的重要性不容小觑。基本上，上层知道下层的情况，而下层对上层一无所知。众所周知的分层示例是互联网协议栈，如图 4.1 所示。

在这里，应用层"知道"传输层的情况，但传输层不知道哪个应用程序正在运行、为什么运行或它是如何工作的，它只接受命令。类似地，网络层知道数据链路层的情况，反之则不然。因此，下层可以与 USB 等互换。我们拥有不可思议而强大的模块化。

| 应用层（套接字） |
| 传输层 |
| 网络层 |
| 数据链路层 |
| 物理层 |

图 4.1　分层

使用术语"真正的分层",我们加强了这个概念。现在,上层只知道与它紧邻的下面的情况,而不是那些更下层的。互联网协议栈并不是完全真正的分层,套接字接口只是对网络层(向下两层)发生的事情了解更多。另外,TCP 校验和计算包括来自 IP 报头的特定字段。这意味着一旦决定使用 TCP 或 UDP,你就会获得 IP。在这个层次上,我们没有完全模块化。这也解释了为什么许多人将互联网协议栈称为 TCP/IP 栈。

4.4   不仅仅是 API——还有更多的文件

在嵌入式领域和 PC 领域,你经常需要创建一个 API,以便下一个开发人员可以使用它。这通常是必要的,但并非总是如此。API 的一个问题是,在测试之后,没有关于发生了什么的任何跟踪。任何日志记录都需要测试程序员的额外工作。从 Linux(UNIX)可以学到很多东西。每次为 Windows 创建新内容时,都会创建一个新 API。Linux 不是这种情况。在这里,很大一部分输出被写入文件,而很大一部分输入是从文件中读取的。即使不是真正的文件,也可以被视为文件(/proc 显示过程就是一个例子)。在 UNIX 和 Linux 中,实际上也在 DOS 和 Windows 中,进程可以将数据发送到 stdout,并从 stdin 读取数据。清单 4.1 的前两行显示了这一点。然而,如第三行所示,也可以直接从一个进程的输出"输送"数据至另一个进程的输入。在 UNIX 和 Linux 中,这些进程甚至可能在不同的计算机上运行。

清单 4.1   stdin、stdout 和管道

```
1  progA > datafile
2  progB < datafile
3  progA | progB
```

这不仅仅是一种很好的交流方式。它还允许一些优秀的测试场景:

❑ 假设你已经彻底地验证了从 progA 到 datafile 的数据是正确的。现在可以保留 datafile 的副本,并开始在 progA 上进行性能改进,运行它,如清单 4.1 的第一行所示。在 progA 的更新之间,可以在旧数据文件和新数据文件之间进行简单的"diff"(或使用 BeyondCompare 等)。任何差异都意味着你犯了错误。这是回归测试的一个很好的例子。

❑ 你甚至可以在不运行 progA 的情况下测试 progB。只需执行列表的第二行即可。这允许更简单的测试设置,特别是在运行 progA 需要许多其他设备或者在 progA 依赖于或多或少随机的"真实"数据以产生稍微变化的输出的情况下。使用完全相同的输入测试 progB 的能力非常重要。

❑ 如果进程在不同的计算机上运行,并且数据如清单的第三行所示传输,则可以使用 Wireshark(请参阅 8.5 节以确保数据确实对应于数据文件)。

这在实际 PC 上运行的工具链中非常实用，在大型嵌入式系统中也很实用。

4.5　对象模型（包含层次结构）

在 PC 编程中使用 C++ 达到顶峰的时代，许多人在继承层次结构上花了很多时间。考虑到这是实现，并且应该隐藏实现，我们对此花费了太多精力，并且在包含层次结构或聚合上花费的精力太少。

例如："一辆汽车有两个车轴[⊖]，每个车轴有两个车轮，每个车轮由一个钢圈和一个轮胎组成。在车内有……"这是一个对象模型。有趣的是，代码不一定是面向对象的。一个好的系统有一个所有程序员都能理解的对象模型。通常这个模型与"世界"通过网络接口看到的模型是相同的，但并不一定是这样的。在后一种情况下，外部模型被称为" facade"（外观模式）。

4.6　案例：CANOpen

众所周知，现代汽车已经取消了大量的点对点布线，取而代之的是简单但又巧妙的 CAN 总线。然而，目前还不能被很好地认识到的是，CAN 只能描述物理层和数据链路层，其余部分由每个制造商决定。通常，即使是同一制造商生产的两种不同车型，也会在 CAN 总线上发出不同的消息格式。CAN 具有 11 位 CAN-ID[⊖]，但是在汽车领域，可能的值与测量类型的映射并没有标准化（除了少数例外）。

当工业制造商讨论在工厂车间使用 CAN 时，这是不可接受的。这些制造商组成了 CiA（CAN in Automation）小组，在第一个标准 DS301 中定义了 CANOpen。该标准定义了 11 位 CAN-ID 的使用，以及消息格式和所谓的对象字典。图 4.2 显示了如何将 11 位 CAN-ID 转换为 4 位功能 ID（允许 16 个功能）和 7 位节点 ID（允许网络中有 127 个节点）。

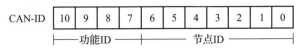

图 4.2　CANOpen 中 CAN-ID 的用法

后来的标准规定了各种用途的"概要文件"。概要文件越具体，系统集成商的设置就越少，自然会以灵活性为代价。

⊖　这是一辆非常原始的汽车。

⊜　CAN 2.0B 还提供了可供选择的 29 位 CAN-ID。这不用于 CANOpen。

CANOpen 中的对象模型可以在对象字典中找到。这模仿了一个简单的表，其中每个条目（由一个 16 位十六进制数索引）都包含了一个特定的功能。然而，情况并非如此简单，因为每个索引可能包含多个子索引。一些索引是强制性的，并且完全具体，而其他则是供应商特定的。每个索引都以一个数字开头，表示给定索引具有多少个子索引。这提供了必要的灵活性，但仍然足够严格，以确保来自一个供应商的软件可以处理来自另一个供应商的硬件。

根据我的经验，工程师总是要求导出到 Excel。在生产中使用表作为对象模型并不是一个坏主意。

图 4.3 显示了一个供应商用于管理对象字典的工具。GUI 很粗糙，但它非常精确地演示了对象模型。

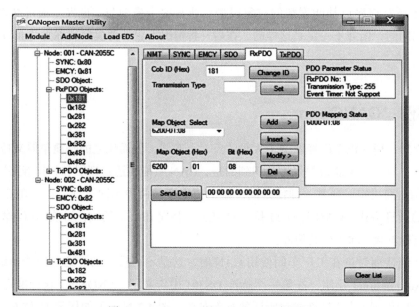

图 4.3　CANOpen 的 ICPDAS 用户界面

16 种功能类型被组合为主要的消息类型，如图 4.3 所示，并如表 4.1 所描述。

表 4.1　重要的 CANOpen 消息类型

消息类型	用　　法
NMT	网络管理，心跳等
SYNC	同步设置
EMCY	紧急消息
SDO	服务数据对象。例如 A/D 转换器的触发电平等一般设置
RxPDO	接收进程数据对象。对于发送到此节点的给定 CAN-ID，影响哪个输出以及如何影响
TxPDO	传输进程数据对象。我们何时发送以及发送什么——以更改输入

该工具使用 SDO 消息来设置系统。涉及 SYNC、EMCY 和 NMT 时，通常可以使用默认值。这意味着可能根本不需要担心这些。真正的主力是 PDO，它是在运行时由计时器指示发送的，或者当测量值变化超过指定的增量时发送的。通过在对象字典中编写数字，可以有效地将输入从一个设备连接到另一个设备的输出。使用这个概念，CANOpen 系统可能完全没有主设备，这不是最初的默认设置。没有主设备，系统将更便宜、更紧凑，并且具有更少的单点故障。

4.7　消息传递

在操作系统一章，特别是 2.8 节中，我们研究了各种帮助任务避免相互冲突的机制。在单核 CPU 上调试多任务可能会有问题，而且当我们看到更多的多核 CPU 时，情况只会变得更糟。在这些过程中，我们体验了真正的并行处理。在为 OS 内核或驱动程序编写代码时，没有办法避免使用复杂的构造。但是，在普通的用户空间代码中，它绝对不值得这样做。

如果使用共享内存，则需要临界区或互斥锁，以确保不会损坏数据。如果你忘记了其中一个，或者使该部分太短，都将损坏数据。如果该部分太长，就会序列化执行，而且从多个内核获得的值就会更少。最后，如果你在各种线程中以不同的顺序使用锁，那么迟早会遇到死锁。与之合作可能很有趣，但绝对不是很有效。

因此，消息传递多年来一直是一种流行的解决方案。它通常涉及将数据复制到从一个任务发送到另一个任务的消息中，这会影响性能。现代 CPU 大多数都非常擅长复制，所以除非我们讨论的是大量的数据，否则这比前面讨论的容易出错的技术要好。一旦每个任务处理自己的数据，数据共享就没有问题。如前所述，消息传递也为我们提供了更好的调试可能性。一个或多个任务可以在 PC 上执行，而其他任务在实际目标上运行，这是额外的好处。

像 Eneas OSE 这样的操作系统是围绕异步消息传递构建的，它可以在一种本地网络的 CPU 之间无缝地工作。同样，许多小内核支持在同一 CPU 内传递消息。如今，有许多与平台无关的概念，如 ZeroMQ。ZeroMQ 基于众所周知的套接字范例，它是绝对值得研究的。目前它使用 LGPL（宽 GNU 公共许可证），这意味着可以从专有代码链接到库。

有时，复制不是解决方案。测量数据流可以通过标准"旋转缓冲器"共享。在这些结构中容易出错——预先调试的版本是实用的。当涉及必须共享的数据结构时，你可能希望使用数据库，例如 SQLite。同样，也有人把资源花在了锁的概念上——该概念可以在嵌入式环境中工作。如前所述，还可以将默认设置传输到设备中，并将"奇怪的情况"导出到设备外进行调试。

4.8　中间件

尽管已经讨论了通常分配给中间件的功能，但是术语"中间件"还没有讨论。尽管这是一个令人困惑的术语，因为它意味着许多不同的东西，但在讨论软件架构时很重要。以下是有关中间件的不同观点的一些示例：

1）应用层和操作系统之间的所有软件。

包括许多运行在用户空间中的库。

2）系统内部或系统之间的通信概念。

可以是如 ZeroMQ（零消息队列）或特定于 OS 的构造。

3）远程过程调用（RPC）。

RPC 可能是旧式"主从"架构的一种中间件，但它在设备来来去去的物联网中没有一席之地，并且需要更多基于服务的方法。

4）对象代理。

这可能是 CORBA 或基于 REST 的更现代的东西，参见 7.12 节。

5）完整（应用程序）框架。

现代智能手机包含了一个框架，它通常有助于而且也规定了许多功能，例如手势控制、图形处理、语音识别、GPS 访问、电源处理和应用程序间通信等，所有这些都包含在Android 中。在这种情况下，Android 经常被称为操作系统。更确切地说，Android 是 Linux之上的许多预先选择的中间件。

或者，你可以将库选择到基于 Linux 的自定义系统或完全自行开发的系统中。有趣的是，所有这些都属于前面讨论的五层模型中的"应用层"。这意味着在处理低层数据通信时，五层模型可能没问题，但它确实不适合作为完整设计的模型。七层 OSI 模型也是如此：它也适用于通信，但它将所有中间件与顶层的应用程序捆绑在一起。在这两种模型中，顶层都显得很拥挤。

看起来，电话行业中的"中间件"被用作"应用程序框架"的同义词，而在 PC 领域，它是一个允许程序员使用分布式系统的层，使程序员不需要在分布式上花费太多时间。

实际上，切换中间件可能比转移到另一个操作系统更加困难。根据应用程序的不同，可能需要一些典型的中间件（如 REST 和通信部件的对象模型），或者可能需要一套完整的设置（如 Android 所提供的中间件）。

4.9　案例：LAN-XI 的架构重用

一本非常有趣的书 *The Inmates are running the Asylum*⊖声称，重用软件是一个错误的目

⊖　囚犯（inmate）指软件设计师，而避难所（asylum）指他们工作的公司。

标。大多数软件设计人员都经历过以"正确的可重用方式"创建内容的挫败感，只是看到它曾经被使用过一次，或者根本不被使用。当你为很多模糊的未来需求做准备时，代码会变得臃肿，这可能使它无法完成手头的工作。然而，这并不意味着所有重用都是不好的。

一种经过验证的重用代码的方法是产品线重用。如图 4.4 所示。

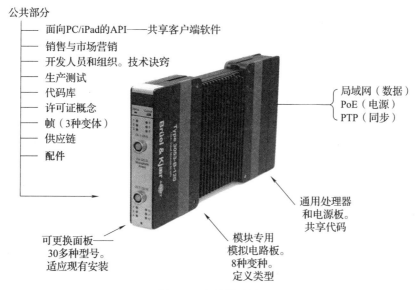

图 4.4　产品线重用

图 4.4 所示的产品是 Brüel 和 Kjær 的 LAN-XI 模块之一。前两个模块于 2008 年被推出，从那时起，每年大约有一个模块或框架（未显示）被发布。每个模块基本上测量或生成 300 kHz 的信道 × 测量带宽，相当于 LAN 上的 20 Mbit/s。100 多个模块可以作为一个整体工作。得益于 IEEE 1588 精确时间协议（以太网时间同步），采样同步在任何一组信道之间都低于 50 ns。

这些模块可以独立工作，例如通过以太网供电，或者在一个框架内且在背板上有一个内置的开关。因此，这些模块不是普通的物联网设备。然而，它们是建立在许多新的物联网设备所使用的技术之上的。第 9 章中使用 Wireshark 的 WiFi 测量基于 LAN-XI 模块，该模块通过无线路由器与 iPad 通信。

最初启动时涉及所有设计规程，需要许多开发人员付出努力，而后续的每个模块都可以通过重用实现，仅需要相当少的工作量。如图 4.4 所示，研发部门内部的重用只是一部分好处。所有模块的供应链、许可证、生产测试等几乎相同。最大的好处之一是，一旦客户了解一个模块，他就会了解所有模块。

将一个模块与其"兄弟"模块分开的唯一因素是模拟电路板，如图 4.4 所示。处理器板、电源板、显示器和机械等是相同的，嵌入的代码也是通用的。在初始化期间，它根据在生产的最后步骤中配置的参数得知它所属的模块。FPGA 代码在某些模块中有所不同，但在这种情况下，它是常见下载图像的一部分，并且由设备选择在下载期间使用的部件。具有不同连接器的"面板"允许基本系统在现有客户安装中进行。为了向前兼容，每个面板都包含自己的图片。这允许较旧的客户端软件显示一组新的"未知"连接器的正确图像。

毫无疑问，由于重用，LAN-XI 取得了成功。但是，这不是软件模块或库的重用，而是架构的重用。每当开发新特性时，开发团队始终考虑完整的产品线。这意味着所处理的模块中的短期优势永远不会以长期存在的架构不一致为代价。

尽管每个新模块的增量工作量远远小于原始模块，但在首次启动后，产品线上的总工作量已经超过了 50%。这项工作部分关于新模块，部分关于一般维护，部分关于处理已销售的模块（在合理范围内）的新功能。这与 1999 年卡内基–梅隆大学（CMU）软件工程研究所（SEI）的数据一致，SEI 认为这一数字高达 80%。LAN-XI 仍然会产生新的系列成员，并及时确认这个数字。SEI 在与 LAN-XI 的合作中证实的另一个观点是，架构定义了：

❑ 分组。
❑ 预算和计划单位。
❑ 工作分解结构基础。
❑ 文档组织。
❑ 整合的基础。
❑ 测试计划和测试的基础。
❑ 维护的基础。

所以，仍然引用 SEI 的话：

"一旦决定，架构很难改变。一个好的架构是最容易做出改变的架构。"

4.10　理解 C 语言

Kernighan 和 Ritchie 的《C 程序设计语言》（*C Programming Language*）[⊖]仍然很出色。虽然第 2 版比较旧（1988 年出版），但它包含了 ANSI-C 的重要变化。鉴于它传达的知识，你会发现它是短小而精悍的。如果你还没有读过这本书，应该仔细地阅读它。

然而，它确实不包括 C 的后期更新。最新的 C17（2017 年更新）主要是 C11 的 bug 修复，还包括 C99 引入的问题的部分修复。C11 中最重要的可能是多线程功能的标准化，我们在 2.5 节中简要介绍了这一点。多年来，所有主要平台都支持此功能，但并非始终如一。C99 中看起来最流行的两件事是内联注释（//）和变量的混合声明，两者都是 C++ 中已有的。

　　⊖ 该书已由机械工业出版社引进出版。——编辑注

在学习 C 和其他语言的规范时，没有一本书能与 *Code Complete*（2）相提并论。下面是一些基于经验的指南：

1）不要笃信。在争论起始括号的位置上没有效率可言，要接受公司的标准。

2）为模糊的、当前计划外的重用编写代码的想法是错误的（见本章扩展阅读：*The Inmates are Running the Asylum*）。如果你的程序运行得不错，那么它可能会被重用。另一方面，如果你将代码规划为远远超出当前环境的可重用代码，则代码将无效，因此永远不会被（重新）使用。如果它最终能够重复使用，那么它将很有可能处于一个完全不同于最初预期的方向。

3）不要把所有代码的重点都放在性能上。通常只有很少几行代码在内部循环中运行——这使得它有资格进行性能调优。再一次提到这个准则：

性能设计——可维护性代码

4）在存在性能问题的情况下，不要做任何假设。取而代之的是测量、分析、改变、测量，以此类推。

5）编写可维护性和可读性好的代码。当对现有代码的无知导致程序员重新验证、重新计算、重新读取数据等时，可能会引入较多的 bug，并对性能造成较大的损害。下一个程序员甚至不需要换人，你就会惊奇地发现你很快就会忘记自己的代码。

6）使用注释。不是那种把每一行代码都重写成其他类似的单词的笨方法，而是使函数头在更高级别解释函数的作用，以及何时以及如何使用它，特别是它是否在重入或线程安全方面与其他功能相比脱颖而出、是否需要特定的初始化顺序等。函数内部的注释是受欢迎的，只要它们不只是显而易见的陈述。通常，它们可以描述程序的一般流程、对数据的假设，或者在特殊情况下解释更复杂的代码行。在函数头中，还可以对"谁创建了谁"和"谁杀死了谁"进行注释。

7）基本类型的单个变量可以在函数中局部存在，但是当涉及生存时间较长的数据时，变量应该被分组为高级结构中的结构体和数组等。union 和 bit 字段在嵌入式领域特别受欢迎，通常在较低级别经常需要以不同的方式处理相同的数据时使用。如果程序员把所有东西都作为字节数组来处理且"知道"这是一个标志，而且这两个字节是一个 16 位带符号的数字，那么读代码就会非常痛苦。

8）在小型嵌入式环境中，如果程序调用 malloc() 或在初始化阶段后使用 new，则通常认为它是"不好的"。在堆上分配和释放内存是非常不确定的。通常情况下，嵌入式程序在晚上不会关闭，并且通常距离下一个用户进行重启或其他类型的重启操作还有很长的时间。如果使用 C++ 编程，就请考虑将构造函数设为"私有"，以便编译器不会在堆上静默地创建对象。

9）将编译器设置为针对大小而不是速度进行优化。在大多数嵌入式系统中，占用较少的空间非常重要。除此之外，代码经常被缓存，如果你可以避免一些缓存丢失，那么与一些编译器调整指令相比，你将获得更高的性能。

10）"objdump -d -S <binary>"使用 gcc 生成混合源代码和汇编代码的列表。在编写"聪明"的 C 代码（或类似的东西）前后使用它。有时候编译器并不像你想象的那么笨。然而，计数指令并不是全部。CISC CPU 的一些指令需要多个周期，而有些指令只需要一个周期。

11）在访问文件时，尽可能避免随机访问。

> 很久以前，我实现了一个扫描"Intel Hex"对象文件的 UNIX 程序，找到了一个 26 个字母的虚拟日期，我用当前日期替换了它，然后重新计算了校验和。我使用随机存取，因为需要反复操作。这花了一个小时。然后我将程序改为分两个步骤运行——第一步随机更改日期，第二步顺序使用校验和。这次只花了一分钟。

12）利用逻辑运算符 && 和 !! 总是从左到右运算，并由编译器保证只根据需要求值的优势。换句话说，如果你有几个 OR 表达式，那么只要其中一个为真，计算就会停止。与 AND 链类似，一旦表达式值为 false，C 编译器就将保证其余的表达式不被计算。这非常实用，参见清单 4.2。这实际上是 C# 代码，但所有 C 派生语言的概念都相同⊖。在这种情况下，我们想要访问"grid.CurrentRow.DataBoundItem"，但其中任何部分都可以为 null。该代码允许我们在单个 if 语句中从左到右进行测试。

13）请记住，大多数 CPU 在执行整数除法时都会同时给出整数商和余数。然而，C 不传递这些。如果需要在一个内部循环中使用整数商和余数，那么这可能是在代码中使用汇编语言编写一些指令的原因。你应该将其作为宏而不是函数来执行，因为某个调用可能会破坏你的传递途径并使用太多周期。

清单 4.2 使用有限的、从左到右的逻辑运算符运算

```
1  if (grid != null && grid.CurrentRow != null &&
2     grid.CurrentRow.DataBoundItem != null)
3     // 可以使用 grid.CurrentRow.DataBoundItem
```

4.11 扩展阅读

❑ Alan Cooper：*The Inmates are Running the Asylum*

这是一本奇妙的、易于阅读且有趣的书。它虽然主要是关于 GUI 设计的，但可以轻松地与通用软件设计相媲美。"囚犯"（inmate）指开发人员，而"避难所"（asylum）指工作的公司。

⊖ 请注意，特别是在 C# 的情况下，有一种基于所谓"空传播"（null propagation）的替代解决方案。

❑ Gamma 和 Helm：*Design Patterns: Elements of Reusable Object-Oriented Software*

这本书以令人耳目一新的编程观点席卷了编程世界：编程不是关于语言，而是关于你用它做什么。作者提供了许多优秀程序员独立使用语言的模式。现在它是一本经典之作。

❑ Pfeiffer、Ayre 和 Keydel：*Embedded Networking with CAN and CANOpen*

这是一本很棒的书，主要关注的是 CANOpen，但它也涵盖了基本的 CAN。它易于阅读，并且配有合适的插图。使用 CAN 可以解决比预期更多的问题。

❑ Steve McConnel：*Code Complete 2*

这本书是对关于如何编写代码的最佳书籍的改进，涵盖了很多好的建议和反例。

❑ Kernighan 和 Ritchie：*The C Programming Language*

关于 C 编程的绝对参考，使用 ANSI-C。

❑ Scott Meyers：*Effective CPP*

这并不是一本真正的参考书，而是 55 条具体编码建议的演练，以便让你真正理解 C++ 的精髓。

❑ Paul C Clements 等：*Software Architecture in Practice*

www.researchgate.net/publication/224001127

这是一个来自卡内基-梅隆大学 SEI 的幻灯片，与同名书籍相关。它有一些关于架构和架构师的很好的观点，以及按产品线重用的例子。

调 试 工 具

5.1　模拟器

> 当我在大学学习汇编程序时，模拟器（simulator）非常受欢迎。模拟器是一个程序，在我们的例子中模拟了一个 8080 微处理器。我们可以在一个安全的环境中编写代码，在这里可以单步运行、设置断点等。如今，有 QEMU 用来模拟例如在我的 Linux 桌面上运行的 ARM 环境，它实际上是在我的 Windows PC 上作为虚拟机运行的。但我真的不太使用模拟器，这可能是因为有更好的选择。

如果你正在为一个小型 Linux 系统编写代码，那么可能会发现调试有点粗糙。你可以在主机或目标上进行编译，每个都有不同的挑战。大多数 Linux 开发人员还使用 Linux 主机（至少以虚拟机的形式），他们经常会发现代码中有一些部分可以直接在主机上运行和调试。如果要模拟很多输入，那么这就变得很难了。但是如果我们谈论的是算法（例如数字信号处理），它们就可以处理 4.4 节所示的输入和输出文件，或者动态生成的合成数据。

当你进一步深入时，你可能开始需要来自目标的真实输入。但是这并不一定意味着你需要将所有代码移动到目标中。你可以使用从目标到主机的管道或其他网络连接，仍然可以在 PC 上使用又好又快速的调试器执行所有算法繁重的工作，并直接连接到你的版本控制系统，同时你的目标可作为通往现实世界的大门。

5.2　在线仿真器

仿真器可以说是非常棒的。本质上，它是一个计算机系统，连接器可以从中插入微处理器套接字。它可以实时完成微处理器所能完成的所有工作。但是，它可以做得更多，包括"追踪"特定存储单元上发生的事情，或者"破坏"特定模式和序列。

> 我们曾经花费许多时间在一个项目中寻找一个"随机"的 bug。我们买了一台 ICE（In-Circuit Emulator，在线仿真器），然后把它设置为"先读后写"中断。在一个小时内我们就发现了这个 bug，它是一个未初始化的变量。这是可能的，因为这个仿真器有每个 RAM 单元的标记，其中一个是"W"，表示"写入"。每当从没有设置此标志的数据位置执行读取操作时，ICE 都会中断。如今，可以通过静态代码分析找到这样的错误。

不幸的是，仿真器有很多缺点：

1）它们很贵，而且不容易在团队成员之间共享。

2）在现场成品上应用 ICE 并不容易。需要访问 PCB，这意味着必须打开机箱。也许你需要扩展 PCB 来"公开"有问题的 PCB，而扩展 PCB 本身会制造各种各样的问题。

3）如今，大多数微处理器甚至没有被安装在套接字中。你可能有一个带套接字的开发版本，但如果问题总是发生在其他地方怎么办？

所以 ICE 是罕见的，但它们确实存在，并且有时它们可以解决你的问题。

5.3　后台或 JTAG 调试器

许多智能集成电路，如微处理器和微控制器，都有 JTAG 接口。这在生产过程中用于测试。通过 JTAG，低级程序确保没有短路，并且 IC A 实际上可以"看到"IC B。由于 ICE 的上述缺点，微控制器制造商决定在标准 CPU 中增加一些额外的电路，通常将其称为后台调试器，在所谓的 BDM（后台调试模式）下运行。后台调试器使用 JTAG 连接，只是这次不是在生产期间而是在调试时使用。如果已经花费了实际拥有 JTAG 连接器的额外成本，那么可以通过它进行调试。如果连接器甚至位于机箱的外面，那么你可以在任何地方进行调试。

通常，后台调试器不具备仿真器具有的所有功能。它可能有一个或两个断点寄存器，用于中断特定地址，但通常情况下，它们不能在例如数据单元（变量）被更改时中断。有时可以购买额外的设备，例如用于追踪的带 RAM 的额外设备。

请注意，嵌入式系统中的开放式 JTAG 也存在安全风险，参见 10.19 节。

5.4 目标的替代品

模拟器相对于 ICE 和后台调试器的一个优点是它不需要目标。不幸的是，模拟器通常与现实世界脱节。然而，当嵌入式软件开发人员准备好编程时却没有编程目标，这并不罕见。如前所述，有时可以使用 PC 作为至少一部分目标的替代品。另一种流行的解决方案是 EVM 板。

如前所述，EVM 代表"评估模块"。这是一种 CPU 供应商通常销售得相当便宜的 PCB。它有相关的 CPU，以及一些外围设备和一些与外部世界通信的相关连接，例如 USB、HDMI 和 LAN，通常还有一些数字二进制输入和输出。有了这样的电路板，嵌入式开发人员可以尝试测试 CPU 的性能、功能甚至功耗，这在 PC 版本中并不容易。

在一个项目中，我们使用了两个 EVM（一个用于 CPU，另一个用于 DSP），占用了开发时间的三分之二。我们使用一些较旧的硬件来连接现实世界，所有这些都与标准开关捆绑在一起（可能因为最终产品内部使用 LAN）。很长一段时间，所有东西都在一个装有 EVM 和电缆等的鞋盒里运行——这是一个很棒的解决方案。

另一种流行的解决方案是使用我们在本书的其他章节中看到过的 Raspberry Pi 或 BeagleBone 等。BeagleBone 的一个优点是它是开源硬件，因此你可以访问所有图表等。请注意，由于这涉及"Share-Alike"或"Copy-Left"许可证，因此无法复制它，但它当然可以帮助你理解硬件。Yocto[⊖]具有 BeagleBone 参考设计也很不错。虽然 Raspberry Pi 和 BeagleBone 都不具备直接应用于工业产品的稳健性，但可以"训练"很长时间，并编写大量代码。

当你到达实际拥有目标的地步时，它可能会让你感到失望。从编辑一个 C 文件到看到它运行的周转时间很短，但现在需要更长的时间。为了将二进制代码输入目标，你可能需要在主机上预设一张 SD 卡，然后手动移动到目标。在这种情况下，通常可以将主机系统目标磁盘安装在目标上。这允许你在主机上进行快速编译，并在对目标使用后立即进行快速编译。通过使用 TFTP，内核被引导加载程序复制到目标 RAM，此后主机上的文件系统可通过网络文件系统（NFS）使用。

此方案如图 5.1 所示。虚线圆角框表示在运行时这种情况如何发生，而方框则显示 Yocto-build 的输出如何被复制到相关位置。

5.5 调试器

调试器是开发人员可以拥有的最重要的工具之一，但很容易失去全局。经过一个小时的

⊖ 参见 6.9 节。

调试后，去喝杯咖啡可能是一个好主意，这只是为了摆脱低级思维。很多人都有这样的经历：他们整天都在调试，然而当他们下班开车回家时才能解决问题。我曾经也有过这样的经历。

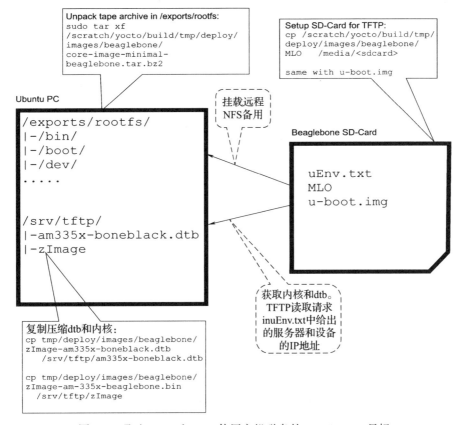

图 5.1　通过 TFTP 和 NFS 使用主机磁盘的 BeagleBone 目标

不过，你相信你所依赖的调试器如果没有在给定的行上中断，那是因为它从未到过那里，而不是因为你忘记了设置中的一个细节。没有什么比几乎重现问题更令人沮丧，然后程序就中断了。所以请确保你知道它是如何工作的。图 5.2 显示了 BeagleBone 上的远程调试。

在我的职业生涯中，我一直在 Linux 和 Windows 之间以及编程和管理之间来回奔波。这可能就是为什么我对 GNU 调试器（GDB）一直感到不满意的原因。许多程序员都喜欢 GDB，并且对它的使用十分频繁，因为它适用于几乎任何小型或大型装置中，这是非常实用的。但是当谈到调试器时，我需要一个 GUI。出于这个原因，我曾经在 Linux 上编程时使用带有 C/C++ 插件的 Eclipse。Eclipse 可以非常好地运行 GNU 调试器（如果它足够大并且可以在主机开发 PC 上远程运行，则可以在本地目标上运行），参见图 5.2。

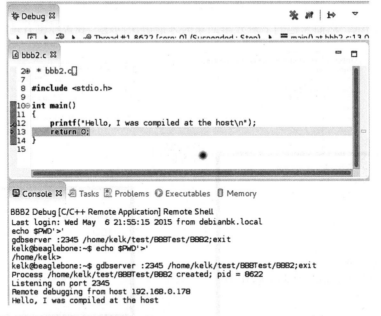

图 5.2   在主机上使用 Eclipse 调试 BeagleBone 目标

5.6   strace

这不是一本关于 Linux 书，我们也不会讨论 Linux 上的所有好的工具，但提到 strace 是因为它与大多数其他工具的不同之处在于它可以作为事后的参考，而且它作为一种学习工具也很棒。

在 7.18 节中编写 IPv6 UDP-socket 程序时，出现了一些问题。为了深入研究这个问题，我使用了 strace 来解决。这是一个 Linux 命令，用于待测程序前面的命令行，例如" strace ./udprecv"。在这种情况下，它用于两个不同的终端窗口，以避免打印输出混合。清单 5.1 和清单 5.2 显示了工作程序的最终输出（隐藏了一些行）。写入第 7 行（recvfrom）时接收程序阻塞。在这种情况下，问题是其中一个" sizeof"调用正在处理 IPv4 类型的结构（如清单所示处理）。

清单 5.1   strace IPv6 接收器

```
1 strace ./recvsock
2 socket(PF_INET6, SOCK_DGRAM, IPPROTO_IP) = 3
3 setsockopt(3, SOL_SOCKET, SO_REUSEADDR, [1], 4) = 0
4 bind(3, {sa_family=AF_INET6, sin6_port=htons(2000),
5 inet_pton(AF_INET6, "::", &sin6_addr), sin6_flowinfo=0,
6 sin6_scope_id=0}, 28) = 0
```

```
 7  recvfrom(3, "The_center_of_the_storm\n\0", 100, 0,
 8  {sa_family=AF_INET6, sin6_port=htons(45697),
 9  inet_pton(AF_INET6, "::1", &sin6_addr), sin6_flowinfo=0,
10      sin6_scope_id=0}, [28]) = 25
11  fstat(1, {st_mode=S_IFCHR|0620, st_rdev=makedev(136, 0), ...}) = 0
12  mmap(NULL, 4096, PROT_READ|PROT_WRITE, MAP_PRIVATE|MAP_ANONYMOUS,
13      -1, 0) = 0x7fc0578cb000
14  write(1, "Received:_The_center_of_the_stor"..., 34Received:
15  The center of the storm) = 34
16  exit_group(0)                          = ?
17  +++ exited with 0 +++
```

清单 5.2   strace IPv6 发送器

```
 1  strace ./sendsock
 2  socket(PF_INET6, SOCK_DGRAM, IPPROTO_IP) = 3
 3  sendto(3, "The_center_of_the_storm\n\0", 25, 0,
 4  {sa_family=AF_INET6, sin6_port=htons(2000),
 5  inet_pton(AF_INET6, "::1", &sin6_addr), sin6_flowinfo=0,
 6  sin6_scope_id=0}, 28) = 25
 7  exit_group(0)                          = ?
 8  +++ exited with 0 +++
```

5.7   调试时不使用特殊工具

当你知道自己在寻找什么时，单步运行非常有用，但是你将失去全局。当你遇到问题而又不知道发生了什么的时候，这是行不通的。经常使用 printf 语句是因为它不需要额外的工具。这个概念通常会受到批评（由工具供应商和其他人），因为它减慢了执行速度，且需要使用设置的各种编译标志重新编译。

如果你有这些语句的代码空间，那么它可以非常强大。但是不要花很多时间写 printf，只等待在以后删除它们。而是使用一个甚至两个 if 语句来包围所有 printf。执行 if 语句通常不会减慢任何人的代码速度（除了那一句内部循环）。" if" 与代码中的域相关，例如 " 引擎控制"。

插入应用程序层的所有 printf 以及驱动程序中与引擎控制相关的允许打印输出都包含在带有此标记的 " if" 中。这可以用 C 语言中的宏来完成。要在文档（例如维基）中持续跟踪标记，还需要能够在运行时（至少在启动时）设置这些标记。这可以在一个文件中，也可以通过网络。你也可能还希望有一定程度的信息显示。这是第二个 " if" 的位置。如果遇到问题，你通常会想要所有这些信息，但 CPU 可能根本无法在所有方面为你提供完整的详细信息。

现在，如果系统出现故障，可以在相关域中启用标记，而不会减慢其他所有内容的速度。最重要的是，这可以在现场或在客户的站点上进行，以客户的实际版本。在家里解决客户的问题从来就不是一件有趣的事情，你甚至可以要求客户打开标签、收集日志并将其发送给你，或者你可以远程登录等。请记住，printf 应该包含一些环境的描述，毕竟你可能会在它们被编写多年之后看到它们。不要忘记使用编译器指令 _FILE_ 和 _LINE_。当需要返回源代码查看为什么要打印这个文件时，它们将会有所帮助。如果在此过程中执行此操作，并且遇到新问题时，将构建一个有用的工具。

5.8 监控消息

在本书的几个地方，我建议将消息传递作为处理任务之间高级交互的一种方式。如果你正在使用它，那么你可能拥有一些很好的调试工具。当然，会有很多函数像往常一样调用函数，但在某些高级的程度上，任务主要是在输入队列上等待下一个任务。这些任务可能会偶尔在另一个队列中等待它们启动的某个任务的结果，但最终它们会返回到输入队列以进行下一个作业。所有这些都由系统进程处理，通常是内核的一部分。

现在，再次在运行时，交换机可以使程序在给定时间写出每个收件箱中正在等待的消息数量。这将告诉你是否有作业落后，该作业可能正在等待锁定的资源或是在无限循环中。这个打印输出甚至可以包含每个等待消息中最重要的字段，更多地说明了谁在生成数据以及谁没有在消耗，反之亦然。

在大多数基于消息的系统中，消息来自池。每个池都被初始化为具有给定数量的给定大小的消息。这样内存就不会变得碎片化。在输入框中等待的任务通常会在处理完消息后将消息返回到池中。通常这被用作节流阀也就是背压，因此不能有任何一条消息突出出来。

如果打印出每个池中的缓冲区数量，则可能会出现问题，或者至少在事后发现问题。此外，在这里看到"type"字段或其所谓的任何内容都是有意义的，因为它可以告诉你谁正确地返回了缓冲区以及谁没有正确地返回缓冲区。

5.9 测试流量

在测试网络功能时，脚本通常比性能最佳的 C 代码更快、编写效率更高。Python 是一种流行的脚本语言，使用 ScaPy 库测试网络流量是一件轻而易举的事。

清单 5.3 是一个使用 TCP 缺省值的简单而高效的示例，除了先前设置的变量的端口，以及被覆盖的 TCP 标志，以便发送 TCP "FIN"数据包（也设置了 ACK 标志）。" / "分隔层并且如果只有层名，则"正常"插入计数器和校验和及其正确值等。有趣的是，它也可以覆盖任何缺省以生成错误的校验和非法长度等。

清单 5.3　带有 IP 和 TCP 层的 ScaPy

```
1  fin_packet = myip/TCP(dport=remote_port,
2                        sport=local_port,
3                        flags="AF",
4                        /"这是最后的数据"
```

清单 5.4 是一个更精细的脚本的完整清单——用于测试 DHCP 服务器。它使得逐个执行客户端 DHCP 操作成为可能（更多相关内容见第 7 章）。必须使用"init"参数和所使用的输出接口进行第一次调用。在这种情况下，它是"wlp2s0"。可以在 Linux 上的 ifconfig 或 Windows 上的 ipconfig 的帮助下找到它。这个初始调用将配置数据保存在 json 文件中，以下调用使用并更新此文件。这些调用将客户端的 DHCP 操作作为参数，例如"discover"。该脚本发送相关命令并从 DHCP 服务器转储响应的 DHCP"options"部分。

该脚本也展示了通用 Python 的一些优点：

❑ main 中的 action——见最后几行。

❑ 简单的文件处理。

❑ 通过 eval 解析 json。

❑ 日志记录。

清单 5.4　使用 Python 编写的 DHCP 测试客户端

```
1  #!/usr/bin/env python3
2
3  #call ./dhcp.py <function>
4  # where function is one of init, discover, request or help
5  # Install Python3 and scapy to run this
6
7  import json
8
9  #Kill IPv6 warning:
10 import logging
11 logging.getLogger("scapy.runtime").setLevel(logging.ERROR)
12
13 import scapy
14 from scapy.all import *
15
16 #discover may be the first
17 def do_discover():
18     print("In do_discover")
19
20 # VERY important: Tell scapy that we do NOT require
```

```
21   # IP's to be swapped to identify an answer
22       scapy.all.conf.checkIPaddr = False
23
24       settings = eval(open("dhcp.conf").read())
25       iface    = settings["iface"]
26       mac      = get_if_raw_hwaddr(iface)
27
28       dhcp_discover = (
29           Ether(dst="ff:ff:ff:ff:ff:ff") /
30           IP(src="0.0.0.0",
31           dst="255.255.255.255") /
32           UDP(sport=68, dport=67) /
33           BOOTP(chaddr=mac, xid=5678) /
34           DHCP(options=[("message-type","discover"),"end"]))
35   # dump what we plan to send (debug)
36   # ls(dhcp_discover)
37
38       disc_ans = srp1(dhcp_discover,iface=iface,
39                       filter="udp and (port 67 or 68)")
40
41   # The answer is a DHCP_OFFER - check it out
42       print("Options:", disc_ans[DHCP].options)
43   # print("xID:", disc_ans[BOOTP].xid)
44
45   # Save the offer to be used in a request
46       settings["serverIP"] = disc_ans[BOOTP].siaddr
47       settings["clientIP"] = disc_ans[BOOTP].yiaddr
48       settings["XID"]      = disc_ans[BOOTP].xid
49
50       with open('dhcp.conf','w') as file:
51           file.write(json.dumps(settings))
52       return
53
54   #this does a request without a discover first
55   def do_request():
56       print("In do_request")
57   # VERY important: As before...
58       scapy.all.conf.checkIPaddr = False
59
60       settings = eval(open("dhcp.conf").read())
61       iface    = settings["iface"]
62       mac      = get_if_raw_hwaddr(iface)
63
64       dhcp_request = (
65           Ether(dst="ff:ff:ff:ff:ff:ff") /
66           IP(src="0.0.0.0", dst="255.255.255.255") /
67           UDP(sport=68, dport=67) /
68           BOOTP(chaddr=mac) /
69           DHCP(options=[("message-type","request"),
70           ("server_id",settings["serverIP"]),
71           ("requested_addr",settings["clientIP"] ),"end"]))
```

```
72  #  dump  what  we  plan  to  send
73  #  ls(dhcp_request)
74
75      ans_req = srp1(dhcp_request,iface=iface,
76                    filter="udp_and_(port_67_or_68)")
77      print("Options:", ans_req[DHCP].options)
78  #  print("xID:", ans_req[BOOTP].xid)
79      return
80
81  #this does a discover - then a request
82  def do_discover_request():
83      print("In_do_discover_request_-_not_implemented_yet")
84      return
85
86  def do_none():
87      print("Try_./dhcp.py_help")
88      return
89
90  def do_init():
91      try:
92          iface = sys.argv[2]
93      except:
94          print("init_must_have_the_relevant_interface_" \
95              + "as_second_parameter")
96          return
97
98      settings = {"serverI": "255.255.255.255",
99                  "clientIP": "0.0.0.0",
100                 "XID": "0",
101                 "iface": iface}
102     with open('dhcp.conf','w') as file:
103         file.write(json.dumps(settings))
104     return
105
106 def do_help():
107     print("Examples_of_usage:")
108     print("___./dhcp.py_init_wlp2s0_____" \
109         + "Second_Param:_interface._This_is_stored_in_dhcp.conf")
110     print("___sudo_./dhcp.py_discover____" \
111         + "Send_a_DHCP_DISCOVER_and_recv_a_DHCP_OFFER")
112     print("___sudo_./dhcp.py_request_____" \
113         + "Send_a_DHCP_REQUEST_and_recv_a_DHCP_ACK")
114     return
115
116 action = {'discover': do_discover, 'request': do_request,
117           'discover_request': do_discover_request,
118           'init': do_init, 'help': do_help}
119
120 #main code
121
122 try:
```

```
123    command = sys.argv[1]
124 except:
125    command = "none"
126
127 action.get(command, do_none)()
```

在 Linux 上运行上述程序的结果如清单 5.5 所示。注意，如果它在虚拟 PC 上运行，则可能无法生效。正如第 7 章所述，DHCP 通常作为广播发送，并且这些可能不会通过主机 PC 传递到网络。在这种情况下，需要使用 Windows PC 上的一个可引导 Linux 分区。

为了更好的可读性，输出行被中断。下面的 request 消息没有显示。因为我们只输出选项，所以它看起来非常类似于 discover 消息。唯一不同的是，"消息类型"现在是 5。

清单 5.5　DHCP 测试的输出

```
 1 kelk@kelk-Aspire-ES1-523:~/python$ ./dhcp.py init wlp2s0
 2 kelk@kelk-Aspire-ES1-523:~/python$ sudo ./dhcp.py discover
 3 In do_discover
 4 Begin emission:
 5 Finished to send 1 packets.
 6 *
 7 Received 1 packets, got 1 answers, remaining 0 packets
 8 Options: [('message-type', 2),
 9  ('server_id', '192.168.1.1'),
10  ('lease_time', 86400),
11  ('renewal_time', 43200),
12  ('rebinding_time', 75600),
13  ('subnet_mask', '255.255.255.0'),
14  ('broadcast_address', '192.168.1.255'),
15  ('router', '192.168.1.1'),
16  ('domain', b'home'), (252, b'\n'),
17  ('name_server', '8.8.8.8', '8.8.4.4'), 'end']
```

在 Windows 上安装 Python 可能会有问题。各种版本的 Python 及其库并不总是匹配的。因此，建议使用 Anaconda 环境。通过该环境可以获得可以协同工作的版本，以及一个名为 Spyder 的很好的集成开发环境（带有编辑器和调试器）。进入 Spyder 中的 Tools-Preferences-Run 并在"Clear all variables before execution"上勾选一个复选标记将为你节省一些令人讨厌的不确定行为，例如已删除的变量在程序再次加载前仍在生效。

5.10　扩展阅读

❏ keil.com/mdk5/ds-mdk/

这是来自 arm/Keil 的付费 DS-MDK 异构环境的家园。如果想将 Linux 作为目标，但又希望继续使用 Windows 环境，那么这可能是一个解决方案。对于具有小型 RTOS 的同类环境来说，还有一个较小的解决方案。这个解决方案叫做 Keil μVision。

❑ anaconda.org/anaconda

　　Anaconda 的主页——一个既有免费版本也有付费版本的 Python 环境。

❑ lauterbach.com

　　一些非常先进的仿真器和调试器的家园。

❑ technet.microsoft.com/en-us/sysinternals

　　一个免费的 Windows 工具的好网站。包括监控进程、文件、TCP 等。

第 6 章 · CHAPTER 6

代 码 维 护

6.1 穷人备份

目前有很多很棒的备份程序，但实际上你可以使用系统上已经存在的免费程序。根据我的经验，现代基于云的备份程序可能不太成熟，它对磁盘结构提出了不合理的要求。这里给出了一个老一点的可信解决方案。在 Windows 上，"robocopy" 在尝试复制数据时非常持久稳定。BAT 文件中的以下文本（作为单行）将"MyProject"复制到 Google 驱动器或网络驱动器等。

在 Windows 中，你可以安排上述 BAT 文件在每天都执行：

清单 6.1　使用 robocopy 的穷人备份

```
1  robocopy c:\Documents\MyProject
2    "C:\Users\kelk\Google Drive\MyProject"\
3    /s /FFT /XO /NP /R:0 /LOG:c:\Documents\MyProject\backup.txt\\
```

表 6.1 描述了 robocopy 命令的选项。

在 Windows 中，你可以安排上述 BAT 文件每天执行：

1）打开控制面板

2）选择"管理工具"

3）选择"任务调度器"

4）创建基本任务

5）跟随向导。当被问及多久一次时回答一周一次。然后勾选一周中的某一天。

表 6.1　robocopy 命令的参数

选　项	用　法
/s	复制子目录，但不复制空的子目录
/XO	排除比目标文件更旧的文件
/R:10	如果失败了，重复尝试 10 次
/LOG	将状态输出到日志文件（覆盖现有日志），LOG+ 是将状态输出到日志文件（附加到现有日志中）
/NP	没有百分比——不显示进度
/FFT	假设 FAT 文件时间（2 秒粒度）

6）如果要复制到网络驱动器，请确保备份仅在你在域上时并且具有交流电源时才尝试运行。不要求 PC 处于空闲状态。

7）选择通常不使用 PC 的时间。

相应地，在 Linux 中是使用"tar"命令复制和压缩数据，并使用"crontab"设置"cron"守护进程，调度定期备份。与上述的 Windows 概念相反，这在很多地方都有描述，在此处略过。

在上述两个过程中，都有一种调度作业的通用模式：按内容和时间来划分代码。

6.2　版本控制及 git

关于版本控制的使用存在很多炒作。然而，最重要的是，我们确实使用了某种版本控制。第二个优先事项是每天或至少每周执行一次检查，并且当项目处于稳定阶段时，将参考一个错误号，以原子方式检查单个错误。这很重要，因为最容易出错的代码类型是 bug 修复。我们希望能够：

1）列出 A 版和 B 版之间引入的所有 bug 修复程序的"购物清单"。在企业对企业中，大多数客户都处于一种状态，即他们希望得到与昨天完全相同的版本，只是有一个特定的 bug 修复。这对于开发人员来说并不是很实用，因为不同的客户想要修复的 bug 很少是相同的。因此，我们能做的最好的事情就是准确地记录文档包中包含哪些错误修复信息。如果可能的话，它可能会触发"啊，是的，我实际上也想要修复"，至少它向客户表明，作为一个公司，我们知道我们在做什么，我们要求他带回家什么。使用消费产品并不能满足上述客户的要求，但这个过程仍然有意义。如果必须在此时此地生成一个公开 bug 修复，那么你可能仍然希望找到更改最小的东西。这需要较少的测试来获得信心。

2）能够准确回答客户需要哪个版本才能获得特定的 bug 修复。这与上面提到的最小变化集有关。

3）如果由于新的错误或不想要的副作用而回滚某些内容，那么要知道哪个 bug 修复程序会消失。

4）要知道，任何回滚都会回滚完整的修复，而不仅仅是其中的一部分。

5）制作分支，甚至在分支上制作分支，然后合并。任何工具都可能需要手动帮助。

除此之外，还有更多"更好用"的需求，例如集成到 Windows 资源管理器中的图形工具以及与 IDE 的集成等。

原则上，所有上述要求都由 cvs、Subversion 和 Perforce 等"老派"工具来满足。但是，如果你使用现代软件开发，你就会知道今天的 git 就是这样。git 面临的主要挑战是它的理念与其他理念完全不同。git 具有许多优势，但代价是复杂性的增加。如果你使用 Windows 软件，或完全自定义的嵌入式系统，那么你和你的团队⊖可以自由选择工具，但如果使用 Linux 或其他开源，则避免使用 git 是不切实际的。从长远来看，你很可能会喜欢它，但在你达到那个程度之前，可能会有冷汗流个不停的时刻。

直到 git 出现之前，有一个中央存储库（repository），通常被称为 repo，它包含所有代码，开发人员可以检查他们需要使用的任何部分。因此，要么你的代码被检入，要么没有。使用 git 分发存储库，以便每个人都有一个完整的副本。你可以将工作目录中的代码提交到本地存储库，或者以其他方式提交签出代码。但是，你需要同步你的存储库并将其推送（push）到中央存储库，以便与其他开发人员共享代码。可以说，所有的存储库都被平等地创建，但其中一个存储库比其他存储库更胜一筹。参见图 6.1。

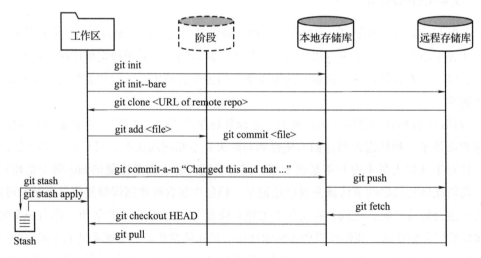

图 6.1 git 的主要操作

这个概念的一些主要好处是提交或签出非常快，并且服务器崩溃可能不会导致灾难。使用 git 的另一个好处是，可以分阶段提交要更改的代码的某些部分。如上所述，以原子方式

⊖ 选择版本控制与选择您喜欢的编辑器不同。它必须至少在整个项目范围内——甚至可能在整个公司范围内。

检查 bug 文件或功能是非常重要的，因此当你稍后检查源时，要么获得完整的修复，要么没有。你可能已经尝试过处理某个功能的场景：你正在处理一个特性，然后要求做一个小而"简单"的修复操作。实际的代码更改非常简单，但是你不能保证提交所有现在更改的代码而不产生副作用。因此，只需提交与新 bug 修复相关的更改。git 引入了一个"临时区域"，即索引。这是一种启动斜坡，可以在其中放置源文件，甚至只是你要提交的源文件的一部分。这很好，它确实在工作目录和共享存储库之间引入了一个新级别。

最后，git 还介绍了一个所谓的藏匿（stash）操作。这就像一个停车场，你可以暂时停放所有目前的工作，以便于做一些其他的事情，比如快速修复 bug。如果你有一个较新版本的工作文件但你不想提交，那么它可以阻止来自远程存储库的 git pull 操作。你可以通过合并来完成，但是以下操作可能更容易：首先对你的工作目录执行 git stash 操作，然后执行远程存储库的 git pull 操作，最后执行 git stash apply 操作，来恢复你的新工作文件。现在你可以照常提交，避免了分支和合并。基本上，这接近于 Subversion 等的标准行为。

因此，掌握 git 不是那么简单，但这是一项值得投资的工作。John Wiegly 撰写了一篇值得推荐的文章《自下而上的 git》（*Git from the Bottom up*）。他解释了 git 如何基本上是一个特殊的文件系统，其中包含"blob"（文件），每个文件都有一个独特的"安全"散列[⊖]，以及提交是如何成为中心工作负载的，分支就是这些操作的一个简单结果。John 使用一些可怕的低级命令做了一些很棒的演示，展示了 git 内部工作的美妙之处。这些命令的可怕之处不是他的使用，而是它们存在的事实。

关于 git 的一个非常好的事情是文件重命名非常简单。使用其他版本工具时，你经常会思考是否应该重命名一个文件或者在目录级别上下移动文件。但是你会回避这一点，因为会丢失历史记录，从而使其他人无法回到旧版本。git 以 git mv 命令重命名文件，此命令执行本地磁盘以及索引/阶段中所需的所有操作。同样，git rm 在本地和索引中删除文件。在这两种情况下，唯一要做的就是提交。历史记录仍如人们所料的样子。

git 有很多图形工具，但你可以使用适用于 Linux 和 Windows 的 gitk，并附带标准的 git 安装。它是"仅限查看"的，这是一种安慰，不会轻易发生一些可怕的事情。Windows 上标准安装的一个有趣部分是 bash shell。就像 gitk 一样，通过在 Windows 资源管理器中右击可以启动它。在实现真正的或虚拟机 Linux 的更大飞跃之前，这是练习 Linux 命令 shell 的好地方。在普通的 Windows 命令 shell 中使用 git 是完全可能的，但是在标准文件操作中使用"DOS"命令，以及当命令以"git"开头时使用"rm"、"mv"等有点奇怪。表 6.2 展示了一些最常用的 git 命令。

显然，制造存储库是很容易的。因此，制造许多较小的存储库是有意义的。克隆另一个存储库几乎与获取 zip 文件并解压一样简单。这是与旧版本控制系统的一个重要区别。

⊖　将在 10.4 节中讨论散列。

表 6.2 部分 git 命令

命 令	含 义
git init	在调用它的 workdir 所在的根目录中创建 ".git" 存储库目录
git init --bare	创建没有 workdir 文件的存储库
git clone <URL>	从远程存储库创建本地存储库和 workdir
git status	我们在哪? 请注意，如果 .gitignore 使用不当，未跟踪的文件将会混淆
git add <file>	跟踪未跟踪的文件，阶段提交更改的文件
git commit <file>	提交到本地存储库的文件。使用 -m 作为消息
git commit -a	提交所有更改、跟踪的文件——跳过阶段。-m 用于提交暂存区的文件
git checkout	从本地存储库获取文件到 workdir
git push	本地存储库内容被推送到远程存储库
git fetch	远程存储库内容被拉到本地存储库而不是 workdir
git merge	合并本地存储库和 workdir——手动辅助
git pull	类似 git fetch，但还可以合并到 workdir 中
git rebase	将 "提交链" 分离并附加到另一个分支。基本上是一种非常干净的合并方式
git stash	将 workdir 复制到名为 "stash" 的堆栈（本地存储库的一部分，但永远不会远程同步）
git stash apply	用最新储藏的内容重置 workdir

那么 git 如何知道哪个远程 URL 与哪个存储库一起使用呢？在最好的 Linux 传统中，".git"[⊖]目录中有一个"配置"文件。它包含了重要的远程 URL，以及本地和远程存储库上当前分支的名称，关于是否忽略文件名中的大小写的说明（Windows 是，Linux 否）、合并策略和其他内容。在工作区根目录开始的树的任何位置，git 都会找到这个文件，并因此知道相关的上下文。这隔离了工作目录中的 git 功能，因此可以毫无问题地重命名或移动工作目录。它在功能上仍然适用于相同的远程存储库。

人们常说"git 保留了所有版本的完整副本"，这并不完全正确。本地存储库是一个完整而有效的存储库，因此可以复制任何版本的文件。在较低的存储级别，它存储了 HEAD 的完整副本，即 tip 版本。但是，git 运行一个包例程来存储文本文件的增量。通过这种方式，你可以获得本地化的速度，但是你仍然拥有一个紧凑的系统。

这个问题来自二进制文件。不建议将二进制文件存储在版本控制系统中，但它可能非常实用，而且通常真的不是问题。与其他系统一样，git 不能将二进制文件存储为通常的增量系列，每次提交存储完整的副本[⊖]。与其他系统的不同之处在于存储库的完整本地副本。如果使用 Subversion，通常会检查给定分支的提示（HEAD），因此只能获得二进制文件的一个副本。而使用 git 可以获得完整的副本链，包括所有分支中所有版本的二进制文件。即使文件被"删

⊖ .git 是默认的名称，你也可以将它命名为其他名称。

⊖ 注意，MS-Office 文件被认为是二进制的。

除"，它们仍然被保留，以便保存提交历史。

git 中有一些命令可以清除这些二进制文件，但这不是一个单一的、简单的操作（搜索 git " filter-branch"）。还有一些外部脚本可以帮助删除最新特定文件之外的所有文件。在使用 git gc 运行垃圾收集之前，不会执行空间的实际回收。但是，如果正在使用例如 " BitBucket" 作为你的远程存储库，那么在经过配置的 "安全时间"（通常为 30 天）之后，才会进行垃圾收集。相反，远程存储库将占用旧空间和新空间。如果你因为接近空间限制而执行清理操作，那么这确实是个坏消息。

因此，你应该始终花时间在 workdir 的根目录中填写 .gitignore 文件。它只包含 git 应该忽略的所有文件的文件掩码。这对于避免错误地提交庞大的 PNG 或调试数据库是一个很好的帮助。这个文件的一个很好的特点是你可以在一行中写下例如 " * .png"，然后再写下 "! mylogo.png"，这代表你除了自己的标志文件外，通常不需要 png 文件。

GitHub 和其他云解决方案

git 本身是 Linux 附带的开源工具，最初由 Linus Thorvalds 编写。如前所述，使用它可能会让人感到困惑和复杂，部分原因是做事情的方法可以有很多。这一挑战在一定程度上由 GitHub 等公司来应对。

这家微软收购的公司为小型存储库提供免费存储，并为大型存储库提供付费存储。尽管如此，GitHub 的成功可能在很大程度上要归功于它围绕 git 的进程。通过使用 GitHub，你可以订阅一个特定的工作流，这个工作流被很多开发人员所了解和喜爱[⊖]。

基本上，任何功能实现或 bug 修复都是从分支开始的，这样主节点就不会受到污染。现在，直到准备好接受一些反馈，开发人员才会提交代码。程序会向一个或多个其他开发人员发出 pull 请求，之后他们可以查看代码并将其拉到他们的分支中（甚至可以在另一个存储库中）。评论会被登记并共享。

现在可以将分支部署到测试中，如果它通过了测试，则分支将被合并到主节点中。

Atlassian 也有一个类似的概念。在这里，可以设置系统，以便当开发人员负责在 Jira（参见 6.6 节）中发现的 bug 时将自动创建一个分支。仍然可以从 Jira 内部发出 pull 请求以获得反馈，并且在接收到肯定的检查标记时完成合并。

6.3　构建和虚拟化

虚拟化是一件很棒的事情。许多开发人员使用它在 Windows PC 上运行 Linux。这种类

⊖　实际上有几个可供选择。

型的用法可能也是最初的用途，但是如今，在同一类型的"主机 OS"中运行"客户 OS"也很有意义。当专业地使用软件、FPGA 或任何需要构建的类似工具时，重要的是将"构建PC"与开发人员的个人计算机分开。它具有执行构建和分发结果与日志的必要工具，但仅此而已。

今天大多数开发团队使用存储库（repo）——git、Subversion、Perforce 或其他任何库（参见 6.2 节）。通常，这只包括源代码，而不是编译器、链接器和其他二进制工具、环境设置和库文件夹等。意识到设置一个真正有效的构建系统需要多少时间，对于将整个设置保存为一个文件是有意义的。这可以在任何时候推出并使用，同时所有上述文件完全不变。今天构建的东西可能在两年后无法在 PC 上构建。随着时间的推移，保留构建 PC 的完整映像是虚拟化它的一个很好的理由。

有时甚至开发人员可能更喜欢使用这样的虚拟 PC。反对这一观点的最佳论据是性能。然而，如果这不是什么日常构建的东西，而是例如一个小型的"coolrunner"或类似的可编程硬件设备，它遇到蓝月亮[⊖]才改变一次（在很长一段时间才改变一次），然后重新使用虚拟映像真的很有意义。令人惊讶的是，标准开发人员 PC 在一年内实际发生了很大的变化。虚拟 PC 中的构建计算机必须关闭所有类型的静默更改，如 Windows 更新。下面的"手册"假定你在 Windows 主机上将 Linux 作为客户 OS 运行。

最著名的虚拟化工具可能是 VMWare，但免费的 Oracle VirtualBox 也很有用。如今，VMWare 和 Oracle 都可以与标准 Linux 发行版（如 Ubuntu 和 Debian）无缝集成，在涉及鼠标、剪贴板、本地磁盘等时。但是，如果你使用 USB 端口进行串口调试等操作，你可能会发现，你需要告诉虚拟机允许客户端 Linux "窃取"相关端口。

首先，下载 Oracle VirtualBox 或 VMWare 系统并进行安装。接下来，下载 Linux 系统的 ISO 映像。通常只需要选择众多光盘中最简单的即可，你可以稍后随时下载数据包。现在，你可以从 VirtualBox 或 VMWare 将 ISO "挂载"到非物理光学/DVD 驱动器上。还可以选择在运行时向客户端系统"借出"的 CPU 核心数和内存的数量。

完成所有这些操作后，即可启动虚拟机。现在你看到 Linux 启动了。它会问你是否可以擦除光盘。这没关系，它不是你的物理光盘，只是你为 Linux 预留的区域。还有关于区域环境也会有询问。这些可以在以后更改，如果没有正确设置，这不是什么大问题。最后你就可以运行 Linux 了。在初始尝试之后，你可能希望使用数据包管理器来安装编译器、IDE 和实用程序。你还应该记得"卸载"ISO 磁盘，否则安装程序将在下次"启动"时重新启动。图 6.2 显示了在 Oracle VirtualBox 中运行的 Ubuntu Linux。

⊖ 蓝月亮是一个日历月中的第二个满月。正常情况下，这种情况每隔两到三年发生一次，但 2018 年的 1 月和 3 月都出现了蓝月亮。

图 6.2　正在运行 Ubuntu 的 Oracle VirtualBox

6.4　静态代码分析

在日常构建中使用静态代码分析是一项很好的投资。没有必要花几天的时间去寻找那些在晚上你睡觉的时候，机器能在一秒钟内找到的东西。通常，这些静态工具可以配置为遵守例如 MISRA（汽车工业软件可靠性协会）的那些规则。图 6.3 来自 Windows CE 环境中名为"PREfast"的工具。

如果像这样的工具从第一天就包含在项目中，我们自然会从中获得更多的价值。从头开始使用它，还可以使团队能够使用该工具，而不是强制执行严格的编码规则。一个例子是，当我们想要测试变量 a 是否为 0 时通常会写

if(a == 0)

而不是

if(0 == a)

对于大多数程序员来说，第一个版本是很自然的，但有些人强迫他们自己使用第二个版

本，只是为了避免只编写一个"="时发生的错误。我们应该被允许编写流程代码，并让工具在夜间构建中捕捉随机错误。

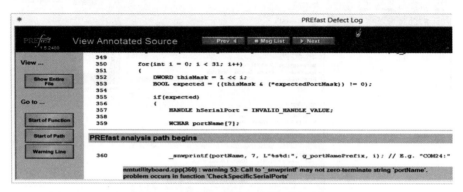

图 6.3   Windows CE 中的 Prefast（由 Carsten Hansen 提供）

6.5   检查

另一个建议是至少对代码的选定部分使用检查。更重要的是，检查所有的要求和整体设计。即使使用敏捷方法，在开始的时候也会有一些东西。仅仅是一些东西将被检查就有积极的影响。重要的是发现了 bug，而更重要的是程序员通过阅读彼此的代码获得了无声的学习。有一个明确的范围是很重要的——我们是否解决了 bug、可维护性、测试能力或性能？

检查中最重要的规则是谈论代码的本来面目——"开诚布公"。我们会说"……然后累加数字，除了最后一个"，而不会说"……然后他把数字累加起来，却忘记了最后一个"。程序员就像司机，我们都相信我们是最好的那一群人。批评代码是一回事，但不要批评程序员。这些是检查的主要规则：

1）至少有三个人进行检查。他们有各自的角色：主持人、读者、作者和测试人员。主持人负责保证会议的顺利进行，包括准备工作。他保证人们在会议期间遵守规则并做好准备。读者负责逐行阅读代码，但是将其作用用简单的语言重新说明。作者可以在会议进行中随时进行解释。根据我的经验，测试人员的角色有点模糊。

2）在检查期间，主持人会记录所有的发现，包括说明以及页码和行号。例如，注释中的错误和变量等的拼写错误被记录为小错误。

3）所有参与者必须先通过阅读代码或规范来做好准备，通常通过印刷分发。不要忘记行号。准备好在屏幕上展示代码是很方便的，这允许检查人员跟踪函数调用、head 文件等，但是要在讲义上写注释并将它们带到会议中。预计将使用两个小时来准备和两个小时来检查150-250 行代码。可以以相同的方式检查框图，甚至是原理图。

4）有一个明确的范围。通常情况下，任何不会导致功能错误的代码都很简单，但是如果存在性能问题，则可以事先决定检查性能。范围是非常重要的，以避免讨论哪个概念最好。

5）根据代码指南检查代码。代码指南可以避免许多徒劳的讨论。但是，如果你使用的是开源——添加的代码将被提交到这个开放源码中，则需要遵循特定代码的样式。

6）通过考虑更大的问题来结束小的质量流程：什么是我们本可以做得更好的？我们应该改变指南吗？

6.6　跟踪缺陷和特性

跟踪 bug，即缺陷，是绝对必要的。即使是单个开发人员，也很难跟踪所有 bug、对它们进行优先级排序，并管理堆栈转储、屏幕截图等。但对于团队而言，如果没有一个好的缺陷跟踪工具，这也是不可能的。有了这样的工具，我们一定能够：

1）输入 bug，将它们分配给开发人员并确定其优先级。

2）输入元数据，例如"在版本中找到"，操作系统版本等。

3）附加屏幕转储、日志等。

4）在给定版本中指定要修复的 bug。

5）发送 bug 以进行验证，并最终关闭它们。

6）已分配时接收邮件——带有通往 bug 的链接。

7）在过滤列表中搜索。

8）导出到 Excel 或 CSV（逗号分隔值），可以轻松读入 Excel。

如 6.2 节所述，当更新代码被检入软件存储库时，应该以"原子"的方式进行。这意味着与特定 bug 相关的所有更改都会被一起检入，而不是与其他任何内容一起。

我们可以从外部工具链接到任何 bug，这一点非常重要。这些外部工具可能是邮件、wikki 甚至 Excel 表。每个 bug 必须具有唯一的 URL[⊖]。这有效地关闭了需要用户打开数据库应用程序并输入 bug 号的工具。

图 6.4 显示了一个相当基本的"bug 的生命"周期。粗体直线表示标准路径，而较细的曲线表示备用路径。

一个 bug 以"new"状态下的一个 bug 报告开始。团队负责人或项目经理通常会将 bug 分配给开发人员。开发人员可能会意识到它"属于"某个同事，并因此重新分配。现在这个 bug 被修复了。或者它不应该被修复，因为代码按照定义工作，而 bug 是重复的或者超出了项目的范围。在任何情况下，它都设置为"resolved"。如果可能，则将其重新分配给报告 bug 的人或测试人员。此人可以验证决定并关闭 bug，或将其发送回开发人员。

⊖　REST（见 7.11 节）的一个重要规则。

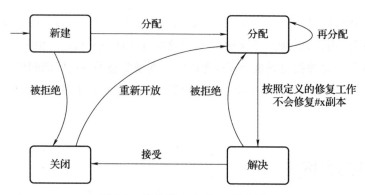

图 6.4 简单的 defec/bug 工作流

这并不复杂，但即使是一个小项目也会有 100 多个 bug，所以我们需要工具的帮助，这个工具应该很容易使用。

如果以与 bug 相同的方式跟踪计划的功能和任务，则可以使用此方法创建简单的预测工具。图 6.5 就是一个例子。

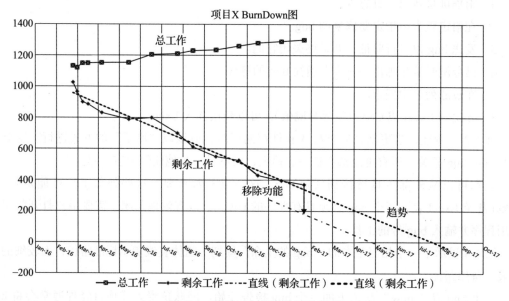

图 6.5 预测一个项目并采取行动

假如每两周从缺陷跟踪工具导出缺陷和任务一次，每个导出都将成为 Excel 中的一个选项卡，并且从主选项卡引用总和。"剩余工作"（又名 ToDo）是最有趣的估计。但是，"总工作"也很有意思，因为它显示了团队改变评估或接受新任务的时间。Excel 被设置为以随日历时间变化的函数的形式绘制估算的工作日。由于从工具的导出不是以精确的间隔进行的，因此将导出日期用作 x 轴非常重要，而不是使用简单的索引。

Excel 现在被告知要创建一个趋势线，表明该项目应在 2017 年 7 月下旬完成。现在，假设市场营销部门说这是一个"nogo"——该产品应在 5 月份上市。我们可以使用趋势线的斜率作为项目"速度"的度量，即每个日历日执行的预估工作日日数，并使用这个斜率绘制另一条线，在请求的发布日期$^{\ominus}$处穿过 x 轴。现在很清楚的是，为了达到那个日期，该项目必须减少价值 200 个工作日的功能。这有时是完全可能的，有时不是。

图 6.6 显示了同一系列的图形。它来自一个小项目，像之前一样以随时间变化的函数的形式显示了创建和解决 bug 的过程。这次它是向上的趋势，因此是"BurnUp 图"。

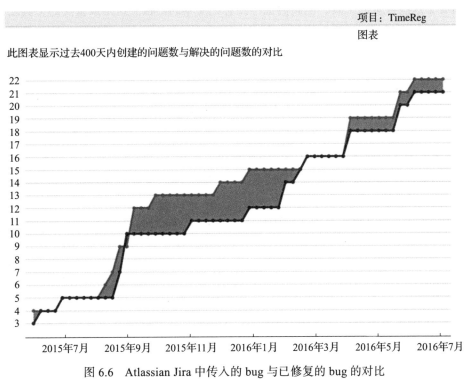

图 6.6　Atlassian Jira 中传入的 bug 与已修复的 bug 的对比

两条曲线之间的距离是积压，这张图是由澳大利亚 Atlassian 公司的工具"Jira"直接生成的。该工具集成了一个称为"Confluence"的 wikki。

最后，你还可以基于简单的时间注册创建"BurnUp 图"。显然，花时间并不能保证工作的完成。另一方面，如果在一个项目中花费的时间比计划的少，则可以清楚地看出团队正在做其他事情。这可能是其他项目在竞争同一个人。这是需要高层管理人员介入的一个明显标志，也是我们在项目内部可能更喜欢 BurnDown 图或第一种 BurnUp 图的原因，而在向上报告时使用后一种 BurnUp 图是有意义的。

$\ominus$　假设最终的构建、测试等也是估计的。

另一个推荐的工具是开源"Trac",可以从 trac.edgewall.org 下载。该工具可以执行所有列出的要求,并与 wikki 和源代码存储库集成。你可以在 CVS、SVN(Subversion)和 git(存在称为"tickets"的 bug)之间选择。我在"上辈子"使用过它,它在我们的小团队中运作良好。它运行在 Apache 服务器的基础之上,Apache 服务器可在 Linux 和 Windows 上运行。

6.7　白板

虽然有了这些神奇的工具,但我们也不要忘记简单的白板。这是最重要的工具之一,几乎与编辑器和编译器同样重要。当然,在项目的开始,当需要定期的设计头脑风暴时,白板是必不可少的。

在我的团队中,如果有人遇到问题,我们会在白板上召开会议。这与 SCRUM 会议不同,因为它需要更长的时间,涉及更少的人参与并且更深入,但它可能是由 SCRUM 会议或类似会议触发的。我们总是以绘图开始会议,面对问题的人绘制了相关的架构。在会议期间,其他人通常会在图上添加环境,我们还会在白板上提出一系列行动,通常具有调查性质。使用智能手机拍摄照片并将其附加到邮件上作为简单的记录是没有问题的。

重要的是,团队成员对整个过程充满信心,并在需要这样的会议时提出意见。如果这种情况没有发生,那么团队领导者就有责任这么做。

6.8　文档

几年后所需的文档将属于存储库中的 Word 文件,该存储库可以管理版本和访问权限。这甚至可能是 ISO 9001 要求等所必要的。

除了更正式的文档外,大多数项目都需要一个协作的地方。如 6.6 节所述,找到将 wikki 与 bug 跟踪系统集成的工具并不罕见。这很好,但不是必需的。只要任何 bug 都可以被 URL 引用,就可以从任何 wikki 链接到它。

6.9　Yocto

Yocto 是生成定制 Linux 系统的一种简洁方法。正如第三章所讨论的,现代的 CPU 系统就像一套俄罗斯娃娃,它的部件来自不同的供应商,这些部件有蓝牙模块、闪存、光盘、SoC CPU、以太网 MAC 和 USB 控制器等。其中许多都有适用于 Linux 的驱动程序,这些驱动程序来自供应商和开源用户。这些必须与最佳版本的 Linux 内核、U-Boot、交叉编译器[⊖]、调试器以及可能还有 ssh、Web 服务器等应用程序相结合使用。

如果你从知名供应商那里购买完整的 CPU 板，它会附带一个 SDK（软件开发套件）。这个 SDK 可能不包含你需要的所有功能，即使知道它在那里，也可能不会像你希望的那样经常更新。如果你创建自己的主板，那么更糟糕的是，没有现成的 SDK。这可能与使用小型内核的"旧时代"差别不大，但你选择 Linux 可能正是为了使用所有这些驱动程序、应用程序和工具进入 eco 系统。所有这些因素的组合数量是天文数字，从头开始组装你的特殊 Linux 设备是一项艰巨的任务。

在互联网上，你可以找到很多关于如何组装这样一个系统的"攻略"，通常包含"如果版本 x 不起作用，尝试版本 y"等等。所以，即使你可以把一些有用的东西粘在一起，这个过程也是非常不确定的，甚至单个组件的一个小更新都可以触发整个试错过程的重做。

这就是 Yocto 项目的出发点。基于 OpenEmbedded 组织所做的工作，许多供应商和志愿者组织了一个令人印象深刻的配置脚本和程序的系统，该系统允许你为任何硬件定制自己的 Linux 系统。Yocto 使用的是分层方法，其中一些层从官方站点提取代码，而你可以添加包含代码的其他层。这些层并不完全是 4.3 节中描述的架构层。顶层是"Distro"（分布）。Yocto 提供了一个参考发行版（当前被称为"Poky"），可以"按原样"使用或者由你自己替换。另一层是 BSP(板支持包)，它解决了与特定硬件相关的问题。图 6.7 展示了一个示例系统。

每一层可以附加或预先添加各种搜索路径，以及向通用工作流添加操作——主要使用 bitbake 工具执行，主要任务如下。

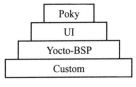

图 6.7　Yocto 的层次样例

1. 获取

可以配置自己的本地源镜像。这样可以确保可以找到该软件，即使它从服务器站点被移动（移除）了也可以。当许多开发人员一起工作时，这可以节省带宽，但也意味着可以控制和记录实际使用的开源软件。在极端情况下，可能会被指控违反开源许可，在这种情况下，能够重现源代码的来源是一个优势。

2. 解压

源可以驻留在 git 存储库、tarball 或其他格式中。当然，该系统可以处理所需的拆包。

3. 补丁

对官方软件的小错误修正等，直到它们被"上游"接受为止。

⊖　Yocto 为你的开发系统生成目标和工具。

4. 配置

Linux 内核、busybox 和其他一些内核都有自己的配置程序，通常带有半图形化的界面。这种手动配置的结果可以被存储在一个文件中，并在下次自动使用。更好的是，新配置和默认配置之间的差异会被存储和重用。

5. 编译

使用正确的交叉编译器和基本体系结构、32/64 位、软浮点数或硬浮点数等编译通用 Linux 源代码。输出是一个完整的映像——具有文件系统、压缩内核映像和引导加载程序等。Yocto 强制执行许可证检查，以帮助你避开将开源与自定义代码混合的陷阱。

6. 质量保证

这通常是在构建系统上运行的单元测试。为了在通常的 PC 系统上运行测试，完全可以为目标以及主机本身编译代码，也就是"本机代码"。并非所有的目标代码都可以在构建机器上运行，而不需要创建难以创建的存根，但是如 4.4 节所示，通常可以走捷径，使用预先生成的输入数据。本机构建的另一种替代方法是使用 QEMU 在主机上测试交叉编译的应用程序，参见 5.1 节。

7. 安装

根据需要存储构建过程的输出。这可能包括各种格式（RPM、DEB 或 IPK）、"tar-ball"或普通目录结构生成的"包"。

虽然 Yocto 很强大，但这也不是小菜一碟。因此，最重要的功能之一是创建 SDK 的能力。这允许一些程序员使用 Yocto 和低级别的东西，而其他人可以在他们的同事维护的 SDK 上开发嵌入式应用程序。另外，专门定制 Yocto 发行版的软件公司为你的团队创建了一个 SDK。

> 我们有一个专门的小团队致力于定制硬件和基本 Linux 平台。他们使用 Yocto 来生成和维护它。Yocto 生成一个他们提供给应用程序团队的 SDK。这个 SDK 包含选定的开源内核和驱动程序以及自定义的"Device Tree Overlay"和真正的自定义低级功能。通过这种方式，应用程序员不需要使用 Yocto 或试验驱动程序了。他们可以专注于应用他们的领域知识，使用更通用的 Linux 工具来提高工作效率。

6.10 OpenWRT

在 BeagleBone 和 Raspberry Pi 出现之前，一个业余开发人员就可以在他的 PC 上使用

Linux，但是要开始使用嵌入式硬件并不容易。在 2004 年 8 月版的 Linux Journal 中，James Ewing 描述了 Linksys WRT54G Wi-Fi 路由器，通过一个 bug 揭示了它是可以在 Linux 上运行的。它基于先进的 MIPS 平台，还有大量的闪存空间未被使用。这是一个非常有吸引力的平台，在接下来的几个月和几年里，人们基于该平台开发了许多开源软件。

OpenWRT 组织起源于这次冒险。这里的软件是为众多 Wi-Fi 路由器和其他嵌入式 Linux 设备开发的。终端用户可以到这里为他们的设备寻找开放的 Linux 固件，开发人员可以将其作为灵感来源。在这里找到比设备供应商提供的更好的固件的情况并不少见。

6.11　扩展阅读

❑ John Wiegly：*Git from the Bottom up*

https://jwiegley.github.io/git-from-the-bottom-up

这是一篇 30 页的优秀开源文章，描述了 git 的内部工作原理。

❑ Otavio Salvador 和 Daiane Angolini：*Embedded Linux Development with Yocto Project*

一本易读的 Yocto 手册。

❑ trac.edgewall.org

一个结合了 wikki、bug 跟踪和源代码控制的免费工具。适合小型团队。

❑ atlassian.com

与"trac"位于同一部门的更复杂的工具组合。

❑ yoctoproject.org

Yocto 项目的主页，包含大量的文档。

❑ openwrt.org

OpenWRT Linux 发行版的主页。

❑ Jack Ganssle：*Better Firmware - Faster*

Jack Ganssle 有一种奇妙的方法，将低级硬件与高级软件结合起来，以创建概述和高效的调试。

PART 3 · 第三部分

物联网技术

第 7 章 · CHAPTER 7

网　络

7.1　互联网协议简介

"标准的好处是有很多选择。"

上面这句话很有趣，因为人们都认为使用标准很好，但新的标准总是不断出现。在协议方面尤其如此。但是，这些协议中的大多数都是"应用层"协议。"互联网协议栈"取得了胜利，它是物联网的核心。我们将重点讨论互联网协议栈，尤其是 TCP，而不是大量的应用程序协议。查看任何 IoT（物联网）应用程序协议，你将在其中找到 TCP（在少数情况下为 UDP）。

如果 TCP 无法无缝运行，则应用程序协议也不起作用。遗憾的是，设计糟糕的应用程序协议可能会降低系统速度，参阅 7.20 节。本章还将在 7.12 节中介绍 REST，这是许多新协议中使用的一个重要概念。

7.2　瑟夫和卡恩：互联网是网中网

我们尊敬的温顿·瑟夫（Vinton Cerf）和罗伯特·卡恩（Robert Kahn）是互联网的发明者，互联网的出现可以追溯到 20 世纪 60 年代，早在万维网出现之前。他们概念的简单之处在于，与其争论哪个本地网络最好，不如接受所有这些本地网络，并在它们之上构建一个"虚拟"网络。因此有了"互联网"一词。

互联网协议栈如图 7.1 所示。

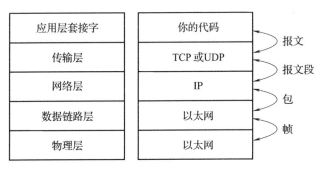

图 7.1　通用层、典型变体和 PDU 名称

术语"协议栈"意味着许多协议使用分层模式在彼此之上运行（参见 4.3 节）。这些层通常从底部开始编号为 1 ～ 5。感谢 Cerf 和 Kahn，我们在第 3 层上有了"虚拟"IP 地址。应用层是第 5 层。图 7.1 中将"你的代码"作为典型的应用层。然而，应用层本身由多个层组成，它可能非常繁忙。在 Web 服务器中，你会发现 HTTP 作为应用层中的较低层之一，但仍然在这个模型的第 5 层中。运行正在通信的应用程序的设备被称为"主机"。它们在应用层充当客户端还是服务器并不重要。

通常，我们在最低的两层使用以太网，在数据链路层使用物理 48 位 MAC 地址，在物理层使用铜缆或光纤电缆。MAC 地址通常固定用于给定的物理接口，而不是设备，并以十六进制写入 6 个字节，用 "："分隔。该地址类似于一个社会安全号码，即使设备（比如笔记本电脑）从家里被搬到办公室，它也不会改变。在"子网"内部，实际上在路由器后面，设备使用第 2 层上的本地网络地址相互通信。如今，在大多数情况下，这些是以太网 MAC 地址。在第 2 层上通信的设备被称为"节点"。PC 和智能手机既是节点也是主机。路由器只是一个节点，直到我们开始直接与其中的嵌入式 Web 服务器通信，此时它也变成了一个主机。

7.3　数据包的生命周期

在本节中，我们将跟踪从 Web 浏览器到 Web 服务器的数据包。所描述的路由与该领域中的云服务器和嵌入式设备之间的通信没有什么不同。术语"数据包"并不精确，但很常见。如图 7.1 所示，各个层都有自己的数据包名称，因为包在堆栈中向下增长。每个层都添加一个报头（header），并且在以太网层中还添加了一个报尾。对于任何层上的"数据包包"，正确的通用术语是 PDU（协议数据单元）。

图 7.2 可以被看成一种通用设置，展示了主机、交换机和路由器。它也可以是很具体的。如果你在同一个盒子中放入一个 4 至 6 端口的交换机作为两端路由器，那么你就拥有了一个标准的 SOHO（个人及居家办公）"路由器"。连接交换机与主机的 LAN 甚至可能是无线的。这实际上就是用于我们即将深入的捕捉的设置。相关接口以圆圈标在图中。我们将在第 9 章

更多地关注有线 LAN 与无线 LAN 之间的区别，但在本章没有区别。当本地网络上的主机需要与网络外的主机联系时，它将首先使用路由器的 MAC 地址将数据包发送到它的"网关"路由器。在图 7.2 的例子中，该路由器接口对 LAN 具有 IPv4 地址 192.168.0.1 和 MAC 地址 00:18:e7:8b:ee:b6。

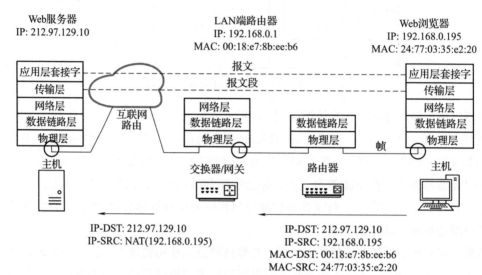

图 7.2 拥有主要网络设备的互联网

图 7.2 显示了 Web 浏览器从 Web 客户端到 Web 服务器（从右到左）的请求。它们都被称为主机，因为它们在应用程序级别和传输级别（TCP）上"终止"了路径。这显示为两个应用层之间以及两个传输层之间的虚线。这些报文似乎从一个应用层转移到了另一个应用层，即使它们实际上是在发送方向下传递堆栈，而在接收方向上传递堆栈。同样，这两个 TCP 进程似乎也传达了报文段。接口的地址在顶部注明。数据包沿实线通过，由交换机和路由器/网关"存储和转发"。在路由器的另一边我们可以拥有更多的 LAN，但在此案例中我们移入实际的互联网。Web 服务器也被连接到网关，但图中没有显示。路由器在客户端的数据包中涉及以下几项：

- 包含客户端 IP 地址的网络层源（network-layer source）

  在数据包的生命周期内，IP 地址保持不变（除非路由器包含 NAT，在这种情况下，源 IP 将在访问互联网时被更改（参阅 7.9 节））。大多数 SOHO 路由器确实包含 NAT，这也不例外。

- 包含 Web 服务器 IP 地址的网络层目标（network-layer destination）

  IP 地址在数据包的生命周期内保持不变（除非路由器包含 NAT，在这种情况下，当到达本地 LAN 时，目标 IP 将被更改（参阅 7.9 节））。因此从左到右的数据包将保留其目标 IP 地址，但是从右到左返回的应答将被更改。一般情况下，路由器在其路由表中查找远程 IP 地址，以决定将包传输到哪个接口。对于 SOHO 路由器来说，则只有一个选择。

❑ 包含客户端 MAC 地址的链路层源（link-layer source）

如果路由器连接到出接口上的 LAN，则源 MAC 地址将被替换为此接口上路由器本身的 MAC 地址，因为它现在是新的链路层源。在我们的示例中，路由器是互联网网关，因此使用互联网路由，这不是本书的主题。

❑ 包含路由器 MAC 地址的链路层目标（link-layer destination）

如果路由器连接到出接口上的 LAN，则目标 MAC 地址将被替换为 Web 服务器中的 MAC 地址或者下一个路由器的 MAC 地址（以先到者为准）。在我们的例子中，路由器是互联网网关，因此使用互联网路由，这不是本书的主题。

❑ 跳数

如果使用 IPv4，那么所谓的"跳数"就会减少。当跳数减少到零时，数据包就会被丢弃，这是为了防止数据包永远循环。

❑ 校验和

更改跳数或 IP 地址（由于 NAT）会导致需要更改 IPv4 校验和。

图 7.2 的底部显示了数据包从右向左移动时的源地址和目标地址。数据来自一个简单的 GET 请求。IP4 地址用于简化，192.168.x.y 地址是典型的 NAT 地址。参见 7.9 节。

交换器是完全透明的，不会改变数据包中的任何内容。基础交换器没有 IP 或 MAC 地址。你可以识别其存在的唯一方法是，当它先等待整个数据包被"打卡入"，然后在另一个端口上被"打卡出"时，它会引入"存储转发"延迟。这实际上是有点令人困惑的。有人可能会认为，由于路由器（第 3 层设备）会更改第 2 层（链路层）上的地址，因此交换器也是第 2 层设备，但事实并非如此。这种透明性使得交换器成为一种出色的即插即用设备，与路由器相反，后者需要大量的配置。

当 Web 服务器响应来自客户端的请求时，它简单地将两个级别上的源与目标交换，然后重复整个过程，现在是从左到右进行。它实际上还交换了另一个源/目标对：TCP 端口。上面没有提到这些，因为路由器并不关心它们。它们位于比路由器所能理解的更高的层上（同样在这里 NAT 的案例是一个例外）。官方 Web 服务器始终是端口 80，而客户端的 TCP 端口则是随机选择的。这个我们还会讲到。

图 7.3 显示了在 Wireshark 上捕获图 7.2 中的场景。

Wireshark 顶部窗口中的每一行都是一个"帧"，它是以太网层上的传输单元。帧（在以太网层中）、包（在 IP 层中）、报文段（在传输层中）和报文（在应用层中）之间的关系可能很复杂。几个小报文可能被添加到一个报文段中，而大报文可能被分割到多个报文段中。使用 TCP 时，由于 TCP 的"流"特性，来自应用层的报文之间的边界将消失。理论上，TCP 报文段最多可以达到 64 kB。但是，TCP 具有"最大段大小"参数。这种设置通常是为了使单个报文段可以进入以太网帧。在这种情况下，就像在本书中的大多数示例中一样，TCP 中的报文段与以太网中的帧之间存在 1∶1 的对应关系。

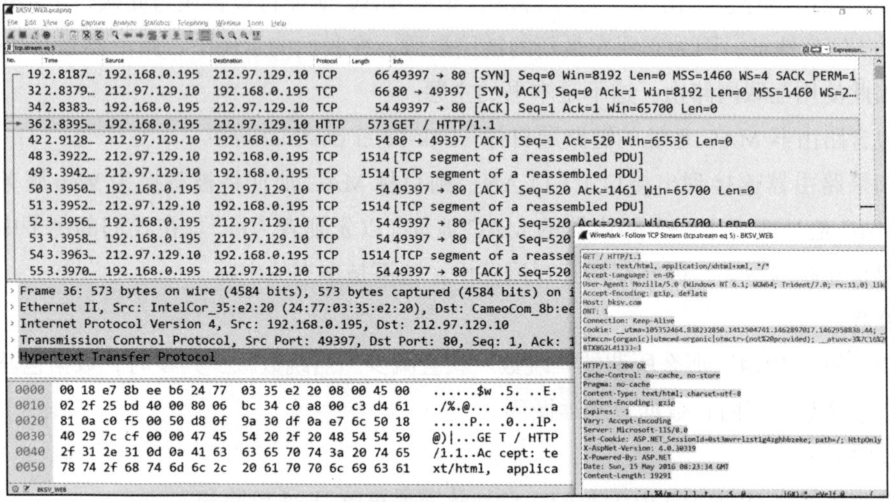

图 7.3   使用"Follow TCP-Stream"进行 HTTP 传输

我们只能在图 7.3 中看到相关的对话，这就是为什么在顶部窗口的左列中缺少许多帧号。通过右击带有 HTTP 请求的帧（编号 36 ），并在上下文相关菜单中选择"Follow TCP-Stream"，可以轻松创建对话过滤器。这同样很简单，因为 Wireshark 默认情况下使用来自它所知道的"最高协议"（在这种情况下是 HTTP）的相关数据来填充"Protocol"字段。还可以通过单击报头（header）对此列进行排序，从而快速找到一个开始分析的好位置。

因此，查找"GET"请求很简单。"Follow TCP-stream"的另一个结果是右侧的重叠窗口，默认情况下以 ASCII 显示 HTTP 通信。它甚至将客户端部分变为红色，服务器部分变为蓝色。这非常好，但是当我们看到完整的对话而不仅仅是所选的帧时，可能会有点困惑。因此，该对话框包括以下的帧。在 info 字段中，它们包含文本"[TCP segment of reassembled PDU]"（重新组装的 PDU 的 TCP 报文段）。

中间的窗口显示所选的帧（编号 36 ）。底部窗口以十六进制显示报头和数据。一个很好的功能是，如果你在中间窗口中选择了某些内容，则相应的二进制数据将在底部窗口中被同时选中。请注意，Wireshark 显示了互联网协议栈的"自下而上"：以太网在顶部，HTTP 在底部。我们将在后面看到，它们的每一个都可以扩展。

中间窗口中的每个非扩展行仍然显示最重要的信息：TCP 端口、IP 地址和 MAC 地址。由于后者是按范围分发的，因此 Wireshark 通常会识别最左边的 3 个字节，并将供应商名称插入它所写的相同 MAC 地址的两个版本之一。这样可以更轻松地推测出你实际正在查看的设备。在本例中，客户端是装备了英特尔 MAC 的 PC。

HTTP 不只是在第 36 帧从 PC 中移出。注意第 19、32 和 34 帧。它们共同组成 TCP 的三次握手，从而启动 TCP 连接。你可以在传输过程中随时启动 Wireshark 捕获，但最好先捕获三次握手，因为它包含了一些重要信息，我们很快就会看到。

让我们正确理解一些术语：TCP 客户端是只使用 SYN 标志集发送第一个帧（19）的主机，TCP 服务器是同时使用 SYN 和 ACK 集（第 32 帧）进行响应的主机。术语客户端和服务器都与 TCP 相关，但它们分别对应于 Web 浏览器和 Web 服务器。理论上，通信可以在相反方向上打开另一个 TCP 连接，但这里不是这种情况。

术语"发送方"（或传输方）和"接收方"与服务器和客户端不同，它们更具有动态性。你可能会争辩说，大多数信息都是从服务器传递到浏览器的，但肯定不是全部。在 TCP 连接中，应用程序数据可以（并且通常会）在两个方向上流动。这由应用层来管理。让我们看看可以从初始握手中学到什么，通过图 7.3 中 Wireshark 中第 19 帧的"info"字段可以看到：

❑ SYN 标志

　　该标志（位）仅在 TCP 的初始打开请求中由 TCP 客户端设置。TCP 服务器对此特定数据包的应答也包含 SYN 标志。

❑ ACK 标志［不在第 19 帧］

　　包含在除客户端开放的 SYN 之外的所有帧中。这允许你区分 TCP 客户端和 TCP 服务器。

❑ Seq = 0

　　发送段中第一个字节的 32 位序列号。许多协议给它们的数据包编号，而 TCP 给它的字节编号。这允许更智能的重传——将最初从应用层传递给 TCP 时一个一个发送的小数据包连接起来。请注意，在这个意义上，SYN 标志和关闭 FIN 标志（屏幕外）都是作为字节计算的。因为我们从最初的三次握手获得了传输，所以 Wireshark 很好，它给了我们相对的序列号（从 0 开始）。如果打开底部的十六进制视图，你将看到序列号不是从 0 开始。实际上，这是安全性的重要组成部分。序列号是无符号的，只是换行。

❑ Ack［不在第 19 帧］

　　此客户端或服务器希望从另一端看到的下一个序列号。由于任何一方都有可能会发送没有数据的 ACK，因此具有相同的 Seq 或 Ack 的帧没有任何问题。Wireshark 会帮助你并告诉你，是否任何一方或 Wireshark 本身错过了帧。

❑ Win = 8192

　　双方都使用的这个 16 位窗口大小告诉对方它当前在接收缓冲区中有多少空间。因此，指定发送方知道何时停止发送，并等待接收方将数据传递到其上方的应用层。由于接收方保证其应用层数据只传送一次，没有间隙，并且按照顺序传送，因此如果早期数据包丢失，这个缓冲区可能很容易变满。直到重新传输填充间隙，数据才会进入应用层。这就是为什么你有时会看到数据包是无数据的，但被 Wireshark 标记为"窗口更新"。这意味着接收方（客户端或服务器）希望告诉对方"我最终删除了应用层中的一些数据，现在我有更多的空间了"。

❑ WS = 4

这是窗口比例。TCP 是旧的，最初的 16 位数被认为足以满足窗口大小。但是，只有我们考虑到大量运行中的数据，如今的"长肥管道"（big-fat-pipe）才会得到合理的利用。向后兼容的修复是为了引入窗口比例因子。这是开放式三次握手中的一个选项。如果客户端使用这个选项，则窗口比例包含未来窗口大小可以从客户端左移的位数。如果服务器也使用此选项进行响应，则表示接受客户端的建议。此外，从服务器发送的窗口比例是它将在其窗口大小中使用的比例。因此，两个窗口比例不必相同。所有这些都解释了为什么 Wireshark 经常报告窗口大小大于 65535，即使窗口大小是 16 位数。这就是你应该始终尝试在捕获中包含握手的主要原因。

❑ SACK_PERM = 1

SACK_PERM 表示允许选择性确认。TCP 的原始实现相当简单。ACK 编码可以被理解为"这是我从你那里收到的没有间隙的数据量"。发送方可能意识到它已经发送了接收方未看到的东西，它将从这个数字起重新发送前面的所有字节。然而，对于"长肥管道"，发送方可能需要重新发送接收方已经捕获的大量数据。主机声称用 SACK_PERM 可以理解后面的补充，即选择性确认。这使得接收方能够更加具体地了解接收到的内容和未接收的内容。ACK 仍然对第一个未看到的字节进行编号，并且在此之前的所有字节都被安全接收，但是在 SACK 的帮助下，接收方可以在间隙之后告知发送方一些"接收良好"的新数据块。这意味着更少的数据被重新传输，从而可以节省两端的时间并更好地利用网络。

❑ MSS = 1460

MSS 表示最大段大小，是 TCP 段中有效负载的最大字节大小（来自应用层的数据）。这与 MTU 有关，参阅 7.17 节。

如果发送的报文段长于 MSS，它们可能会到达那里，但开销会影响性能。这就是 IP[⊖]层上的数据包在以太网层中被"分段"成更多帧的地方，如 7.14 节所述。

❑ 49397-> 80

这些是与发送方的第一个端口号一起使用的端口号。

⊖ 这仅发生在 IPv4 中，在 IPv6 中不会这样。

令人惊讶的是，研究一个帧的 Wireshark "Info"可以学到很多东西。Wireshark 向我们展示了 TCP 连接以及它的启动和结束。所有这些在两台主机之间的网络上都清晰可见——并且两端都知道。

"TCP 套接字"是提供给应用程序编程人员的一种操作系统构造，用于处理 TCP 连接其中一端的 TCP 细节。在第 2 章中，我们看到了套接字的状态机实现的核心部分。套接字按顺序登记——序号、接收到的 ACK 编号、下一次超时前的剩余时间以及更多内容。

在我们的案例中，客户端的端口号是 49397。这是临时端口号——由操作系统选择的随机数。这个端口号实际上是随机的，是普通连接（非 SSL）安全性的一部分。套接字通过两个 IP 地址、两个端口号和 TCP 协议在操作系统中注册。这五个数字一起构成一个五元组。操作系统每次收到数据包时，都会从数据包中提取这个五元组，并将其用于在操作系统中查找正确的套接字。通信主机网络接口指示 IP 地址，并且由于服务器是公共 Web 服务器，因此协议是 TCP，服务器的端口号是 80。因此，客户端端口号是这五个数字中唯一没有"板上钉钉"的数字。如果没有人知道下一个端口号，那么这将使系统对"注入攻击"（即强盗发送假包）不那么敏感。

一个真包和一个假包只在有效负载部分（来自应用层的数据）有所不同。收到的第一个数据包"获胜"，另一个数据包则作为不需要的重新传输被丢弃。例如，网络路径上的"强盗"可能会尝试将客户端重新路由到 119 另一个网站。如果可以推测出客户端端口号，"强盗"则有时间生成假包并赢得这场"比赛"。显然，这不是坚如磐石的安全措施，而是整体情况的一小部分。我们将在 10.12 节中介绍更安全的 SSL。

7.4 数据包之前的生命周期

例如，当本地以太网上的一台 PC 被告知与同一本地网络上的另一台 PC 通信时，PC 将被给予一个 IP 地址进行通信。然而，这两个节点[⊖]需要通过其 MAC 地址进行通信。通常，PC 从原始 DHCP 知道网关路由器的 MAC 地址，但是主机到主机呢？

这是 ARP（地址解析协议）发挥作用的地方。主机保留相应的 IP 和 MAC 地址列表，被称为 ARP 缓存。如果目的地的 IP 地址不在 ARP 缓存中，那么主机将发出一个 ARP 请求，有效地喊："谁有 IP 地址 ×× ？"当另一个节点应答时，信息被存储在 ARP 缓存中。应答主机也可以将请求节点放在其 ARP 表中，因为显然会有通信。

清单 7.1 显示了 PC 的 ARP 缓存。标记为"动态"的所有条目都按照刚才描述的方式生成，它们都属于 IP 地址为 192.168.0.x 的子网。标记为"静态"的那些是从 224.x.y.z 到 239.

⊖ 我们在应用层使用术语"主机"，但将在以太网层上通信的设备称为"节点"。

x.y.z 的 IP 范围内的所有对象（除了其中一个）。这是为"多播"重新提供的一个特殊范围，它的 MAC 地址强调了这一点，所有 MAC 地址都以 01:00:5e 开头，以比特模式结束，等于 IP 地址的最后一部分[⊖]。最后一项是"广播"，其中 MAC 和 IP 地址中的所有位都是 1。这样的广播永远不会通过路由器。请注意，在清单 7.1 中没有 192.168.0.198 的条目。

清单 7.1　顶部有路由器的 ARP 缓存

```
 1  C:\Users\kelk>arp -a
 2
 3  Interface: 192.168.0.195 --- 0xe
 4    Internet Address      Physical Address    Type
 5    192.168.0.1           00-18-e7-8b-ee-b6   dynamic
 6    192.168.0.193         00-0e-58-a6-6c-8a   dynamic
 7    192.168.0.194         00-0e-58-dd-bf-36   dynamic
 8    192.168.0.196         00-0e-58-f1-f3-f0   dynamic
 9    192.168.0.255         ff-ff-ff-ff-ff-ff   static
10    224.0.0.2             01-00-5e-00-00-02   static
11    224.0.0.22            01-00-5e-00-00-16   static
12    224.0.0.251           01-00-5e-00-00-fb   static
13    224.0.0.252           01-00-5e-00-00-fc   static
14    239.255.0.1           01-00-5e-7f-00-01   static
15    239.255.255.250       01-00-5e-7f-ff-fa   static
16    255.255.255.255       ff-ff-ff-ff-ff-ff   static
```

　　清单 7.2 显示了一个 ICMP ping 请求，即向 IP 地址 192.168.0.198 发送的低级询问"你在那里吗"，然后显示 ARP 缓存（在同一清单中），现在缓存中有了一个 192.168.0.198 的条目。

清单 7.2　带有新条目的 ARP 缓存

```
 1  C:\Users\kelk>ping 192.168.0.198
 2
 3  Pinging 192.168.0.198 with 32 bytes of data:
 4  Reply from 192.168.0.198: bytes=32 time=177ms TTL=128
 5  Reply from 192.168.0.198: bytes=32 time=4ms TTL=128
 6  Reply from 192.168.0.198: bytes=32 time=3ms TTL=128
 7  Reply from 192.168.0.198: bytes=32 time=5ms TTL=128
 8
 9  Ping statistics for 192.168.0.198:
10      Packets: Sent = 4, Received = 4, Lost = 0 (0% loss),
11  Approximate round trip times in milli-seconds:
12      Minimum = 3ms, Maximum = 177ms, Average = 47ms
13
14  C:\Users\kelk>arp -a
15
16  Interface: 192.168.0.195 --- 0xe
17    Internet Address      Physical Address    Type
```

⊖ 这并不容易发现，因为 IPv4 地址是十进制的，而 MAC 地址是十六进制的。

18	192.168.0.1	00-18-e7-8b-ee-b6	dynamic
19	192.168.0.193	00-0e-58-a6-6c-8a	dynamic
20	192.168.0.194	00-0e-58-dd-bf-36	dynamic
21	192.168.0.196	00-0e-58-f1-f3-f0	dynamic
22	192.168.0.198	10-7b-ef-cd-08-13	dynamic
23	192.168.0.255	ff-ff-ff-ff-ff-ff	static
24	224.0.0.2	01-00-5e-00-00-02	static
25	224.0.0.22	01-00-5e-00-00-16	static
26	224.0.0.251	01-00-5e-00-00-fb	static
27	224.0.0.252	01-00-5e-00-00-fc	static
28	239.255.0.1	01-00-5e-7f-00-01	static
29	239.255.255.250	01-00-5e-7f-ff-fa	static
30	255.255.255.255	ff-ff-ff-ff-ff-ff	static

图 7.4 显示了上述场景的 Wireshark 捕获。

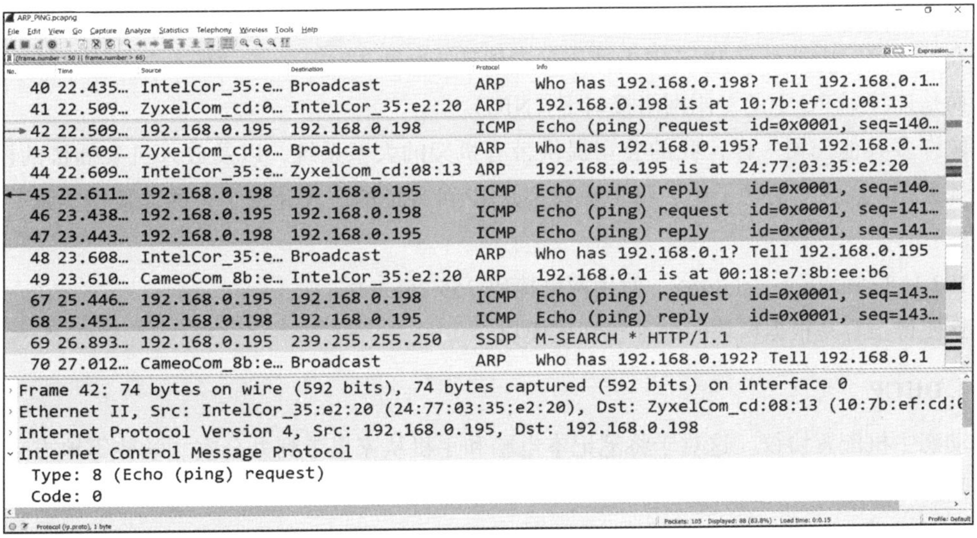

图 7.4　触发 ARP 的 ping

三个 ping 请求中的第一个在第 42 帧中发送，并在第 45 帧中给出答复。然而，在此之前，我们在第 40 帧中看到来自正在 ping 的 PC 的 ARP 请求，以及第 41 帧中的响应。请注意，这里的源和目标地址不是 IP 地址，而是以太网地址（部分填充了 MAC 的供应商名称）。还要注意，请求自然是广播，而响应是"单播"。响应也可以是广播，但单播干扰较小[○]。

在这里，我们看到第一次 ping 的延长时间的解释。Windows 7 计算机做出了回应，在应答原始 ARP 100 毫秒后，决定创建自己的 ARP。这是对"ARP 中毒"的防御：如果我们看到多个设备应答第二个 ARP，则表明有人可能试图接管通信的一方。另外，Wireshark 中使

[○]　单播、多播和广播将在 7.18 节中解释。

用的显示过滤器有点非传统。为了避免在图中出现大量不相关的传输，根据帧数进行过滤是很容易的。

7.5　获取 IP 地址

网络接口天生就具有独一无二的 48 位 MAC 地址。这就像一个人的身份证号，它将伴随终生。IP 地址就不是这样了。IP 地址是分层的，以便于路由。这类似于写给 <country>-<ZIP>-<street and number>-<floor> 的信件，意味着 IP 地址可能会发生变化。随着移动设备，他们随时都在变化。有多种方法可以获取 IP 地址：

1. 静态配置

这在静态系统中是很好的，因为从上电起地址就已就绪并且不会更改。许多系统在其中一个在"孤岛"中的私有 IP 范围内使用静态地址（参见 7.8 节），该"孤岛"并未连接到互联网，而是连接到 PC 上的专用网络接口卡（NIC）。

像许多其他公司一样，我的公司提供带有机架的大型系统，以及放入机架插槽的模块，参见 4.9 节。在我们的例子中，每个模块都是 IP 可寻址的。我介绍了一种"最佳实践"的寻址方案：

192.168.<rackno>.<slotno>，使用网络掩码 255.255.0.0。

这使得很容易根据模块的地址找到该模块。

2. DHCP

动态主机配置协议。这对于将笔记本电脑和手机从家里带到办公室、学校等地方来说是很实用的。当设备加入网络时，它会获得相关的 IP 地址等等。

3. 保留的 DHCP

大多数 SOHO（小型办公室/家庭办公室）路由器通过它们的网页，以将 DHCP 地址链接到设备的 MAC 地址的方式，允许你修复发送给设备的 DHCP 地址。这是非常实用的，因为无论你走到哪里，你的电脑、手机或任何东西都可以依然是 DHCP 客户端，并且仍然可以确保在家中始终拥有相同的 IP 地址。这对于笔记本电脑上的开发服务器等是实用的。

4. 链路本地

当设备被设置为 DHCP 客户端，但无法"看到"DHCP 服务器时，它会等待一段时间，并最终选择 169.254.x.y 范围内的地址。首先，它使用 ARP 测试出相关候选地址是免费的，然后它通过"免费 ARP"宣布声明。参见 7.4 节。这是一个很好的后备解决方案，允许两台主机配置为 DHCP 客户端，以便即使没有 DHCP 服务器也可以进行通信——如果可以通过防火墙和其他安全设备的所有安保措施。微软将"链路本地"（link-local）称为"自动 IP"。

如果在选择链路本地地址后 DHCP 服务器变为可见，则设备将 IP 地址更改为从服务器给出的 IP 地址。这可能令人沮丧。

5. Link-Local IP6

IPv6 包括另一个链路本地版本，该版本基于接口上的 MAC 地址，使地址独一无二。

7.6　DHCP

清单 7.3 显示了如何在 Windows PC 上轻松触发 DHCP 进程。

清单 7.3　DHCP 发布和更新

```
1  C:\Users\kelk>ipconfig /release
2  ......跳过......
3  C:\Users\kelk>ipconfig /renew
```

图 7.5 显示了与清单 7.3 对应的 Wireshark 捕获。这次没有使用过滤器。相反，Wireshark 被告知通过单击此列对"协议"进行排序。它首先按照协议名称的字母顺序组织帧，其次按照帧号来组织帧。我们一帧一帧地看到：

❑ 第 6 帧：由清单 7.3 中第 1 行引起的 PC 中的"DHCP Release"。这里的 PC 具有与以前相同的地址：192.168.0.195。在这一帧之后，它将被丢弃。

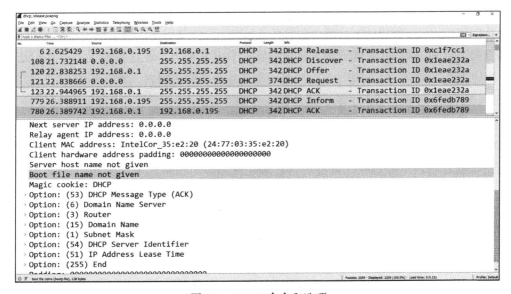

图 7.5　DHCP 命令和选项

❑ 第 108 帧：来自 PC 的 "DHCP Discover"。这是 IP 级别的广播，可以通过该地址看到：255.255.255.255。它也是以太网级别的广播，地址为 ff:ff:ff:ff:ff:ff。这是来自任何 DHCP 服务器的 IP 地址请求。请注意 "Transaction ID"：0x1eae232a，与第 6 帧的 "Release" 中的不同。

❑ 第 120 帧：来自服务器的 "DHCP Offer"。这是作为广播发送的，因为 PC 已重新启动该进程，因此它还没有地址。但是，这个 offer 包含了 PC 的 MAC 地址以及原始的 Transaction ID。它不能被其他客户端误接收。该 offer 还包含未来的 IP 地址和掩码，以及 DNS 服务器的 IP 地址（参见 7.10 节）和网关路由器。它还包括"租借时间"，这是指 PC 在要求续期前需要等待的时间。

❑ 第 121 帧：来自 PC 的 "DHCP 请求"。我们为什么要把鸡蛋放在一个篮子里？原因是另一台 DHCP 服务器可能同时给我们提供了一个地址。这个数据包的内容与 offer 或多或少相同，但现在是从 PC 传输到服务器。还有一件事："客户端完全限定域名"，也就是"完整的计算机名称"，也可以在 Windows PC 控制面板的"系统"组中找到。这就解释了为什么我的家用路由器将我公司的笔记本电脑标识为我公司的域名，即使我目前不在此域名。

❑ 第 123 帧：来自服务器的 "DHCP ACK"。这意味着交易最终被敲定。

❑ 第 779 帧：PC 上的 "DHCP Inform"。这是与标准相关的新报文。根据 IETF，它的引入是为了使具有静态 IP 地址的主机能够获得通过 DHCP（DNS 等）传递的一些其他信息。同样根据 IETF，这被认为是一种滥用。这似乎就是这样一种情况。

❑ 第 780 帧：来自服务器的 "DHCP ACK"。应答上述所有帧。

当 DHCP release 即将结束，或者在没有 "release" 的情况下使用 "ipconfig/renew" 时，只能看到来自 PC 的 DHCP 请求和来自服务器的 DHCP ACK。在这种情况下，它们是单播的。换句话说，PC 不会"忘记"它的地址，而是在更新时使用它。如果你想进行一些尝试，5.9 节包含一个用于模拟 DHCP 客户端的 Python 脚本。

图 7.6 显示了 DHCP 客户端无法看到任何服务器的链路本地方案。第 294 帧和第 296 帧是 DHCP 的最后尝试。对于第 295 帧，PC 启动 ARP 查找 197.254.138.207。这就是 PC 内部的协议栈计划使用的地址，但前提是它未在使用中。在第三个未应答的 ARP 之后，我们看到了"免费 ARP"（Gratuitous ARP）。这是一台使用 ARP 协议的 PC，它不向任何其他设备请求使用链路本地地址，而是通知其周围该地址即将被使用——除非有人响应它。第 299 帧是"已选中"部分，在下面的窗口中我们看到"发送方地址"（Sender Address）是 169.254.138.207。换句话说，PC 正在询问这个地址，并声明它已经被占用了该地址。因此有了"无偿的"（gratuitons）一词。

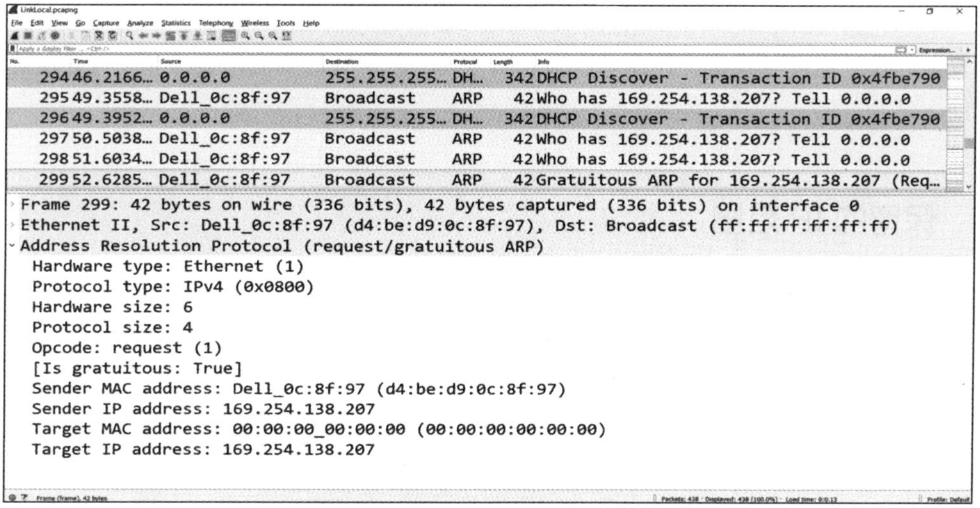

图 7.6　带免费 ARP 的 Link-local

7.7　网络掩码、CIDR 和特殊范围

我们已经简要接触了网络掩码，并且很多使用计算机的人对这些都有基本的了解。但是，当涉及术语"子网"时，它会变得更加流畅。它可能有助于进行反向定义，并指出子网是路由器后面的网络岛。如 7.3 节所述，这个岛内的帧是使用 ARP 缓存和 ARP 协议通过它们的以太网地址发送的。在岛内，所有的 IP 地址共享相同的第一个"n"位，由掩码定义。

SOHO（小型办公室/家庭办公室）设备中的典型掩码是 255.255.255.0。这基本上意味着前 24 位是公共的，它们定义网络 ID，也就是子网。最后 8 位是主机之间的区分符，即它们的主机 ID。由于我们不使用以"0"结尾的地址，并且设置了所有位的主机 ID 地址用于子网内广播，因此在上面的示例中留下了 254 个可能的主机 ID。网络掩码曾经是 255.0.0.0 或 255.255.0.0 或 255.255.255.0——网络分别被命名为 A 类、B 类和 C 类。这些术语依然被大量使用。在许多公司中，C 类太少，而 B 类太多，那么谁需要 A 类？这种方式浪费了大量的地址空间，因为公司可以随意使用 B 类地址范围。当所有人都在等待 IPv6 来帮助我们的时候，CIDR 和 NAT 诞生了。

CIDR 是无类别域间路由。它允许子网定义"跨越字节边界"。为了提供帮助，一种新的符号诞生了，其中"/n"表示给定地址的前 n 位是子网，因此将子网掩码定义为最左边的 n 位，为主机 ID 留下 32 减去 n 位的地址。IP 地址 192.168.0.56/24 与经典 C 类掩码相同，因此主机 ID 为 56。

但是，我们也可以有 192.168.0.66/26，这意味着掩码是 255.255.255.192，网络 ID 是

192.168.0.64，主机 ID 是 2。虽然在这些示例中使用的是相对简单的数字，但是它很快就会变得复杂起来，这可能就是为什么难以摆脱旧掩码。但是有许多应用程序和主页提供这方面的帮助。

7.8 保留的 IP 范围

我们已经多次看到像 192.168.0.x 这样的地址。现在，让我们来看看所谓的"保留 IP 范围"（表 7.1）。发往到"私有范围"中 IP 地址的数据包将无法通过路由器。这使它们非常适合家庭或公司网络，因为它们不会阻止现有的全局地址。它们可以在不同的家庭和机构中一次又一次地重复使用。这些地址不被路由的另一个优点是它们不能直接从家庭或外部寻址，从而提高了安全性。"多播范围"也被称为"D 类"。它的范围更多，但是表 7.1 中显示的范围是最相关的。

表 7.1 最重要的保留 IP 地址范围

CIDR	范　　围	用　　途
10.0.0.0/8	10.0.0.0-10.255.255.255	私有
169.254.1.0/16	169.254.1.0-169.254.255.255	链路本地
172.16.0.0/12	172.16.0.0-172.31.255.255	私有
192.168.0.0/16	192.168.0.0-192.168.255.255	私有
224.0.0.0/4	224.0.0.0-239.255.255.255	多播
240.0.0.0/4	240.0.0.0-255.255.255.254	将来使用
255.255.255.255	广播	仅用于子网

7.9 NAT

NAT（网络地址转换）非常成功，至少可以通过它如何保存 IP 地址来衡量。大多数家庭需要能够作为 TCP 客户端来对抗许多不同的服务器，但很少有家庭拥有其他人需要充当客户端的服务器。事实上，他们对于无法直接从互联网上寻址感到非常高兴（或无知）。NAT 确保我们内部可以使用我们的多个私有 IP 地址，而在外部我们仅有一个 IP 地址。这个外部地址甚至可能偶尔改变而不会引起问题，同样是因为我们没有服务器。那么它是做什么的？

假设一个公司或家庭的外部地址是 203.14.15.23，而在内部，我们在 192.168.0.0/16 子网中有许多 PC、平板电脑和电话。现在，地址为 192.168.12.13 的电话使用 Web 浏览器联系外部 Web 服务器（端口 80）——其源端口号为 4603。NAT 打开数据包并与外部交换内部 IP 地址。它还可以根据自己的选择交换源端口号，在这个案例中是端口 9001（见表 7.2）。该方案允许使用部分端口号空间将多个内部 IP 地址映射到一个外部 IP 地址上。数据包将移至应答请求的 Web 服务器,并照常交换端口和 IP 地址的源和目标。应答被路由回外部地址,NAT将目标 IP 和端口切换回原始(私有)源 IP 和端口。如果 NAT 最初也存储了外部地址(表中最右列),它甚至可以验证这个正在进行的数据包确实是我们发送的内容的应答。在该案例中NAT 被称为是有状态的。

表 7.2 使用标准符号 <IP>:< 端口 >。为了便于查看正在发生的情况,NAT 端口是连续的,这在现实生活中是不存在的。除最后一行之外的所有行,都显示内部生成的数据包,这些数据包将发送到 Web 服务器或邮件服务器并被应答。最后一行显示了外部强盗如何伪造数据包作为对 Web 请求的响应。由于没有匹配,它被删除了。

表 7.2 示例 NAT 表

内 部 网	NAT	互 联 网
192.168.12.13:4603	203.14.15.23:9000	148.76.24.7:80
192.168.12.13:4604	203.14.15.23:9001	148.76.24.7:80
192.168.12.10:3210	203.14.15.23:9002	101.23.11.4:25
192.168.12.10:3211	203.14.15.23:9003	101.23.11.4:25
192.168.12.28:7654	203.14.15.23:9004	145.87.22.6:80
无	无	205.97.64.6:80

基本 NAT 功能仅需要 NAT 来存储左侧的两列(因此是无状态的)。通过查看来自互联网的传入 TCP 段,NAT 可以丢弃任何没有设置 " ACK "位的报文段。这样的报文段只能是一个打开 " SYN "的客户端。由于设备没有服务器,因此我们不允许来自外部的所有 SYN,参见 7.13 节。

通过存储第三列,安生性也提高了。当协议无状态时,NAT 概念也可用于服务器园区以进行负载平衡,参阅 7.12 节。表中显示的映射是动态的,因为它们是从流量生成的。可以创建静态映射。如果我们确实希望内网上的 PC 充当公司/家庭 Web 服务器,那么静态映射将向该 PC 的端口 80 发送所有数据包。这样,我们就可以在网络中拥有一台服务器。在这种情况下,我们现在更喜欢固定外部 IP 地址,因为这是我们告诉 DNS 服务器的地址。

并不是每个人都对 NAT 感兴趣。它与分层的概念相矛盾,参见 4.3 节。如果应用程序在应用程序协议中嵌入有关端口和 IP 地址的信息,则不会进行转换,并且会导致问题。

7.10 DNS

域名系统的发明是因为人们并不擅长记住长数字。你可能能够记住 IPv4 地址,但可能不能记住 IPv6 地址。使用 DNS,我们可以通过记住一个简单的名称如 " google.com "代替长串数字。

这不是它唯一的功能。DNS 还为我们提供了第一手的扩展能力帮助。清单 7.4 是在 Windows 10 PC 上创建的。

清单 7.4 简单的 nslookup

```
 1  C:\Users\kelk>nslookup google.com
 2  Server:   UnKnown
 3  Address:  192.168.0.1
 4
 5  Non-authoritative answer:
 6  Name:     google.com
 7  Addresses: 2a00:1450:4005:80a::200e
 8            195.249.145.118
 9            195.249.145.114
10            195.249.145.98
11            195.249.145.88
12            195.249.145.99
13            195.249.145.103
14            195.249.145.113
15            195.249.145.109
16            195.249.145.119
17            195.249.145.84
18            195.249.145.123
19            195.249.145.93
20            195.249.145.94
21            195.249.145.89
22            195.249.145.108
23            195.249.145.104
```

当在查找 google.com 时，我们会收到 16 个 IPv4 应答（以及一个带有 IPv6 地址的应答）。一个小型服务器园区可以使用它来拥有 16 个不同的服务器，以对于相同的 URL 使用不同的 IP 地址。大多数应用程序是惰性的，只是使用第一个应答，因此，下一个调用将显示应答是"循环的"。这是将客户端"分散"到不同物理服务器的简单方法。谷歌不需要这种帮助，他们是服务器园区的主人，但对于许多小公司来说，这意味着它们可以使用一些 Web 服务器来拥有一个可扩展的系统，只需将它们注册到相同的名称即可。

为了通过 DNS 将 URL 转换为 IP 地址，需要对其进行注册。这可以通过许多组织来完成，正如一个简单的搜索所示。注册后，URL 和所属 IP 地址被编程到 13 个根 DNS 服务器中。当你的程序向其本地 DNS 解析器询问有关 URL 时，该请求将通过 DNS 服务器的层次结构向上发送，直到它被应答为止。应答会在它们传递的服务器中缓存一段时间。这个时间是由管理员设置的 TTL（生存时间）。

实际的 DNS 请求是使用 UDP。这是最快的方式，没有"社交限制"（参见 7.18 节），并且这些请求非常小，可以很容易地进入单个 UDP 段——无论下面是哪种协议。DNS 请求有两种形式，递归或迭代。在递归的情况下，DNS 服务器接管作业并在层次结构中进一步查询，并最终返回结果。在迭代的情况下，本地解析器必须使用其在第一个应答中获得的 IP 地址，来询问层次结构本身中的下一个 DNS 服务器。

图 7.7 是较旧的"谷歌搜索"的 Wireshark 捕获，其中有一些完全不同的应答（与之前相比）。

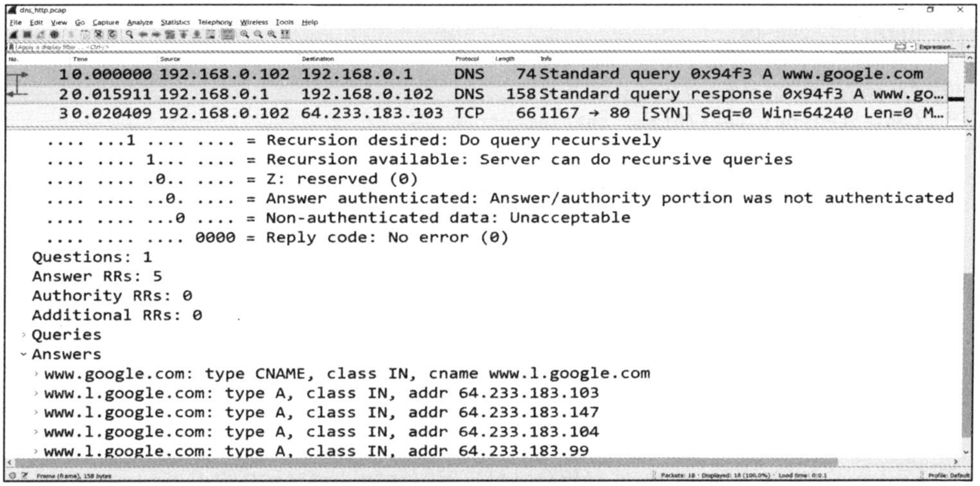

图 7.7　google.com 的 DNS 请求

所选中的帧为第 2 帧，包含应答。我们看到请求询问并获得了递归查询。在这种情况下，我们得到了四个应答。在第 3 帧中，我们看到 Web 浏览器使用第一个应答（64.233.183.103）来处理它的 HTTP 请求。该请求的类型为"A"，即当我们要求给定 URL 的 IPv4 地址时。如果它是"AAAA"，那么我们会收到 IPv6 地址。除此之外还有更多类型，包括用于反向查找的"PTR"。

许多较小的嵌入式系统直接在 IP 地址上运行，这使整个 DNS 概念变得无关紧要。一个典型的物联网系统将在 DNS 中注册其云服务器，但通常不在设备中注册。或者，使用 mDNS（多播 DNS）。这用于 Apple 开发的 Bonjour，以及同样的 Linux 实现（被称为 Avahi）。

7.11　引入 HTTP

Telnet 不再被经常使用，因为在那里绝对没有安全可言。不过，它非常适合展示一些 HTTP 的基础知识。清单 7.5 显示了来自 Linux PC 的 Telnet 会话。在现代 Windows 中，Telnet 是隐藏的。需要通过"控制面板"→"程序和功能"→"打开或关闭 Windows 功能"启用它。

清单 7.5 作为 Web 浏览器的 Telnet

```
 1  kelk@debianBK:~$ telnet www.bksv.com 80
 2  Trying 212.97.129.10...
 3  Connected to www.bksv.com.
 4  Escape character is '^]'.
 5  GET / HTTP/1.1
 6  Host: www.bksv.com
 7
 8  HTTP/1.1 200 OK
 9  Cache-Control: no-cache, no-store
10  Pragma: no-cache
11  Content-Type: text/html; charset=utf-8
12  Expires: -1
13  Server: Microsoft-IIS/8.0
14  Set-Cookie: ASP.NET_SessionId=nvyxdt5svi5x0fovm5ibxykq;
15              path=/; HttpOnly
16  X-AspNet-Version: 4.0.30319
17  X-Powered-By: ASP.NET
18  Date: Sun, 15 May 2016 11:46:29 GMT
19  Content-Length: 95603
20
21
22  <!DOCTYPE html PUBLIC "-//W3C//DTD_XHTML_1.0_Strict//EN"
23          "http://www.w3.org/TR/xhtml1/DTD/xhtml1-strict.dtd">
24  <html id="htmlStart" xmlns="http://www.w3.org/1999/xhtml"
25          lang="en" xml:lang="en">
26  <head><META http-equiv="Content-Type" content="text/html;
27  ⊔⊔⊔⊔⊔⊔charset=utf-8">
28  <title>Home - Bruel &amp; Kjaer</title>
29  <meta http-equiv="X-UA-Compatible" content="IE=edge">
30  <meta name="DC.Title" content=".......">
```

我们现在所做的基本上与以前在浏览器中所做的完全相同：在根目录 www.bksv.com 中执行 HTTP-GET 请求。特别需要 Telnet 放弃其默认端口（23）并使用端口 80 代替。一旦连接到服务器后，我们就可以发送与 Wireshark 通信中相同的行，如图 7.3 所示。但是，这次只发送了两个强制报头（headers），参见清单 7.5 的第 5 行和第 6 行。第 5 行没什么好惊讶的，其中是最初在浏览器中写的 "www.bksv.com"，仅此而已，我们转到根目录——"/"——HTTP/1.1 是浏览器支持的标准。

但是为什么我们需要发送 "Host: www.bksv.com" 呢？毕竟，第 1 行已经写下了 "telnet www.bksv.com 80"。原因是由于 DNS，在离开 PC 之前，第 1 行中的 URL 被替换为 IP 地址。现代 Web 服务器设备可以承载具有不同 URL 但相同 IP 地址的许多 "站点"。我们需要第 6 行告诉服务器我们想要与哪个站点通信。

现在我们已经完成了报头（header）。按照 HTTP 标准，接下来要发送两个行终止（CR-LF），然后发送任何"主体"。因为这是一个 GET，所以没有主体，因此我们看到响应从第 8 行开始。响应确实有一些主体，从第 22 行开始，在两次 CR-LF 之后。这个主体是 HTML——毫不奇怪。另请注意，第 19 行，其中声明了"Content-Length"，即主体的字节数，与文件长度基本相同。

表 7.3 显示了众所周知的 HTTP 命令。请注意，SQL 数据库语句是如何突然弹出的。在数据库世界中，我们使用首字母缩略词 CRUD 进行操作，用于"创建"（Create），"检索"（Retrieve），"更新"（Update）和"删除"（Delete）。这基本上足以管理、公开和利用信息，而这不正是物联网的内容吗？

表 7.3　主要 HTTP 命令及其功能

HTTP	用　　法	SQL
POST	创建信息	INSERT
GET	检索信息	SELECT
PUT	更新信息	UPDATE
DELETE	删除信息	DELETE

7.12　REST

当我们中的许多人还在努力理解 SOAP（微软和其他公司的体系结构概念）时，Roy Fielding 在 2000 年提交了一篇计算机科学博士学位论文。在这篇文章中，他引入了一个名为 REST（Representational State Transfer，表述性状态转移）的架构概念。简而言之，这是一个用于管理设备或资源的概念，无论是小到传感器还是大到 Amazon 都可以管理。他为 REST 提供了一套重要的基本规则，见表 7.4。

表 7.4　REST 规则

规　　则	解　　释
可寻址的	一切都被看成是可以寻址的资源，比如可以带有 URL
无状态	客户端和服务器无法同步
安全	可以在没有副作用的情况下检索信息
幂等性	同样的动作可以重复执行多次且无副作用
统一性	使用简单和公认的习语

当然，Roy Fielding 已经把目光投向了 HTTP，尽管这个概念不一定要用 HTTP 来实现。HTTP 获胜的原因有很多，简单的原因就是符合"统一"标准。然而，关于 HTTP 最重要的事实是它基本上是无状态的。

使用 FTP，客户端和服务器需要就"我们现在在哪里"达成一致意见。换句话说，是在哪个目录。这对于可伸缩性来说非常糟糕。你不能让一个 FTP 服务器响应一个请求（例如更改目录），然后让服务器园中的另一个服务器处理下一个请求。而这正是 HTTP 允许的。你可以从 Web 服务器获取页面，在打开它时，它充满了嵌入式图像的链接等。在后面的请求中，可以是由园中的其他服务器独立地交付它们，因为每个资源都有一个唯一的 URL（可寻址规则）。

HTTP 也符合"安全"标准：强制多次重取页面而没有副作用（除了消耗 CPU 周期）。因此，HTTP 提供了即开即用的功能。要避免的一个明显的陷阱是拥有诸如"Increment X"的命令。这将突然在应用程序级别上添加状态。因此，如果你收到了 8 件东西，而你想要第 9 件，那就要求第 9 件，而不是"下一件"。这允许不耐烦的用户（或应用程序）重新发送命令而不产生任何副作用，也意味着物品的计数必须被很好地定义。

REST 可能是受到数据库世界中一些艰难开发经验的启发，其中存在"客户端游标"和"服务器端游标"。带有服务器端游标的数据库系统强制数据库为每个客户端保存状态，就像 FTP 一样。你使用客户端游标将状态保持的负载放在客户端上。客户端通常是较小的机器，但它们数量很多。因此，解决方案可以更好地扩展。

在某些情况下，无法避免常见的状况。如果你正在远程控制汽车，则需要在开车前启动发动机。但是，如果用户想要驱动而引擎没有运行，那么你可能会得出结论，即我们最好先启动它。

GET 和 DELETE 的作用是很明显的，但是 PUT 和 POST 之间有什么不同？事实证明，PUT 与 GET 非常对称。特定 URL 上的 GET 为你提供此 URL 的资源，而 PUT 会对其进行更新。POST 处理剩下的事情。

通常，你无法通过对尚未存在的 URL 执行某些操作来创建对象。相反，可以使用 POST 请求包含树中的"parent-to-be"来创建子节点，并且它通常会为你提供新子节点的确切 URL。这些都符合 CRUD 表。我们使用 POST 的最后一个功能是执行操作。这些是 REST 的"边缘"，但很难不使用它们。

清单 7.6 REST GET 示例

```
1  http://10.116.1.45/os/time?showas=sincepowerup
```

清单 7.6 可以直接写入浏览器的地址栏中，并展示了 REST 的另一个特性：它是人类可读的。事实上，用你喜欢的语言创建小型测试脚本并不难，但是只有 GET 可以被直接写入浏览器。因此，与大多数其他应用层协议相比，REST 在 Wireshark 中更容易调试。一旦决定在 HTTP 上使用 REST，仍然需要做出一些决定：

1）主体的数据格式。典型的选择是 XML 或 JSON。XML 可能是你的组织中最知名的，而 JSON 稍微简单一些。

2）如何组织资源。这基本上是"对象模型"，参见 4.5 节。如果你可以创建一个整个开发团队都会理解并与之相关的对象模型，那么你可以走得很远。如果可以创建一个第三方开发人员或客户能够理解并针对其进行编程的对象模型，那么甚至会更好。还可以通过从根目录跟踪对象模型来组合 URL，这一点非常简单，而且功能非常强大。

3）可以特定地处理对象树中的每个节点，对其进行读取或写入数据。也可以在对象树中转到特定级别，然后从那里处理 JSON 或 XML 中包含的层次结构。要选择哪个概念？这通常取决于你希望如何保护系统免受不必要的更改，或者需要对更改执行哪些操作。

你可能计划拥有不同的用户角色，每个角色都有一组特定的可读取或更改的内容，以及不可读取或更改的内容。在这种情况下，最好单独处理节点，以便它是 Web 浏览器中的插件，统一管理用户访问，而不是单个对象。但是，正如 4.1 节所讨论的那样，一次性设置一个大型子树可以极大地提高性能。你可能最终启用子节点的寻址，以及以 JSON 或 XML 传递/获取整个子树。

7.13　Windows 下 IPv4 的 TCP 套接字

在 7.3 节中，我们通过了 TCP 的"开幕式"——三次握手。现在，是时候对 TCP（传输控制协议）——RFC793 进行更详细的介绍了。该标准有一个粗略的状态图，如图 7.8 所示。

我们想要的状态是"已建立"，数据在此转换。余下的状态是正在创建或断开连接。与开启三次握手类似，关闭通常是通过两个"两次握手"来完成的。这是因为连接可以向两个方向发送数据，双发送方都可以独立地说"我没什么好说的了"，而对方可以进行 ACK。旧的 Windows 堆栈有惰性，它们通常跳过两次"关闭握手"（closing handshakes），以发送一个 RST（Reset）来代替，这种做法不好。

客户端被称为"主动的"部分，因为是它发送第一个 SYN 并且几乎总是发送第一个 FIN。服务器是"被动的"，用（SYN、ACK）响应第一个 SYN，这意味着两个标志都已被设置。我们之前已经看到过这些。当客户端应用程序完成其作业时，它会在其套接字上调用 shutdown()，这会导致 TCP（仍在客户端上）在连接上发送 FIN。当所有未完成的重传完成时，另一端的服务器 TCP 将使用 ACK 来应答。

在服务器应用层中，recv() 现在取消阻止。服务器应用层发送它的全部回复，现在又在其套接字上调用 shutdown()。这会导致服务器上的 TCP 发送其 FIN，然后客户端以 ACK 应答。

现在有一些等待，以确保所有重传都消失了，任何野生数据包都将达到它们的 0 跳数，最后是两端的套接字关闭（不是同时）。这确保当给定套接字被重用时，不会受到属于旧套接字的数据包的干扰。

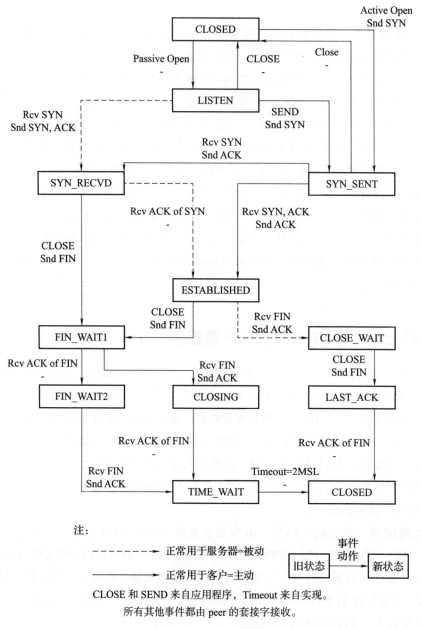

图 7.8 TCP 状态事件图

通过使用 "netstat" 命令可以很容易地看到 PC 上的所有套接字，该命令适用于 Windows 和 Linux。使用 "-a" 选项，它显示 "all"，表示包含监听服务器，而 "-b" 选项将显示套接字所属的程序或进程。清单 7.7 给出了一个例子，为了节省空间，需要切出很多行。注意 "TIME_WAIT" 中的许多套接字。

清单 7.7 运行 netstat 的摘录

```
1   C:\Users\kelk>netstat -a -b -p TCP
2
3   Active Connections
4
5     Proto  Local Address            Foreign Address          State
6     TCP    127.0.0.1:843            DK-W7-63FD6R1:0          LISTENING
7   [Dropbox.exe]
8     TCP    127.0.0.1:2559           DK-W7-63FD6R1:0          LISTENING
9   [daemonu.exe]
10    TCP    127.0.0.1:4370           DK-W7-63FD6R1:0          LISTENING
11  [SpotifyWebHelper.exe]
12    TCP    127.0.0.1:4664           DK-W7-63FD6R1:0          LISTENING
13  [GoogleDesktop.exe]
14    TCP    127.0.0.1:5354           DK-W7-63FD6R1:0          LISTENING
15  [mDNSResponder.exe]
16    TCP    127.0.0.1:5354           DK-W7-63FD6R1:49156      ESTABLISHED
17  [mDNSResponder.exe]
18    TCP    127.0.0.1:17600          DK-W7-63FD6R1:0          LISTENING
19  [Dropbox.exe]
20    TCP    127.0.0.1:49386          DK-W7-63FD6R1:49387      ESTABLISHED
21  [Dropbox.exe]
22    TCP    127.0.0.1:49387          DK-W7-63FD6R1:49386      ESTABLISHED
23  [Dropbox.exe]
24    TCP    192.168.0.195:2869       192.168.0.1:49704        TIME_WAIT
25    TCP    192.168.0.195:2869       192.168.0.1:49705        TIME_WAIT
26    TCP    192.168.0.195:2869       192.168.0.1:49706        TIME_WAIT
27    TCP    192.168.0.195:52628      192.168.0.193:1400       TIME_WAIT
28    TCP    192.168.0.195:52632      192.168.0.193:1400       TIME_WAIT
29    TCP    192.168.0.195:52640      192.168.0.194:1400       TIME_WAIT
```

用 C 语言处理套接字似乎有点麻烦，尤其是在服务器端，而且在 Windows 上需要比在 Linux 上多几行。经过几次重复后，它变得更简单了，客户端也简单了很多。清单 7.8 和清单 7.9 一起构成了 Windows PC 上的 Web 服务器的框架[⊖]。如果你编译并运行它，则可以启动浏览器并写写入 http://localhost：4567，这将给出一个响应。"localhost"与 IP 地址 127.0.0.1 相同，它通常是你的本地 PC 或其他设备。这段代码不是在通常的端口 80，而是在端口 4567 等待，这是我们通过添加"：4567"告诉 Web 浏览器的。请注意，如果刷新浏览器视图（通常使用〈CTRL + F5〉键），则端口号将随着操作系统提供新的临时端口而更改。

清单 7.8 Windows 服务器套接字监听（LISTEN）

```
1  #include "stdafx.h"
2  #include <winsock2.h>
3  #include <process.h>
```

⊖ 请注意，源代码可以从 https://klauselk.com 下载。

```
 4  #pragma comment(lib, "Ws2_32.lib")
 5
 6  static int threadCount = 0;
 7  static SOCKET helloSock;
 8  void myThread(void* thePtr);
 9
10  int main(int argc, char* argv[])
11  {
12      WSADATA wsaData; int err;
13      if ((err = WSAStartup(MAKEWORD(2, 2), &wsaData)) != 0)
14      {
15          printf("Error in Winsock");
16          return err;
17      }
18
19      helloSock = socket(AF_INET, SOCK_STREAM, IPPROTO_TCP);
20      if (helloSock == INVALID_SOCKET)
21      {
22          printf("Invalid Socket - error: %d", WSAGetLastError());
23          return 0;
24      }
25
26      sockaddr_in hello_in;
27      hello_in.sin_family = AF_INET;
28      hello_in.sin_addr.s_addr = inet_addr("0.0.0.0");  // wildcard
29      hello_in.sin_port = htons(4567);
30      memset(hello_in.sin_zero, 0, sizeof(hello_in.sin_zero));
31
32      if ((err = bind(helloSock, (SOCKADDR*)&hello_in,
33          sizeof (hello_in))) != 0)
34      {
35          printf("Error in bind");
36          return err;
37      }
38
39      if ((err = listen(helloSock, 5)) != 0)
40      {
41          printf("Error in listen");
42          return err;
43      }
44      sockaddr_in  remote;
45      int  remote_len = sizeof(remote);
46
47      while (true)
48      {
49          SOCKET sock = accept(helloSock, (SOCKADDR*)&remote,
50                                            &remote_len);
51          if (sock == INVALID_SOCKET)
52          {
53              printf("Invalid Socket - err: %d\n", WSAGetLastError());
```

```
54              break;
55          }
56
57      printf("Connected_to_IP:_%s,_port:_%d\n",
58              inet_ntoa(remote.sin_addr), remote.sin_port);
59
60      threadCount++;
61      _beginthread(myThread, 0, (void *)sock);
62      }
63
64  while (threadCount)
65      Sleep(1000);
66
67  printf("End_of_the_line\n");
68  WSACleanup();
69  return 0;
70  }
```

下面是清单 7.8 中最有趣的几行代码：

❑ 第 1 ～ 8 行。包括套接字库的引入和全局静态变量。

❑ 第 13 行。与 Linux 不同，Windows 需要 WSAStartup 才能使用套接字。

❑ 第 19 行。创建服务器的基本套接字。AF_INET 的意思是"地址家庭互联网"，还有管道和其他类型的套接字。"SOCK_STREAM"是 TCP。UDP 被称为"SOCK_DGRAM"（数据报）。"IPPROTO_TCP"是冗余的，如果你写 0，它仍然有效。套接字调用返回一个整数，该整数在套接字的所有未来调用中用作句柄。

❑ 第 26 ～ 30 行。在这里，我们定义服务器将等待的 IP 地址和端口。通常将 IP 设置为 0——"通配符地址"，部分原因是即使更改 IP 地址它也会起作用，这是部分由于它会监听所有 NIC。端口号必须是特定的。宏 htons 表示主机到网络的短路（short），用于将 16 位短路（如端口号）从主机的"字节序"转换为网络的"字节序"（参见 3.3 节）。inet_addr() 函数的作用是以网络顺序输出数据，因此我们不需要 htonl 来转换长路（long）。请注意，如果 CPU 是 big-endian（大端模式），则宏不会发生任何变化。

❑ 第 32 行。现在，我们在 bind() 调用中将上述操作的结果切换到套接字。

❑ 第 39 行。我们告诉服务器实际 listen() 到这个地址和端口。这里的参数（此处为 5）是我们要求操作系统为传入连接准备好的套接字数量。我们的监听服务器不是完整的五元组[⊖]，因为没有远程 IP 地址或端口。netstat -a 将显示状态为"LISTENING"（监听中）。

❑ 第 49 行。accept() 调用是 Berkeley TCP 服务器的真正美妙之处。这个调用将导致阻塞，直到客户端执行 SYN（连接）。发生这种情况时，accept() 将取消阻塞。原来的监

⊖ 五元组：（Protocol，Src IP，Src Port，Dst IP，Dst Port）。

听服务器套接字继续监听新客户，新套接字从 accept() 调用返回的是一个完整的五元组。我们使用了 5 个"stock"套接字中的一个，因此操作系统将在后台创建一个新套接字。netstat -a 将这个新套接字的状态显示为"ESTABLISHED"（已建立）。

❑ 第 61 行。派生一个线程来处理已建立的套接字，而原始线程回滚并阻塞，等待下一个使用者。

❑ 第 68 行。如果打破这个循环，则需要清理。

清单 7.9　建立 Windows 服务器套接字

```
1   void myThread(void* theSock)
2   {
3       SOCKET sock = (SOCKET)theSock;
4       char rcv[1000]; rcv[0] = '\0'; // 分配缓存
5       int offset = 0; int got;
6
7   sockaddr_in  remote;
8       int  remote_len = sizeof(remote);
9       getpeername(sock, (SOCKADDR*)&remote, &remote_len);
10
11      do // 如果在流中分支，则构建整个报文
12      { // 0：过早收到 FIN，<0：错误
13          if ((got = recv(sock, &rcv[offset],
14                      sizeof(rcv)-1-offset, 0)) <= 0)
15              break;
16          offset += got;
17          rcv[offset] = '\0'; // 终止字符串
18          printf("Total String: %s\n", rcv);
19      } while (!strstr(rcv, "\r\n\r\n")); // GET 里没有主体
20      // 创建 HTML 报文
21      char msg[10000];
22
23      int msglen = _snprintf_s(msg, sizeof(msg)-1, sizeof(msg),
24      "<html><title>ElkHome</title><body>"
25      "<h1>Welcome to Klaus Elk's Server</h1>"
26      "<h2>You are: IP: %s, port: %d - %d'th thread, and you sent:"
27      "<p>%s </p></h2>"
28      "</body></html>",
29      inet_ntoa(remote.sin_addr),remote.sin_port,threadCount,rcv);
30
31      // 创建一个新的报头，并先于报文发送它
32      char header[1000]; int headerlen =
33          _snprintf_s(header, sizeof(header)-1, sizeof(header),
34          "HTTP/1.1 200 OK\r\nContent-Length: %d\r\nContent-Type: "
35          "text/html\r\n\r\n", msglen);
36      send(sock, header, headerlen, 0);
37
38      // 现在发送这条报文
```

```
39      send(sock, msg, msglen, 0);
40
41      shutdown(sock, SD_SEND);
42      closesocket(sock);
43      threadCount--;
44      if (strstr(rcv, "quit"))
45          closesocket(helloSock);
46  }
```

继续执行清单 7.9 的每一行：

❑ 第 9 行。我们使用 getpeername()，以便我们可以写出远程客户端的 IP 地址和端口号。

❑ 第 13-17 行。recv() 调用。判断这个语句没有阻塞数据，否则返回到目前为止接收的字节数。由于这是一个流，因此绝对不能保证我们将读取与发送时相同大小的数据块——我们需要"手动"累积。这是 TCP 中的一个副作用，使许多人感到困惑。如果 recv() 返回 0，则意味着另一端的客户端已经发送了它的 FIN，并且我们的套接字已经对它进行了 ACK。它也可以返回一个负数，这将是一个严肃的程序应该处理的错误代码。

❑ 第 19 行。我们需要循环 recv() 直到收到完整的请求。由于这个 "Web 服务器"仅支持 HTTP-GET，因此没有主体。一旦我们看到两对 CR-LF，就代表没问题了。

❑ 第 23 行。我们首先创建 HTML 的主体。这是实用的，因为它给出了主体的长度，我们将在标题中需要它。

❑ 第 29 行。使用 inet_ntoa() 将 IP 地址从 32 位数转换为众所周知的 x.y.z.v 格式并打印输出。

❑ 第 33 行。生成报头（header），包括主体的长度。请注意，它以两个 CR-LF 对结束。

❑ 第 36 行。发送标题。

❑ 第 39 行。最后，我们发送主体。这再次证明了 TCP 的流特性。另一方没有看到有两个发送。它可能需要 recv() 一次、两次或更多次。我们可以在发送之前连接标题和主体。这将需要额外的副本，但另一方面将节省一次操作系统的调用。你可能需要进行试验，以找出最适合你的嵌入式系统的方法。

❑ 第 41 行。对发送方执行 shutdown()。这将生成一个到远程的 FIN。

❑ 第 42 行。执行 closesocket()。

❑ 第 44-45 行。作为一个小技巧，如果我们收到 "quit"，例如 "http://localhost:4567/quit"，则关闭父套接字。

图 7.9 显示了"网页服务器"的输出。

注意最后一行的标题语句："Connection：Keep-Alive"（连接：保持活跃）。这是 Web 浏览器协商的一部分，由于小型 Web 服务器的回复不包含这个报头（header），因此不会发生这种情况。如果双方都同意"保持活跃",那么我们就会有一个所谓的"管道",其中多个连续的 HTTP 请求和响应可以在同一个开放的 TCP 套接字上发生。默认的行为是在每个请求-响应对之后关闭套接字,但这会产生大量开销。保持在同一个套接字上的速度要快得多。这为程序员提供了一些工作,即找到一个方向上的请求和另一个方向上的响应之间的"边界"。这就是通信库可以派上用场的地方。

图 7.9　带有简单服务器响应的网页浏览器

浏览器还可以打开并行套接字。当你访问主页时,浏览器会检索"基本"的 HTML 页面。其中可能包含许多元素,如图片、徽标、横幅等。第一页包含所有这些元素的 URL。这意味着,在第一次往返中单独检索基本页面,但是在下一次,如果浏览器有 5 个并行套接字并且至少有 5 个图形,则浏览器将检索 5 个图像。由于 URL 是唯一的,因此嵌入的页面可以由服务器园中的不同服务器传送。这就是 HTTP 的美妙之处,即没有状态——每个元素都可以被"按原样"检索。

7.14　IP 分片

IP 版本 4 负责"调整"来自"上方"的报文段的大小,使之适应底层可以处理的内容。这有点奇怪,因为我们已经看到 TCP 如何将来自应用层的大量报文分解为适合放入进一步向下的以太网帧的报文段。为什么要使用这个适配器呢?

通常创建 TCP MSS（最大段大小）,以便即使在添加必要的报文头之后,它仍然适合以太网帧。但是数据包有时候会通过许多不同的链路被路由,其中一个链路可能不允许使用这么大的帧[⊖]。"查看"这样的链路的路由器,必须在其 IPv4 层中"分割"数据包。在剩余的传输过程中,原始数据包保持碎片化,直到碎片到达接收主机中的目标 IPv4 层。在这里,它们被重新收集,并且直到所有片段聚齐,包才被传送到上面的 TCP 层。

　　⊖ 它甚至可能不是以太网链路。

借助 ping 命令可以很容易地证明这一点。我们倾向于将 UDP 和 TCP 视为 IP 层的唯一客户端，但也有 ICMP。清单 7.10 显示了一个普通的 ping 命令，其中带有"-1"参数，用于指示发送数据的长度。

清单 7.10 5000 字节的 ICMP ping

```
 1  C:\Users\kelk>ping -l 5000 192.168.0.1
 2
 3  Pinging 192.168.0.1 with 5000 bytes of data:
 4  Reply from 192.168.0.1: bytes=5000 time=12ms TTL=64
 5  Reply from 192.168.0.1: bytes=5000 time=6ms TTL=64
 6  Reply from 192.168.0.1: bytes=5000 time=7ms TTL=64
 7  Reply from 192.168.0.1: bytes=5000 time=6ms TTL=64
 8
 9  Ping statistics for 192.168.0.1:
10      Packets: Sent = 4, Received = 4, Lost = 0 (0% loss),
11  Approximate round trip times in milli-seconds:
12      Minimum = 6ms, Maximum = 12ms, Average = 7ms
```

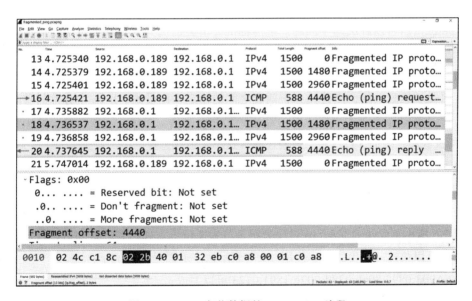

图 7.10 5000 字节数据的 ICMP ping 片段

让我们来看看图 7.10 中 ping 的 Wireshark 捕获：

❏ "Total Length"（总长度）列包含 IP 层中的有效负载。如果我们把这些数相加，就得到 $3 \times 1500 + 588 = 5088$。这是 5000 个数据字节加上每个 20 字节的 4 个 IP 头，再加上一个 8 字节的 ICMP 头。

❏ "Fragment Offset"（片段偏移量），顾名思义，是原始非片段数据包中第一个字节的偏移量。Wireshark 在这里帮助我们。二进制头中的偏移量向右移动三位以节省位，但 Wireshark 在剖分过程中将它们移回给我们。为了使它生效，碎片总是发生在 8 字节边界。在图中，偏移量在中间窗口中被选中，值为 4440。这将在底部十六进制视图中选中相同的字段。这里是 0x22b = 555（十进制）——4440 的八分之一。

❑ Info 字段包含由传输 IPv4 层生成的 ID（视图外部）。这对于来自同一个包的所有片段都是一样的，并且对下一个包的所有片段递增。

IPv6 中将移除分片。为了简化路由器和提高性能，面对最大帧大小小于传入帧的链路的路由器，现在将错误发送回发送方，这样问题就可以在原点处理。

如果你遇到了分片，则应该询问原因，并尽可能确保将来不会发生这种情况，因为这会降低性能。

7.15 引入 IPv6 地址

引入 IPv6 的主要原因是 IPv4 地址空间不断缩小，这是部分由于旧系统的浪费。从 32 位移动到 128 位当然可以解决这个问题。虽然标准委员会的优秀人员都在机房，但他们也解决了 IPv4 中一些小问题。

与旧的电话系统截然相反，互联网被认为是建立在通话的任何一端（主机）智能设备的基础上并且是"愚蠢"的，因此是介于两者之间的稳定基础设施。IPv6 中分片的移除简化了路由器。IPv4 的动态报头大小要求路由器比必要的更复杂。同样，需要在每个路由器中重新计算 IPv4 校验和，因为 TTL（跳数）会递减。这不是最佳选择。

IPv6 仍然具有跳数，现在甚至依然被称为跳数，但校验和消失了，并且报头大小是静态的。以太网中的校验和仍然要好得多，并且在 UDP 和 TCP 中仍然可以找到 1 的补码校验和[⊖]。

如表 7.5 所示，IPv6 地址按 16 位块分组，写为 4 位十六进制数。我们可以跳过每个组前面的零，也可以跳过一连串的零，使用"::"表示法。下面是一些例子：

FC00:A903:0890:89ab:0789:0076:1891:0123 可以写成：

FC00:A903:890:89ab:789:76:1891:123

FC00:0000:0000:0000:0000:98ab:9812:0b02 可以写成：

FC00 :: 98ab:9812:B02

:: 102.56.23.67 是 IPv6 程序中使用的 IPv4 地址。

⊖ Evan Jones 认为交换器和路由器只是重新计算 CRC，因此可能会隐藏内部故障，比如发现了 Linux 内核错误。第 10 章中的完整性检查是一种检测此类问题的方法。

表 7.5 IPv4 和 IPv6 表示法的区别

概　　念	IPv4	IPv6
位宽度	32	128
分组大小	1 字节	2 字节
计数法	十进制	十六进制
分隔符	.	:
跳过前面的零	是	是
跳过零组	否	是
混合标记	否	是

表 7.6 显示了互联网协议的两个版本之间的主要差异。

表 7.6 IPv4 和 IPv6 之间的功能差异

概　　念	IPv4	IPv6
校验和	是	否
可变报头的大小	是	否
分片	是	否
跳数名（Hopcount Name）	TTL	Hopcount
流标签	否	是
范围和区域 ID	否	是

IPv6 引入了两个新字段。

1. 流标签

RFC 6437 声明"从网络层的角度来看，流是从特定源发送到特定的单播、任播或多播目的地的数据包序列，节点希望将其标记为流"。这用于例如 Link Aggregation[⊖]。该标准规定给定五元组中的所有数据包应该分配相同的 20 位唯一编号——最好是五元组的散列[⊖]。传统上，五元组已被网络设备直接使用，但由于其中一些字段是加密的，因此 Flow 标签是一种帮助。如果不使用它则必须将其设置为 0，这就是本书所做的。

2. 范围 ID

在 RFC 4007 和 RFC 6874 中定义。RFC 4007 考虑到了链路本地地址的范围 ID，该地址可以是设备、子网或全局地址。RFC 6874 定义了一种特殊情况，其中"区域 ID"用于帮助

⊖ Link-Aggregation 又名"Teaming"，它是一个实用的概念，通常在多端口 NIC 和交换机之间允许使用多条并行电缆。

⊖ 10.4 节将讨论散列。

堆栈使用正确的接口。显然,这种特殊情况是唯一使用的。它不是 IPv6 报头中的字段,而是在 "%" 之后编写的链路本地方案中的地址字符串的一部分,从而帮助堆栈使用正确的接口。在 Windows 上,这是接口号(用 "netstat -nr" 查看),在 Linux 上它可以是 "eth0"。

表 7.7 给出了两个系统中地址的一些示例。

表 7.7　两个系统中地址的示例

地　　址	IPv4	IPv6
Localhost	127.0.0.1	::1
Link-local	169.254.0.0/16	fe80::/64
Unspecified	0.0.0.0	::0 或 ::
Private	192.168.0.0/16 等	fc00::/7

7.16　Linux 下 IPv6 的 TCP 套接字

既然我们已经了解了 Windows,那么接下来让我们看看 Linux 上类似的东西。在接下来的文章中,我们将研究一个小型测试程序,它在一个实例中作为服务器运行,在另一个实例中作为客户端运行。在我们的例子中,两者都运行在一台 Linux PC 上。这次我们将尝试 IPv6,它也可能是另一种方式。

基本工作流程见清单 7.11。main() 显示单个页面中客户端与服务器的总体流量。在这两种情况下,我们都以 socket() 调用开始。在客户端上,我们需要一个 connect(),然后使用 recv() 和 send()。在服务器上,我们仍然需要 bind()、listen() 和 accept() 才能传输数据。这与 Windows 服务器完全相同,客户端方案也相同。

清单 7.11　在 Linux 下测试 main 函数

```
 1  ....main...
 2      int sock_comm;
 3      int sock1 = do_socket();
 4
 5      if (is_client)
 6      {
 7          do_connect(sock1, ip, port);
 8          sock_comm = sock1;
 9      }
10      else // server
11      {
12          do_bind(sock1, 0, port);
13          do_listen(sock1);
14          sock_comm = do_accept(sock1);
```

```
15      }
16
17      TestNames(sock_comm);
18      gettimeofday(&start, NULL);
```

清单 7.11 中调用的函数如清单 7.12 和清单 7.13 所示。其中删除了错误处理和其他打印输出代码，因为重点是 IPv6 套接字处理。尽管这是 Linux 和 IPv6，但它看起来很像我们在 Web 服务器上看到的使用 IPv4 的 Windows 版本。操作系统之间最显著的差异是，在 Linux 上我们不需要 WSAStartup() 或类似的东西。这很好，但也没什么大不了的。

我发现 Linux 版本更有趣的是它非常微妙，并且只在套接字上的 close() 调用中显示出来。在 Windows 上，这被称为 closesocket()。除此之外，在 Linux 上不需要使用 send() 和 recv()。相反，可以使用 write() 和 read()。因此你可以打开套接字并将其作为文件句柄传递给使用文件的任何进程，例如使用 fprintf()。这当然可以使应用程序程序员的工作变得容易得多。

清单 7.12　Linux 套接字第一部分

```
 1  int do_connect(int socket, const char *ip, const bool port)
 2  {
 3  ...
 4      struct sockaddr_in6 dest_addr;      // 针对目的地的地址
 5      dest_addr.sin6_family = AF_INET6;   // IPv6
 6      dest_addr.sin6_port = htons(port);  // 网络字节顺序
 7
 8      int err = inet_pton(AF_INET6, ip, &dest_addr.sin6_addr);
 9      ...
10      int retval = connect(socket, (struct sockaddr *)&dest_addr,
11                          sizeof(dest_addr));
12      ...
13  }
14
15  int do_bind(int socket, const char *ip, int port)
16  {
17      struct sockaddr_in6 src_addr;       // 针对源地址
18      src_addr.sin6_family = AF_INET6;    // IPv6
19      src_addr.sin6_port = htons(port);   // 网络字节顺序
20      if (ip)
21      {
22          int err = inet_pton(AF_INET6, ip, &src_addr.sin6_addr);
23          {
24              printf("Illegal address.\n");
25              exit(err);
26          }
27      }
28      else
29          src_addr.sin6_addr = in6addr_any;
```

```
30
31      int retval = bind(socket, (struct sockaddr *)&src_addr,
32                          sizeof(src_addr));
33      ...
34  }
35
36  int do_listen(int socket)
37  {
38      int retval = listen(socket, 5); // 积压了 5 个套接字
39      ...
40  }
41
42  int do_socket()
43  {
44      int sock = socket(AF_INET6, SOCK_STREAM, 0);
45      ...
46  }
47
48  int do_close(int socket)
49  {
50      ...
51      int retval = close(socket);
52      ...
53  }
```

查看代码可以看出 IPv4 和 IPv6 之间存在许多差异。几乎所有的功能都与实际的套接字处理无关：

- 我们使用"AF_INET6"代替"AF_INET"。
- 使用的地址结构以"_in6"而不是"_in"结尾。
- inet_ntoa() 和 inet_aton() 被 inet_ntop() 和 inet_pton() 替换。新的功能可以同时处理 IPv4 和 IPv6 地址。
- 我们仍然使用 ntohs() 和 htons() 宏，因为它们在未更改的 TCP 中的 16 位端口上被使用。但是我们不在 IP 地址上使用 ntohl() 和 htonl()，因为它们对 32 位字来说过大。
- 包含新的宏，例如 in6addr_any。

> 一开始就正确地获得地址结构可能是一件痛苦的事情。最棘手的参数是 sizeof() 中的参数，其结构的大小通常是几次调用中的最后一个参数，例如 connect() 和 bind()。只要编写的计算结果为整数，编译器就不会报错。但它确实对所写内容产生了影响。我发现如果在 sizeof() 而不是类型中使用变量的名称，那么我犯的错误会更少，因为我通常只填充变量，如果尝试将例如 in6addr_any 放在 32 位 IP 地址中，那么编译器会在这里报错。

清单 7.13 Linux 套接字第二部分

```
 1  int do_accept(int socketLocal)
 2  {
 3      ...
 4      struct sockaddr_in6 remote;
 5      socklen_t adr_len = sizeof(remote);
 6
 7      int retval = accept(socketLocal,
 8                          (struct sockaddr *) &remote,&adr_len);
 9      ...
10      char ipstr[100];
11      inet_ntop(AF_INET6,(void*) &remote.sin6_addr,
12                  ipstr, sizeof(ipstr));
13      printf("Got_accept_on_socket_%d_with:"
14              "_%s_port_%d_-_new_socket_%d\n",
15               socketLocal,ipstr,ntohs(remote.sin6_port),retval);
16  }
17
18  int do_send(int socket, int bytes)
19  {
20      ...
21      if ((err = send(socket, numbers, bytes, 0)) < 0)
22      ...
23      return 0;
24  }
25
26  int do_recv(int socket, int bytes)
27  {
28      int received = recv(socket, nzbuf,bytes-total, 0);
29      ...
30  }
31
32  void TestNames(int socketLocal)
33  {
34      struct sockaddr_in6 sock_addr;
35      socklen_t adr_len = sizeof(sock_addr);
36      char ipstr[100];
37
38      getpeername(socketLocal,
39                  (struct sockaddr *) &sock_addr,&adr_len);
40
41      inet_ntop(AF_INET6, (void*) &sock_addr.sin6_addr, ipstr,
42                  sizeof(ipstr));
43
44      printf("getpeername:_IP=_%s,_port=_%d,_adr_len=_%d_\n", ipstr,
45              ntohs(sock_addr.sin6_port), adr_len);
46  }
```

清单 7.14 显示了执行过程。

清单 7.14   运行 Linux 测试

```
 1 kelk@debianBK:~/workspace/C/ss6$ ./socktest -r --bytes=10000 &
 2 [1] 1555
 3 kelk@debianBK:~/workspace/C/ss6$ Will now open a socket
 4 Binding to ip: localhost, port: 12000 on socket: 3
 5 Listen to socket 3
 6 Accept on socket 3
 7
 8 kelk@debianBK:~/workspace/C/ss6$ ./socktest -c -s --bytes=10000
 9 Will now open a socket
10 Connecting to ip: ::1, port: 12000 on socket: 3
11 Got accept on socket 3 with: ::1 port 43171 - new socket 4
12 getpeername: IP= ::1, port= 43171, adr_len= 28
13 Loop    0
14 Plan to receive 10000 bytes on socket 4
15 getpeername: IP= ::1, port= 12000, adr_len= 28
16 Loop    0
17 Plan to send 10000 bytes on socket 3
18 Received 10000 bytes at address 0x7ffcb3b34e30:
19    0   1   2   3   4   5   6   7   8   9
20 ......
21   7c8 7c9 7ca 7cb 7cc 7cd 7ce 7cf
22 Total sent: 10000 in 1 loops in 0.001910 seconds = 41.9 Mb/s
23 ....
24 [1]+ Done                     ./socktest -r --bytes=10000
25 kelk@debianBK:~/workspace/C/ss6$
```

首先创建服务器，这是默认设置。它被告知接收 10000 字节，创建套接字，将其绑定到默认端口（12000）并在 accept() 调用中阻塞。"&"使它在后台运行。现在客户端以"-c"选项启动，并被要求发送 10000 个字节。它从 Linux 接收一个临时的端口号：43171。这就解除了等待服务器的阻塞，任务就完成了。给出的速度受到将其全部写入屏幕的影响。

图 7.11 从 Wireshark 的角度显示了相同的场景。我们识别端口号以及"::1"本地主机 IPv6 地址。可以询问标记的第 4 帧是如何发送 10000+ 个字节的，因为我们通常最多有 1460 个字节（为 TCP 和 IP 头腾出空间）。原因是，正常的最大段大小源于我们在这里跳过的以太网，因为一切都发生在同一台 PC 上。有趣的是，Wireshark 仍然在堆栈中显示以太网，但两端是零地址。

请注意，在 Linux 上捕获本地主机通信很容易，因为"lo"接口随时可用。但在 Windows 上并非如此。要在 Windows 上的本地主机上执行捕获，需要更改路由表，以将所有帧发送到网关，然后再发送回来。现在你看到它们两次，并且时间是相当模糊的。别忘了重置路由表。另一种方法是安装"Windows Loopback Adapter"。

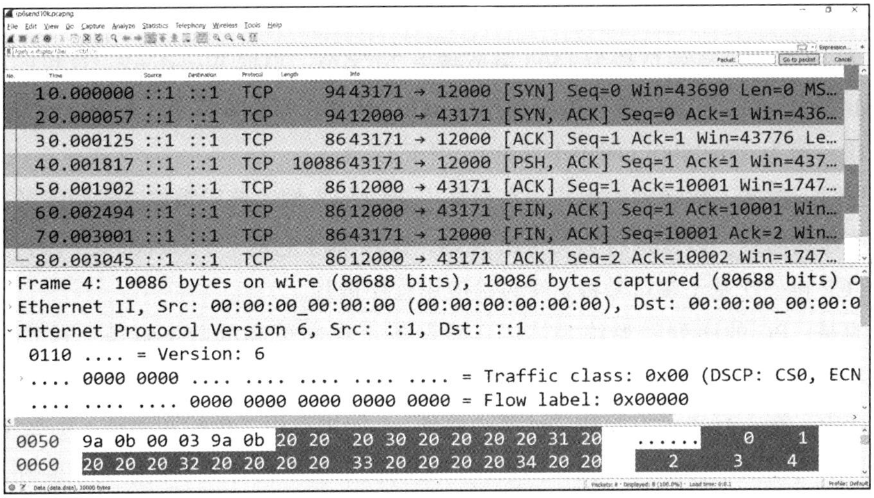

图 7.11　使用 IPv6 的 Linux 本地主机上的 TCP

7.17　数据传输

到目前为止，我们对 TCP 相关问题的关注一直是关于如何实现传输。现在，是时候看看实际的传输了。在查看 TCP 时，无论我们下面是 IPv4 还是 IPv6，都没有什么差别——没有"TCPv6"。图 7.12 显示了一个网络设备（10.116.120.155）的 Wireshark 捕获，该网络设备以高速（对于嵌入式设备）向 PC（10.116.121.100）传输数据。所有帧都是两个设备之间的 TCP 段。为了节省空间，仅显示"Source"（源）列。

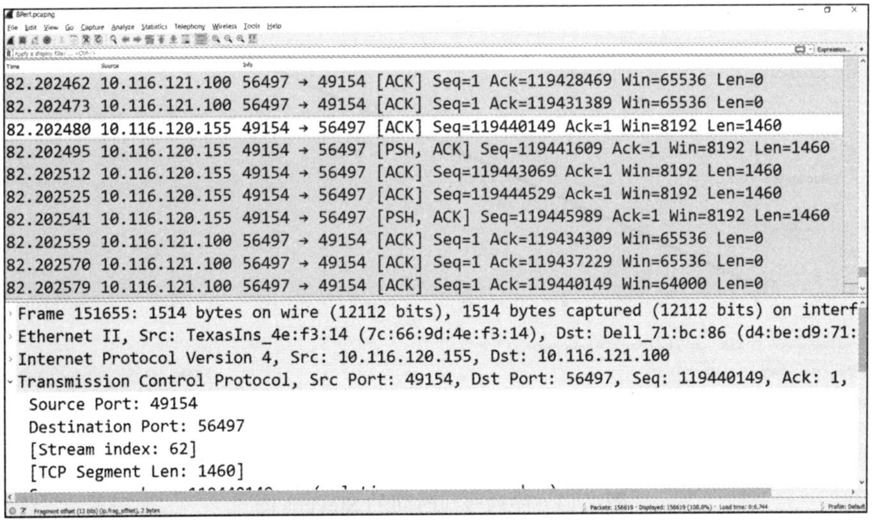

图 7.12　传输多个字节

所有数据帧的长度都是 1460。这与以太网 MTU（最大传输单元）或有效负载非常匹配，每个 TCP 和 IP 报头的有效负载为 1500 字节减去 20 字节。根据 Wireshark，这里的以太网帧总数为 1514 字节。14 字节的差异是源和目标 MAC 地址，每个 6 字节，加上 2 字节"Type"（类型）字段，值为"0x0800"（图中不可见），用于 IPv4。

这是我们一次又一次看到的模式，在最低层接收传入帧。该层需要查看给定的字段，以了解将其传递到何处。以太网将它交付给 IPv4，IPv4 基于它的"Protocol"字段将它交付给 TCP，而 TCP 再一次基于端口号将它交付给应用程序进程。

有趣的是，PC 的序列号始终为"1"，而设备正在向更高的数字竞争。这意味着自从 SYN 标志以来，PC 没有发送任何东西。这确实是单方面的对话。在图中，在选定帧的"剖分"的底部一行中，有一行表示校验和"已禁用验证"。如果启用了校验和验证，那么 Wireshark 将错误地将所有输出帧标记为校验和错误，因为现代系统不再计算堆栈中的校验和。它们将它留给网络接口卡处理，由于 Wireshark 在这些卡之间，所以它将看到错误的校验和。检查正在进行的帧也没有意义，因为 NIC 只允许具有正确校验和的帧通过。

如果我们选择其中一个带有数据的帧（如图 7.12 所示），在顶部菜单中选择"Statistics"→"TCP Stream Graphs"→"Time Sequence（Stevens）"，我们会看到数据是如何随时间发送的，见图 7.13。

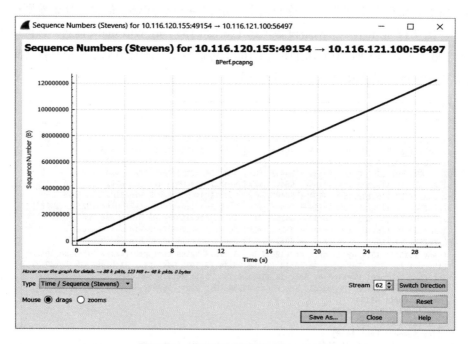

图 7.13　序列号与时间的 Stevens 图

史蒂文斯（Stevens）图以著名的《TCP/IP 详解》（*TCP/IP Illustrated*）[⊖]的作者命名，显示了随时间推移的序列号。这与发送的累计字节数相同。你很少看到如此直的这条线。通过读取 X = 20s 时 Y = 80 MB 的点，我们可以很容易地计算出数据速率为 80 MB/20s = 4 MB/s 或 32 Mbit/s。最大的挑战是计算零的数量。在同一窗口内，也可以选择例如 "Roundtrip-Time"（往返时间）。另一个菜单选择可以提供 I/O 图，但在这种情况下，它们与图 7.13 一样枯燥。

图 7.14 显示了几年前的类似测量结果。如果你用鼠标在图形的平面部分单击，Wireshark 就会转到有问题的帧。你应该在这里寻找重传，因为这些将占用带宽而不会增加序列号。

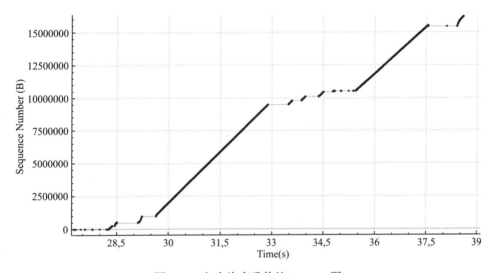

图 7.14　包含许多重传的 Stevens 图

你也可以在主菜单中尝试 "Analyze"→"Expert Information"。如图 7.15 所示。

在这里，PC 为同一帧发送多达 20 个重复的 ACK，有效地重复了这句话："我期待从你那里看到的最后一个序列号是 ××，而你现在领先了很多，请返回并从 ×× 开始。"

如果单击这个窗口，那么你将进入主窗口中的过错帧。由于 Wireshark 没有丢失任何包，并报告可疑的重新传输，因此它也没有看到这些包。显然，该设备正在发送没有被看到的包。这正是正在发生的事情。在这个原型中，我们有一个振荡器和 PHY 之间存在的 "串扰" 的情况。我们将在 7.23 节讨论这一点。

请注意，当你捕获这样的传输而不仅仅是随机帧时，最好关闭屏幕的实时更新。Wireshark 非常擅长捕获，但屏幕无法始终跟上。通常，你不需要捕获实际数据，只需捕获头文件，因此你可以要求 Wireshark 仅捕获例如每帧 60 个字节。这将使 PC 能够 "超越其重量等级"。

⊖　该书已由机械工业出版社引进出版。——编辑注

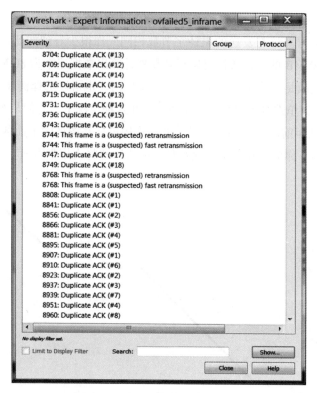

图 7.15　有丢失数据的专家信息

7.18　UDP 套接字

我们使用术语广播（又名任播）、单播和多播，但并没有真正探究其含义。表 7.8 比较了这三个概念。

表 7.8　cast 的三种类型

概　念	含　义	协　议
单播	1 对 1	TCP、UDP
多播	1 对多（成员）	UDP
广播	1 对全部	UDP

单播从一台主机上的一个进程发送到另一台（或同一台）主机上的另一个进程。广播从一台主机上的一个进程发送到所有其他主机，仅限于原始子网。广播永远不会通过路由器。

多播看起来非常像广播，但如上所述，它仅适用于成员。这是什么意思？路由器通常可以配置为简单地将来自一个端口的多播"泛洪"（flood）到所有其他端口，例如广播到交换器中。或者，它可以支持"组成员"和"生成树"以及各种高级内容，帮助路由器只将多播转发到更远的某个端口，而这些端口更远的地方有给定地址的用户。

多播地址是特殊的。在 IPv4 中，它是"Class D"范围 224.0.0.0~239.255.255.255 内的所有地址。以 PTP（精确时间协议）为例，它使用 IP 地址 224.0.1.129、224.0.1.130、224.0.1.131 和 224.0.1.132 以及 224.0.0.107。任何想要这些消息的人都必须监听其中的一个或多个 IP 地址，以及他们自己的 IP 地址。

现在，如果多台主机具有相同的 IP 地址，那么 ARP 会怎么样？ARP 不在 D 类范围内使用。相反，MAC 必须在"硬编码"之上监听一些已编程的特定地址。MAC 地址是 01:00:5e:00:00:00 与多播 IP 地址的低 23 位的简单"或"运算。这意味着 MAC 硬件除了静态硬件之外还具有额外的可编程"滤波器地址"（其可以在例如 EEPROM 中编程）。

似乎 UDP 可以做一切——为什么要使用 TCP 呢？表 7.9 比较了 TCP 和 UDP 的一些主要特性。

表 7.9　TCP 与 UDP

特　　性	TCP	UDP
流（flow）	数据流（stream）	数据报（datagram）
重传	有	无
保证有序	有	无
节流器（social throttle）	有	无
最大尺寸	无（stream）	（536）字节
延迟第 1 字节（RTT）	1.5	0.5

我们已经看到了 TCP 的流特性。这是一把双刃剑，给程序员带来了令人头疼的问题，即试图在发送的内容中重新定义"边界"，但它也是一个非常强大的概念，因为重传可能比简单地重传帧更先进。在 web 或文件传输等严肃的应用程序中，重传是所有重要特性的保证，它保证每个字节都能传输（如果有可能的话），保证只传输一次，并且与其他字节相比顺序正确。

"social throttle"与 TCP 的"消化"处理有关，当网络出现问题时，所有套接字都会降低它们的速度。UDP 没有这些高级概念，它只是 IP 包上薄薄的一层皮。DNS 是使用 UDP 的一个很好的例子（参见 7.10 节）。这些数据包相当小，可以由应用程序重新发送。如果由于 DNS 问题而存在消化问题，那么它们更快且非节流是有道理的。当涉及最大大小时，UDP 数据包可以是 64k，但建议不允许它"IP 分片"。参见 7.14 节。小于 536 字节的大小将保证这一点。

最后，接收报文的第一个字节需要多长时间？对于 TCP，我们需要三次握手。数据可能嵌入三"次"中的最后一次。这相当于 1.5 次往返，因为一次完整的往返是"去那里又回来了"。UDP 仅采用单个单向数据报，对应于 0.5 RTT。TCP 实际上必须在之后进行"闭幕式"。这是开销，但不是延迟。请注意，如果 TCP 套接字保持活动状态，则下一条报文的延迟时间仅为 0.5 RTT，与 UDP 一样好。

7.19   案例：IPv6 上的 UDP

清单 7.15 显示了使用 IPv6 的 UDP 传输。正如我们在 IPv6 上看到的 TCP：使用" AF_INET6"代替" AF_INET"。有些源代码使用" PF_INET6"。这没有区别，因为是一个为另一个下定义。由于我们使用 UDP，因此以" SOCK_DGRAM"作为第二个参数打开套接字。此外，IPv4"sockaddr_in"结构也被它的远亲所取代，其中"in"被"in6"取代。同样的规则也适用于 struct 的成员。我们仍然在端口号上使用宏 hton，因为这是 UDP 而不是 IP，并且传输层没有改变。

清单 7.15   IPv6 UDP 在 Linux 上发送

```
 1  void sendit()
 2  {
 3      int sock = socket(AF_INET6, SOCK_DGRAM, 0);
 4      if (sock <= 0)
 5      {
 6          printf("Opening_socket_gave_error:_%d\n",sock);
 7          exit(sock);
 8      }
 9
10      int err;
11      char *mystring = "The_center_of_the_storm\n"; // 报文
12
13      struct sockaddr_in6 dst_addr;
14      memset(&dst_addr, 0, sizeof(dst_addr)); // 清晰的范围和流
15      dst_addr.sin6_family = AF_INET6;
16      dst_addr.sin6_port = htons(2000);        // TCP 照常
17
18      if ((err=inet_pton(AF_INET6, "::1",&dst_addr.sin6_addr)) == 0)
19      {
20          printf("Illegal_address.\n");
21          exit(err);
22      }
23
24      if ((err = sendto(sock, mystring, strlen(mystring)+1, 0,
25      (struct sockaddr *)&dst_addr, sizeof(dst_addr))) < 0)
26      {
27          printf("Could_not_send._Error:_%d\n", err);
28          exit(err);
```

```
29      }
30  }
```

在第 18 行中，我们看到 IPv6 地址 "::1"。这是 "localhost" 地址，在 IPv4 中我们通常使用 "127.0.0.1"。我们还看到函数 inet_pton()，它是推荐使用的函数，因为它支持 IPv4 和 IPv6。最后，在第 24 行中，我们看到 UDP sendto()，它与 IPv4 没有变化，但是使用 "in6" 结构调用。在 TCP 中，我们使用命令 send() 而不使用 "sendto"，因为在 TCP 中，目标已经在 connect() 调用中给出。这里没有 connect()，因为没有连接⊖。我们的下一条报文可能被 sendto() 至某一方。

正如我们可以在 TCP 中的 connect() 之前调用 bind() 一样，我们也可以在 UDP 中在 sendto() 之前这样做，但是在这两种情况下我们通常都不会这样做。一个原因是工作量更大，另一个原因是，如果我们试图绑定到一个已经使用的端口，就会遇到问题。因此，我们通常会使用操作系统发出的临时端口号，因为我们通常不关心客户端/活动套接字的端口号。

清单 7.16 显示了等待前一个清单中发送的数据的接收器的代码。这里，我们为 "in6addr_any" 设置了监听器，与 "::0" 相同。

清单 7.16　IPv6 UDP 接收

```
 1  void recvit()
 2  {
 3      int sock = socket(AF_INET6, SOCK_DGRAM, 0);
 4      if (sock <= 0)
 5      {
 6          printf("Opening socket gave error: %d\n",sock);
 7          exit(sock);
 8      }
 9
10      struct sockaddr_in6 listen_addr;
11      memset(&listen_addr, 0, sizeof(listen_addr));
12      listen_addr.sin6_family = AF_INET6 ;
13      listen_addr.sin6_port = htons(2000);
14      listen_addr.sin6_addr = in6addr_any;
15
16      int on=1;
17      if (setsockopt(sock, SOL_SOCKET, SO_REUSEADDR,
18                      (char *)&on, sizeof(on)) < 0)
19      {
20          printf("setsockopt(SO_REUSEADDR) failed");
21          exit(0);
22      }
23
```

⊖ 令人困惑的是 connect() 是可能的。它不进行连接，但允许使用 send() 而不是 sendto() 等。

```
24      int err;
25      err = bind(sock, (struct sockaddr *) &listen_addr,
26              sizeof(struct sockaddr_in6));
27      if (err)
28      {
29          printf("Binding gone wrong - error %d\n", err);
30          exit(err);
31      }
32
33      char mystring[100];
34      struct sockaddr_in6 remote_addr;
35      socklen_t addr_len = (socklen_t) sizeof(remote_addr);
36
37      err = recvfrom(sock, mystring, sizeof(mystring), 0,
38          (struct sockaddr *) &remote_addr, &addr_len);
39      if (err < 0)
40      {
41          printf("Could not recv. Error: %d\n", err);
42          exit(err);
43      }
44      else
45          printf("Received: %s", mystring);
46  }
```

第 17～23 行的奇怪代码要求操作系统创建这个套接字，即使在"等待时间"中可能已经挂起了以前运行的套接字。如果代码只运行一次，则不需要这样做，但不管怎样，它永远不会只运行一次。

现在我们需要对监听套接字进行绑定。当然，它必须在正确的端口监听，并且"任意"IP地址是实用的。如果到目前为止一个数据包做到了这一点，那么它必须是我们的一个接口，所以为什么不等待它们所有的，而并不需要找出我们在哪里有哪些 IP 地址？然后，我们为远程地址声明一个"holder"，我们可以将其打印出来（但不打印），最后调用 recvfrom()。这将阻塞，直到收到报文为止。当发生这种情况时，它会被写入终端。

清单 7.17 显示了这两个程序的测试。首先，udprecv 在后台运行。然后我们使用 netstat 来显示在端口 2000 上有一个 udp6 监听器。请注意，它还为我们提供了进程号和程序名。当发送方程序运行时，接收方解除阻塞并终止。

清单 7.17　在 localhost 上运行

```
1  kelk@debianBK:~/workspace/C/ss6$ ./udprecv &
2  [1] 2734
3  kelk@debianBK:~/workspace/C/ss6$ netstat -au -pn -6
4  Active Internet connections (servers and established)
```

⊖　为适应版面，有缩减。

```
 5   Proto Recv-Q Send-Q Local Address Foreign Address PID/Prog name
 6   udp6      0      0 :::48725       :::*            -
 7   udp6      0      0 :::34455       :::*            -
 8   udp6      0      0 :::10154       :::*            -
 9   udp6      0      0 :::961         :::*            -
10   udp6      0      0 :::2000        :::*            2734/udprecv
11   udp6      0      0 :::111         :::*            -
12   udp6      0      0 :::5353        :::*            -
13   kelk@debianBK:~/workspace/C/ss6$ ./udpsend
14   Received: The center of the storm
15   [1]+  Done                      ./udprecv
```

图 7.16 显示了该方案的 Wireshark 捕获。

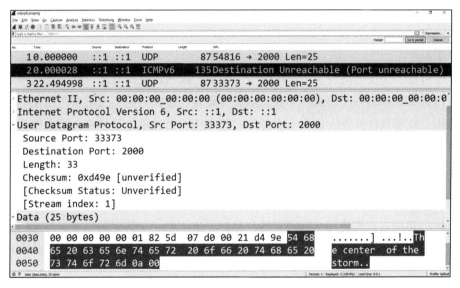

图 7.16　IP6 上的 UDP 和 ICMPv6 错误

首先，只有"udpsend"程序在第一帧中运行。有趣的是，由于没有接收器，这会在第 2 帧中生成一个 ICMPv6"Port Unreachable（端口不可到达）"错误。这也发生在 localhost 之外的通信上，使我们能够编写实际上可以处理 UDP 数据包重传等的代码。

22 秒后，运行完整方案，如清单 7.17 所示，这次没有 ICMP 错误，因为等待套接字接受了它。

7.20　应用层协议

正如本章介绍中所述，存在无数的应用层协议。我们不可能完全通过它们，所以将查看选择其中一个的标准。表 7.10 给出了概述。

表 7.10　应用层协议的参数

协议的重要参数	
标准	域或公司
文档	好或坏
流	流水线 VS 停止和执行
状态	无状态或有状态
底层	二进制或文本
灵活性	是否像 XML 一样宽容
兼容性	版本化
依赖性	需要特殊的操作系统、语言等
功耗	专为节省电力而设计

1. 标准

协议是否已成为贵公司或应用程序域中的标准，或两者兼而有之？如果是这种情况，则需要好好讨论来选择另一个协议。毕竟，协议将设备连接在一起。如果新产品在旧产品系统中不起作用，或者软件开发人员为了支持你的新奇协议而被推迟了半年，那么你真的想成为负责人吗？ ⊖

2. 文档

如果在通用应用程序域中的不同公司使用相同的协议，那么几乎肯定会有很好的文档记录。当一家公司拥有许多使用相同协议的产品时，这不是一个特定的事实。技术的变化可能会迫使你重新实现现有协议，或者从头开始。在这种情况下，重要的是旧协议的文档记录水平如何。

3. 流

你可能连接速度非常快，但无法使用它。如果通信双方之间有很长的距离，那么这意味着延迟。我们通常谈论往返时间，即将数据包从 A 发送到 B 再加上应答返回 A 所需的时间。如果 A 和 B 在地理位置上接近，则往返时间主要取决于"打卡出"数据包以及通过 A 和 B 上的堆栈所需的时间。

如果 A 和 B 位于地球的两侧，则往返时间主要取决于数据包通过线路和中间路由器（或卫星链路）所需的时间。术语"长肥管道"意味着快速（膨胀）而长的线路。stop & go 协议完全扼杀了其中的任何速度，因为 stop & go 协议需要接收方对发送的每个数据包作出响应，然后才能发送下一个数据包。与此相反的是"管道"，你可以在管道中拥有大量数据。TCP 经

⊖　有时答案是肯定的。

历了很多变化以支持"长肥管道"，主要是"接收窗口"可能非常大，这允许大量数据处于"中转"状态。

你可能会争辩说 HTTP 实际上需要对每个请求都进行响应，因此是一个糟糕的协议。但是，正如我们在 7.11 节中看到的那样，HTTP 在发送请求"n+1"之前不需要对请求"n"作出响应。当你在浏览器中加载一个新页面时，对这个页面的第一个请求必须得到响应，但是当你有了这个响应时，你可以同时请求所有引用的图片、横幅等。参阅 7.11 节。

4. 状态

正如在关于 REST 的 7.12 节中所讨论的，使用无状态协议可以获得很多好处。在物联网设备中的主要好处可能是如上所述的管道操作的可能性。REST 的另一个主要好处是能够使用服务器园区，但是当你将 IoT（物联网）设备视为服务器时（有时你会这样做），它很少是"园区"的一部分。可能存在许多几乎相同的 IoT（物联网）设备，但每个设备通常连接到唯一的传感器，或以其他方式为该特定设备提供唯一的数据。

5. 底层

许多嵌入式开发人员更喜欢二进制协议，因为与十六进制 ASCII 处理相同的数字相比，二进制协议被压缩了。在二进制协议中，16 位数字不需要超过 16 位，但是在十六进制 ASCII 中，每个半字节需要一个完整的字节——因此，对于相同的 16 位数字来说十六进制需要 32 位。如果数据用 JSON 或 XML 表示，那么它会占用更多的空间，因为参数名会导致开销，而且在单个变量的情况下，参数名会占用比数据更多的空间。另一方面，PC 程序员通常更喜欢 XML，因为这是一项众所周知的技术，并且他有很多可用于解析数据的工具。在两方之间，我们掌握了双方之间的秘密。在 Wireshark 中查看自定义的二进制协议可能会很麻烦，而 JSON 或 XML 中的相同数据接近于自我解释。

这个选择变成了 CPU 时间、网速和你所听取的开发人员之间的权衡。确实，连接速度变得越来越快，昨天的 PC 技术经常成为明天的嵌入式技术，这意味着在一般的嵌入式世界中存在着一种文本表示的趋势。然而，许多物联网应用将比前面提到的任何参数都更注重低能耗。这会使平衡稍微回到二进制协议，因为发送的每个比特都有焦耳的代价。

6. 灵活性

许多协议都很严格，无法处理丢失的数据或多个版本。这就是 XML 如此受欢迎的原因之一。它不需要发送所有定义的参数。然而，这引入了或多或少高级默认处理的需要。

7. 兼容性

很容易忘记协议的版本号。一旦做出更改，这将导致一些非常笨拙的代码。永远不要创建或使用没有版本号的协议。可以从 TCP/IP 堆栈中学到很多东西。令人惊讶的是，在标准中可以实现 TCP 的方式有很多，而且可以以向后兼容的方式扩展 TCP。

8. 依赖性

不久前，DCOM 还是一种流行的远程协议。DCOM 的一个主要问题是与 Windows 操作系统 100% 的联系。在此之前，CORBA 在 Unix 世界中非常流行。它需要昂贵的工具，你也可以在 PC 中拥有这些工具，但它从来没有真正流行到这里。DCOM 和 CORBA 都基于远程过程调用。如果通信的一端突然无法使用，则这两种方法的性能都不是很好。

REST 在 HTTP 之上取得成功的一个主要原因（参见 7.12 节）是它易于理解，无须复杂的工具就可以在任何操作系统上运行。在物联网领域中，我们需要一个与客户端和服务器松散耦合的概念，而不是主服务器和从服务器。还需要一些与特定操作系统或语言无关的东西。有一些"交叉"，比如 JSON，它是 XML 的"精简和平均"替代品。虽然它是为 Java 编写的，但是很容易迁移到其他语言。

9. 功耗

这个主题已经在关于二进制与文本的讨论中有所涉及。4.1 节详细介绍了与功耗密切相关的协议性能。

7.21   套接字 API 的替代品

本书中使用的套接字概念通常被称为 Berkeley 套接字。基本 API 在所有主要平台上都是相同的，在实现选项和底层 TCP/IP 堆栈方面有许多变化。到目前为止，很明显，直接在套接字接口上编程有时会有点令人沮丧。特别是 TCP 是流式传输的，因此不会限制从传输主机 send() 调用到接收主机 recv() 调用的边界，这可能会令人讨厌。

"原始套接字"与伯克利套接字（Berkeley 套接字）并不相同，尽管许多程序员都这么认为。对于真正的"原始套接字"，事情甚至更原始，因为你还负责所有报头（header），例如生成校验和、跳数（hopcount）、类型字段等。这只适用于你要测试错误处理的测试场景，我们在 5.9 节中看到了这一点。

为了调整各种套接字选项，通常最终会直接使用 Berkeley 套接字。尽管如此，在某些情况下，使用高级库可以取得很大的进展，而且这些情况一直在改善。目前使用最多的是"libcurl"。它是由 MIT/X 许可协议授权的开源软件，并声明可以在任何程序中免费使用它。它支持一个非常长的应用层协议列表——在这些 HTTP 和 HTTPS（基本上是基于安全套接字之上的 HTTP，参见 10.12 节）中，几乎所有已知的平台都支持这些协议。在任何情况下，libcurl 站点都是一个非常好的起点，因为它有一个页面，其中包含一长串竞争对手及其许可证类型。

如果脚本是可以接受的，那么有 ScaPy 和没有 ScaPy 的 Python 都是一个很好的工具，请参见 5.9 节。在 libcurl 之上的 PHP 也非常有效。你可能认为 Python 和 PHP 适用于 Web 服务器，但较大的 IoT（物联网）设备可以充当服务器，如果你使用 REST，那么你可能正在实现 Web 服务器。另一个库是"Libmicrohttpd"库，它是基于"GLPL"许可证的，参见 2.7 节。

你可能更喜欢完整的 Web 服务器。如果 Apache 或 Nginx 对于你的设备而言太大，那么 Go-Ahead Web 服务器可能会很有趣。就在几年前，它还很小很原始，但从那时起，它似乎已经走过了很长的路。Go-Ahead 附带 GPL 许可证以及商业免版税许可证。

如果你的平台基于 Linux，则可以使用 C# 和 mono 来替代各种或多或少独立的库。C# 有很多很棒的库——包括一些用于处理 HTTP 的库。使用这个解决方案，可以获得许多功能。如果你习惯在 Windows 平台上工作，那么这些功能可能会把你宠坏。这是对一个小问题的彻底解决办法。Linux 平台的主要优势之一是庞大而可利用的用户社区，这在许多情况下可能会有所帮助。如果在应用程序和操作系统之间放置 C# 和 mono，那么要找到处于相同情况的人可能就不那么容易了。当然，如果使用的是 Windows 平台，那么 C# 就是主流。

7.22　以太网电缆

当谈到以太网电缆时，有很多过去遗留的问题，名称和术语并不完全正确。表 7.11 给出了最常用的用法。

表 7.11　以太网电缆的名称和术语

术　　语	解　　释
Coax	多点同轴电缆的老标准，不再用了
UTP	非屏蔽双绞线。这是今天最常见的类型，用于星形配置
完全安装	UTP 通常有 4 对两根线。更便宜的、电线更少的版本可能会奏效，不要使用它们
F/UTP 和 S/UTP	两种不同的铝箔屏蔽。这必须通过网络连接
CAT 5	电缆支持 100 Mbit/s，有效距离 100 米
CAT 5e	电缆支持 1 Gbit/s，有效距离 100 米
CAT 6	电缆支持 1 Gbit/s，有效距离 100 米
CAT 6a	电缆支持 10 Gbit/s，有效距离 100 米
8P8C	连接器的真实名称，代表 8 个位置和 8 个触点
RJ45	几乎总是用于以太网电缆上的连接器的名称，尽管不完全正确
Patch Cable	所有连接都直接通过的普通电缆，两端凸接头
Cross-over	连接两台 PC 等的较老电缆
Auto M-Dix	标准的一部分。适用于 1 Gbit/s 端口，可在需要时协商自动交叉
EIA-568A/B	A 和 B 是电线对走向的两种不同标准。在一个插线电缆中，这真的没有什么区别。重要的是要保持成对

以太网电缆的一个令人困惑的地方是什么时候使用 EIA-568A 接线方案以及什么时候使用 EIA-568B 接线方案。由于今天的大多数电缆都是"直通连接型",因此几乎没有什么区别。真正重要的是,所有的电缆都是直通式的,并且保持成对,因此我们将它们成对绞合,从而保持对诱发"共模"噪声的高度免疫力。这些对很容易根据它们的颜色来辨认。例如,一根线为绿色,与其成对的另一根线为白色带有绿色条纹。

如果从连接器端(远离你的电缆)观察一个公"RJ45"(male"RJ45")以太网连接器,其中小的 tap/hook 向下,触点向上,则引脚从右侧编号为 1-8。表 7.12 显示了 EIA-568A 设置中的连接。EIA-568B 是相同的——除了交换橙色/白色和绿色/白色对,但如上所述,选择哪一对没有什么区别。这个奇怪的布局是历史性的,支持与 4 针连接器向后兼容。这样解释可能更容易理解:在中心引脚(4,5)处有一对,在该处的两侧(3,6)有另一对,然后在一边(1,2)处有一对,在另一边(7,8)处有另一对。

表 7.12 EIA-568A 接线方案

电 线 对	电 线	引 脚
1 蓝 + 白	蓝 白 + 蓝	4 5
2 橙 + 白	橙 白 + 橙	6 3
3 绿 + 白	绿 白 + 绿	2 1
4 棕 + 白	棕 白 + 棕	8 7

最初的布线方案是在中心两侧对称地增加一对,这是聪明的做法,但后来就不是这样了。由于噪声,一对电线之间不断增大的空间成为了一个问题,因此被废弃了。无论如何,如果遵循上述说明,则可以使用插线电缆。

如果你要制作自己的以太网电缆,我建议购买以太网测试仪。图 7.17 显示了一台价格低于 10 美元的测试仪。测试仪只需使用电池便可一次测试一根电线,所以如果你在远端看到 1 到 8 的"走灯",就表示电缆是合格的。

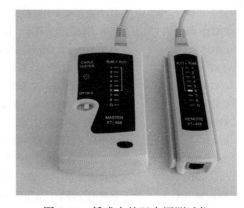

图 7.17 低成本的以太网测试仪

7.23　物理层的问题

在 7.17 节中，我们看到物理层上的问题在 Wireshark 捕获中显示出症状，但并未真正确定下来。硬件工程师在这些情况下应用了眼图。一个好的示例如图 7.18 所示。

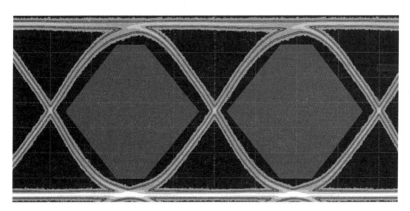

图 7.18　一个不错的眼图

基本上，运行的测试程序以多个序列发送所有"符号"。这些符号相互重叠，并且在时间和/或振幅上的变化很明显。因此，即使测量了各种参数，图表本身也是非常有用的。

然而对于嵌入式程序员来说，启动这样的测试是有一个很大的门槛的，即使设备是可用的，但通常情况下并非如此。

> 我和同事在一个原型中发现了物理层的问题，我们可以把它拆开，但是如果你想在一个封闭的盒子上测量怎么办？如果远处的客户有问题怎么办？我曾经遇到过这样的情况，即可以请客户做一个 Wireshark 捕获并发送给我，但我还没有遇到那个可以说服客户应该做一个眼图的人。应该有更好的方法来诊断物理层问题。然而，一旦诊断出这样的问题，最好启动重型工具来理解和解决问题。

在 Wireshark 中看不到这些东西的主要原因是，损坏的以太网帧也有一个糟糕的校验和。前面已经说过，现代网络接口卡（NIC）具有内置的校验和计算。但是，该声明与 IP 和 TCP 校验和有关。即使是最古老的 NIC 也有基于硬件的以太网 CRC 检查，这比校验和高级得多。在以太网级别上没有重传。如果收到"坏"帧，则将其丢弃。这种情况通常很少发生，因此 TCP 重传是一种很好的简单解决方案。如果你正在使用 UDP，那只是运气不好，因此这取决于你的应用程序的处理。

即使协议栈中没有执行任何操作，也可能存在错误计数器，而且是通常情况下存在。实际上，PC 上的忠实 NIC，通常也是嵌入式系统中的 NIC，都在计算 CRC 错误。你所需要做的就是阅读它们，但是如何阅读呢？

这就是 SNMP（简单网络管理协议）的作用所在。大多数操作系统实际上都支持这一点。你需要做的就是下载 SNMP 客户端，启动它，输入你的 PC 或设备 IP 地址，然后就可以开始工作了。参见 8.4 节。

你还可以获取 SNMP 的库，从而将这类测试构建到你自己的诊断中。这将允许你的客户运行测试并发送结果。

缺乏经验的软件开发人员经常得出这样的结论，即错误不在他们的软件中，而必定是硬件问题。更多的高级开发人员已经经历了如此多的软件错误，以至于他们总是首先在软件中查找错误，然后再多次检查。但是，实际上应该为硬件问题做好准备的一个地方是 PHY（物理层），它位于 MAC 和磁性元件（以及连接器）之间，负责将线路上或多或少的[⊖]模拟波形转换为位模式。许多类型的瞬变[⊖]可能发生在导线上。它们将通过连接器和磁性元件到 PHY，在那里它们可能会阻断信号。在某些情况下，它们甚至可能会击穿 PHY。因此，正确的保护电路非常重要。

7.24　扩展阅读

❏ Kurose 和 Ross：*Computer Networking: A Top-Down Approach*

我曾经根据本书在丹麦技术大学教授课程。当整个网络概念是新的时，自上而下的方法是好的。作为计算机网络 101 的教材，它不能也不应该深入研究，但它提供了一个很好的概述。它还包括一个关于安全性的非常好的章节，包括密码、对称密钥、公钥和私钥等内容。

❏ Laura Chappel：*Wireshark Network Analysis*

关于 Wireshark 方面非常详细的指南。这是一本充满信息和技巧的书。

❏ Stevens：*TCP/IP Illustrated Volume 1*

这是一本关于互联网协议栈的书。现在已经过时了，很遗憾史蒂文斯不会更新它。但它仍然写得非常好。如果对网络感兴趣，那么阅读第 1 卷是必须的。第 2 卷是关于实现堆栈的，第 3 卷是关于应用层协议（如 HTTP）的，建议在这些主题上使用更新的源代码。

❏ Richardson 和 Ruby：*RESTFul Web Services*

这本书非常好地解释了 REST。它并非真正针对嵌入式世界，但所有基本原则都与大型 Web 服务器相同。

❏ tcpipguide.com

一个信息丰富的网站，有许多好的图表。

⊖ 根据"编码方案"，这些位几乎被"按原样"发送或编码为更柔和的波形——在示波器上无法识别。

⊖ 电流和/或电压的短峰值，例如电磁感应。

网 络 工 具

8.1 查找 IP 地址

在 7.5 节，我们讨论了设备如何获取 IP 地址，但我们又如何知道 IP 地址是什么呢？当使用基于 TCP/IP 的设备时，这是一个常见问题。通常你知道要访问哪个 TCP 端口，但 IP 地址是什么？

第一种策略是放弃查找 IP 地址，而只是将其设置为默认值，这是一种很常见的策略。许多设备都有重置按钮，以及用于设置默认 IP 地址和掩码的标签。默认 IP 地址通常是静态地址，例如 192.168.1.1，掩码为 255.255.255.0，换句话说，这个 IP 地址是一个 /24 网络[⊖]中的私有范围中的地址。重置为这个默认值后，你可以在 PC 上配置以太网端口，端口地址为 192.168.1.2，掩码还是 255.255.255.0。然后将 PC 直接连接到设备，就万事具备了。现在，通常将设备设置为首选 IP 地址和掩码，或者设置为 DHCP。完成后，你必须记住将 PC 重置为之前的状态，可能是 DHCP。

第二种策略是使用 IP 扫描器进行暴力破解。如果你在一个诸如家庭办公的小型网络上，并且认为该设备已经在该网络的子网内，这是一个很好的策略。好处之一是无须来回更改 PC 上的设置。

图 8.1 显示了运行中的流行的"Angry IP Scanner"。

图 8.2 显示了类似操作的结果，这次在 iPhone 上使用一个名为"Network Analyzer Pro"的小应用程序。小图标的说明见表 8.1。

⊖ 24 为该网段的 net_id 占了 24 位。——译者注

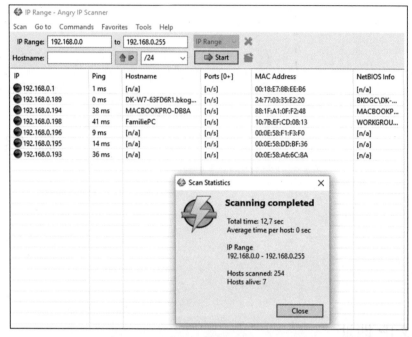

图 8.1   Windows 版的 Angry IP Scanner

图 8.2   iPhone 版的 Net Analyzer Pro

表 8.1 Network Analyzer Pro 的图标

图 标	含 义
G	网关
S	扫描设备（iPhone 本身）
P	可以 ping
U	UPNP/DLNA 服务可用
6	IPv6 可用

如果这是在小型家庭网络上执行的，则第三种策略可能是查看无线 SOHO 路由器。通常有一个表格用于显示网络上的设备，在该表格中，如果有问题的设备已连接到网络，你就可以在此处找到它。

第四种策略是使用网络封包分析软件 Wireshark。将该设备连接到 PC，启动 Wireshark，然后打开设备电源。通常，它会开始对话，如果 IP 地址是静态的，就很容易看到 Wireshark 中的内容。

如果地址不是静态的，那么它将寻找 DHCP 服务器，正如 7.6 节中所述，我们需要提供这种支持。如果将设备连接到我们的公司网络或家庭网络，那么我们将回到之前的选择（IP 扫描器或 SOHO 路由器中的表）。另一种方法是将我们自己的 PC 设置为 DHCP 服务器。在 Linux 上，通常在数据包管理器或类似设置中勾选复选标记，但在 Windows 上，需要找到你可以信任的内容。一位德国开发人员 Uwe Ruttkamp 为 Windows 制作了一个很好的 DHCP 实现，可以在 "dhcpserver.de" 找到，它附带一个易于使用的安装向导，并且完全免费。

在连接到公司网络之前，不要忘记关掉你的私人 DHCP 服务器，因为 IT 人员对"备用"的 DHCP 服务器不太满意。

8.2 交换机作为一种工具

8.2.1 镜像

如果工作中一直使用网络，你就会习惯使用交换机。交换机是一种很好的即插即用设备，它允许你扩展可连接的设备数量，不仅如此，它也是一个很好的工具。虽然 Wireshark 也很好，但是它要运行在你的电脑上，如果你想在两个嵌入式设备之间做测试工作，而这两个设备都太小而不能运行 Wireshark，这时该怎么办呢？

在这里，我们推出管理型交换机（也可以是更好的 "tap"，参见 8.3 节），管理型交换机的售价不到 200 美元，管理型交换机通常能够选择"镜像端口"，这意味着你可以要求交换机在此端口上输出数据，这些数据来自一个或多个其他端口。如果你的两个设备连接到端口 1

和端口 2，可以设置交换机将其中一个端口镜像到端口 3，而端口 3 连接着 PC。图 8.3 所示是一个类似的设置，端口 1（Tx 和 Rx）以及端口 4（仅 Tx）被镜像到端口 8。

在星形配置中，假如它有 1 Gbit/s 的连接，则在两个方向上的速率可以同时是 1 Gbit/s，这意味着镜像端口的输出速率要达到 2 Gbit/s，但这不可能。通常，这不是一个真正的问题，因为大多数传输往往在一个方向上的通信量最高，但这也是我们必须注意的。如果 Wireshark 报告丢失帧，那么这可能就是原因。

交换机可以在任何网络中"按原样"使用，但是当你想要管理它时，通常是通过内置的 Web 服务器来进行管理。为此，交换机必须可以在你的子网中寻址，这意味着需要设置交换机的 IP 地址，当然，还需要知道当前的 IP 地址，这可能会让你左右为难。有关如何解决此问题的内容，请参见 8.1 节。

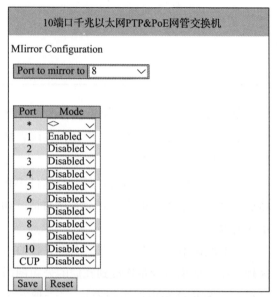

图 8.3　交换机第 8 端口的镜像设置

大多数交换机都有一个带有命令行的 RS-232[⊖]或 USB 接口，可以直接使用而无须知道交换机的 IP 地址。但是，这些接口使用起来很麻烦，并且使用方法还与具体的供应商有关。

8.2.2　统计

管理型交换机具有统计页面。如果你担心嵌入式系统会在物理层上遇到问题，那么你可以先查看一下这个统计页面，尤其是图 8.4 给出的"接收错误计数器"（Receive Error Counters）。

Receive Error Counters	
Rx Drops	0
Rx CRC/Alignment	0
Rx Undersize	0
Rx Oversize	0
Rx Fragments	0
Rx Jabber	0
Rx Filtered	452

图 8.4　交换机统计页面的接收错误计数器

虽然输入的问题会导致很多 TCP 重传，但是这能告诉我们嵌入式系统输出帧的质量。可以使用 SNMP 查看有关输入的信息或进行深入挖掘，详见 8.4 节。

⊖　你可以购买带 USB 转 RS232 转换器的电缆。

8.2.3 模拟丢帧

有时，通过简单地从嵌入式设备中拔出以太网电缆并在几秒后插入，来测试重传和检验整体的鲁棒性的确很诱人。不幸的是，在这种情况下，这样做通常会导致设备和客户端 PC 上的"链路断开"事件，并且你的测试内容将会完全不同。但是，如果在设备和客户端 PC 之间插入两个交换机，并且拔掉交换机之间的网线，则可以避免"链路断开"事件，当然，要重新插入这条网线也很容易。

8.2.4 暂停帧

以太网有一个叫做暂停帧的概念，或者说是 802.3x 的流控制（flow control），它既有优点也有缺点。如果连接的另一端使用暂停帧，非管理型交换机通常也将使用暂停帧，但在管理型交换机中可以选择打开或关闭此功能。见图 8.5。

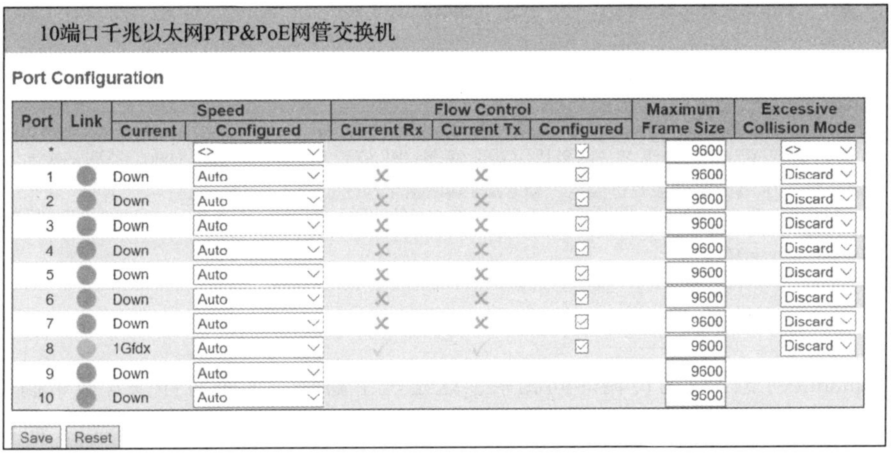

10端口千兆以太网PTP&PoE网管交换机

Port Configuration

Port	Link	Speed Current	Speed Configured	Flow Control Current Rx	Flow Control Current Tx	Flow Control Configured	Maximum Frame Size	Excessive Collision Mode
*		<>	<>			☑	9600	<>
1	●	Down	Auto	✕	✕	☑	9600	Discard
2	●	Down	Auto	✕	✕	☑	9600	Discard
3	●	Down	Auto	✕	✕	☑	9600	Discard
4	●	Down	Auto	✕	✕	☑	9600	Discard
5	●	Down	Auto	✕	✕	☑	9600	Discard
6	●	Down	Auto	✕	✕	☑	9600	Discard
7	●	Down	Auto	✕	✕	☑	9600	Discard
8	●	1Gfdx	Auto	✓	✓	☑	9600	Discard
9	●	Down	Auto				9600	
10	●	Down	Auto				9600	

Save Reset

图 8.5　带流控制的端口设置

这里，流控制配置在交换机上的所有端口上。只有端口 8 是连接的，它与其对等点（peer）协商在两个方向上使用流控制。请注意，这个特定交换机还允许我们设置最大帧的大小，以便激发和测试 IPv4 碎片，参见 7.14 节。

切换流控制开关的能力可以帮助研究给定系统中的优缺点。真正好的是，有时统计数据包括发送的暂停帧数。这可以在图 8.6 中看到。

反对使用暂停帧的理由有两方面：

1）通常，连接使用 TCP，而 TCP 有自己的流控制，这两种流控制可能相互冲突。反对的理由是 TCP 的流控制是端到端的，而且反应慢，而以太网的流控制是在链路的两端，因此可以确保当交换机有满缓冲区并接收帧时不会发生丢包。

端口8上的详细端口统计	
Receive Total	
Rx Packets	2651
Rx Octets	303779
Rx Unicast	303
Rx Multicast	698
Rx Broadcast	1650
Rx Pause	0
Receive Size Counters	
Rx 64 Bytes	1520
Rx 65-127 Bytes	773
Rx 128-255 Bytes	166
Rx 256-511 Bytes	80
Rx 512-1023 Bytes	104
Rx 1024-1526 Bytes	8
Rx 1527- Bytes	0

图 8.6 交换机上的详细端口统计

2）如果"快速"千兆位设备和"慢速"10 Mbit/s 设备连接到同一个交换机，则慢速设备可能导致"背压"，使这台交换机在很长时间内一直阻止一切流量通过。这也是在这样的混合环境中不使用流控制的原因。

图 8.7 是一个 Wireshark 捕获，其中第 1 帧终止了前一个暂停，而第 2 帧启动新的暂停。

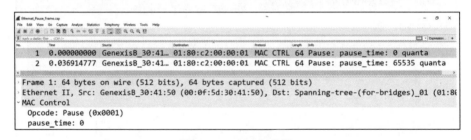

图 8.7 以太网暂停帧

参数 quanta 与 512 位的传输时间相乘，这是一个超时，如果暂停没有被带参数 0 的暂停帧结束（如第 1 帧中所示），那么它就会起作用。MAC 源始终是发送端口，而目的地可以是另一端的 MAC 地址或在 Wireshark 捕获中看到的特殊暂停模式——01:80:c2:00:00:01。Wireshark 的 Info 字段可能会因为将其与生成树关联而有点混乱。

8.3 tap

tap 是插入到两个网络设备之间的设备，它有两个以太网接口分别用于连接这两个网络设备，还有一个接口用于连接 PC。参见图 8.8。

不同的 tap 设备有不同的速度，tap 设备的每个端口的速度一般是 100 Mbit/s 或 1 Gbit/s。tap 上连接 PC 的端口通常是 USB 接口，它带有一个用于 PC 的驱动程序，以便 Wireshark 可以通过它工作。如果它是 USB 3.0 接口，并且你的 PC 支持 USB 3.0 接口，那么它将能够处理全部 1+1 Gbit/s 的流量。

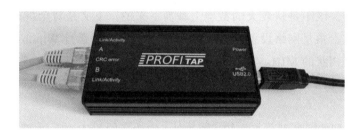

图 8.8 tap 设备

有些 tap 甚至内置了 Wireshark 能够理解的高精度时间戳。因此，这种 tap 比本书前一节提到的管理型交换机更专业、更容易插入，然而，你需要在用到它之前及时购买 tap。与此相反，要用交换机时则不用考虑购买的问题，因为大多数实验室都有交换机。

8.4 SNMP

SNMP（Simple Network Management Protocol，简单网络管理协议）服务器不仅在交换机和路由器等许多网络设备中已经实现，而且在一般的嵌入式操作系统中也实现了。网络设备实现了 MIB（Management Information Base，管理信息库），这是一个对象模型，如 4.5 节所述。

SNMP 服务器收集大量有用的信息，这些信息可以在 SNMP 客户端的帮助下检索。图 8.9 是来自 iReasoning（它不是免费的软件，但是可以试用一个月）的部分截图，可以定义一组设备，从而精确地发现网络中的最薄弱环节。

Result Table	
Name/OID	Value
sysUpTime.0	587 hours 13 minutes 5 seconds (211398545)
sysContact.0	Your System Contact Here
sysContact.0	Your System Contact Here
ipForwarding.0	not-forwarding (2)
ipDefaultTTL.0	128
ipInReceives.0	2480607720
ipInHdrErrors.0	193
ipInAddrErrors.0	1139732972
ipForwDatagrams.0	0
ipInUnknownProtos.0	0
ipInDiscards.0	0
ipInDelivers.0	193614415
ipOutRequests.0	1728609
ipOutDiscards.0	0
ipOutNoRoutes.0	83365
ipReasmTimeout.0	60
ipReasmReqds.0	465
ipReasmOKs.0	166
ipReasmFails.0	1
ipFragOKs.0	0
ipFragFails.0	0
ipFragCreates.0	0
ipAdEntAddr.10.100.47.55	10.100.47.55
ipAdEntAddr.127.0.0.1	127.0.0.1
ipAdEntIfIndex.10.100.47.55	2
ipAdEntIfIndex.127.0.0.1	1
ipAdEntNetMask.10.100.47.55	255.255.240.0
ipAdEntNetMask.127.0.0.1	255.0.0.0
ipAdEntBcastAddr.10.100.47.55	1
ipAdEntBcastAddr.127.0.0.1	1
ipAdEntReasmMaxSize.10.100.47.55	65535
ipAdEntReasmMaxSize.127.0.0.1	65535

图 8.9 SNMP 客户端，包含来自 Windows CE 的大量数据

为了便于阅读，该图是从较大的截屏上裁剪下来的。下文是对全屏的描述，而不是针对图中内容。最左上角是网络设备的 IP 地址，在本例中代表运行 Windows CE 的嵌入式设备。IP 地址下面是树状的 MIB。右上角是实际发送的命令"Get Subtree"，这个实用的命令用于生成包含来自 MIB 的当前数据（位于右侧）。左下角的窗口有关于选定的行的静态帮助信息。

在图中实际看到的屏幕部分是在树（图片外）中选择的 MIB 的一小部分。显然，有很多信息需要理解，但由于几乎不费时费力，所以这可能非常值得一试。和往常一样，像在大海捞针般无头绪的时候，最好有一台正在运行的设备来作对比。

8.5　Wireshark

Wireshark 在本书的网络章节中被广泛使用，当涉及网络时，它是最重要的工具。Wireshark 使用起来并不总是那么容易，如果你的偏好设置发生了某种变化，那么一个给定的捕捉也会随之变化。以下是一些简单的指导原则：

❏ 在右下角有一个小字段"Profile"。打开对话框，然后单击指向 PC 中的配置文件（Profile）所在的位置的链接。现在创建备份。

❏ 根据最高层协议显示"Info"和着色通常很重要——参见"View"→"Coloring Rules"。

❏ 在"Preferences"→"Protocols"中，你应选择 IPv4，然后取消选中"Validate the IPv4 checksum"。对 TCP 做同样的操作。由于验证通常在网卡中完成，因此除非取消选中，否则在 Wireshark 查看数据后校验和错误的取值将为 false(checksum.error=false)。

❏ 在主菜单项"Analyze"中，有一个"Expert Info"项。在捕获后可以由此开始。

❏ 在主菜单项"Statistics"中，有一个"TCP Stream Graphs"项，在该项下有一些非常有价值的子菜单，可帮助你了解 TCP 通信。记住，首先要从相关的流中选择一个数据包，并且最好是在相关方向上。

❏ 在解析所选数据包的中间视图中，你可以选择许多标题字段，然后右击后选择"Apply as Column"或"Apply as Filter"。这个隐藏的选项是无价之宝。

❏ 在顶部视图中，我们有一个概览，你可以选择一个 HTTP 数据包，右击它，然后在上下文菜单中选择"Follow TCP stream"。这将为你提供流上的过滤器，但它也是一个很好的窗口，其中包含完整的请求和明文响应。

❏ 如果流量很大，则最好禁用屏幕更新，以免丢失捕获帧。

❏ 在分析流量时，实际的流量往往无关紧要。你可以要求 Wireshark 只保存如每帧的前 60 个字节，这将为 PC 带来更好的性能。

8.6 网络命令

表 8.2 列出了最通用的网络命令。使用这个列表你可以走得很远。

表 8.2 网络命令（括号中为 Linux 特定名称）

命　　令	用　　途
arp	显示或编辑 arp 表（IP 地址及其 MAC 地址为已知） "-a"显示全部 "-s"可用于手动添加
ipconfig （ifconfig）	显示当前网卡的配置 "/all"提供更多信息 "/renew"会导致 DHCP 更新
netstat	显示当前的 TCP/UDP 连接、其状态和附加进程 "-a"显示全部，包括监听器 "-b"显示可执行文件（警告：慢点！） "-n"使用数字而不是端口的名称 "-o"显示进程 ID
nslookup	DNS 查找。显示 IP 地址、名称等之间的对应关系
ping	查看远程主机是否存在"漏洞"的最简单方法
route	显示或编辑路由表（到网络和主机的路由） "PRINT"显示表 "ADD"允许添加
ssh	现代"secure shell"替代老式的 telnet
telnet	客户端 shell 将键盘命令重定向到远程设备并查看其输出 可以与非默认端口号一起使用手动 http 等 模拟 http 等时，"set localecho"很有用
tracert （traceroute）	跟踪到给定主机的路由 增加 hopcount 时，发送新数据包 通常在每个路由器处递减 当为 0 时，定时消息被送回

8.7 扩展阅读

❑ dhcpserver.de

适用于 Windows 的免费 DHCP 服务器。

- angryip.org

  适用于 Windows、Mac 和 Linux 的 IP 扫描程序。

- ireasoning.com

  SNMP 浏览器的主页（以及 SNMP 代理构建器）。

- Rich Seifert 和 Jim Edwards：*The All-New Switch Book*

  这是一本很棒的书。如果阅读本书，你将了解所有关于交换机的知识。这本书应用于互联网堆栈最下面的两层，并且非常有效。

- Wireshark.org

  Wireshark 的主页。

- telerik.com

  Fiddler 的主页，Fidder 是一个仅用于 http 的分析器。

无线网络

9.1 引言

本章主要讨论 Wi-Fi，其次是蓝牙。在深入研究它们之前，我们先看一下它们的概述。你可以通过多种方式系统地组织种类繁多的无线网络，下面，我们按链路距离的近似降序来分别讨论。

1. 全域

没有哪个系统会具有全域性的（Global）无线链路，允许你不使用中继站就可以在任意两个地方之间进行通话。卫星手机就是一个很好的例子。我们有卫星电话到卫星的上行链路，也有到接收器的下行链路，该接收器通常连接到普通电话网络（目前电话网络已经是互联网的一部分）。类似地，移动电话无线连接到基站，基站要么通过互联网连接到你正在寻址的服务器，要么连接到负责完成与另一个移动电话的通话的另一个基站。

"KNL Networks"（kyynel.net）采取了另一种方法。在短波无线电链路和软件定义无线电的帮助下，它们为海洋中的船只提供互联网。在水上需要一个长链路，而在陆地上单个链路的距离最大为 600 公里。在该场景下，需要中继器以进行长距离传输。

2. LPWAN

低功率广域网络（Low-Power Wide-Area Network，LPWAN）是一组有趣的网络，它们的覆盖范围为 15～50 公里，可与移动/蜂窝网络相媲美。然而，它的传输速率只有移动网络的一小部分，其占空比（duty-cycle）通常也非常低，导致传输速率低至 1 kB 数据/天甚至更低。

当我们手机上有高清视频时，体验为什么明显变得不好了？

当然，关键是低功耗。这些网络可以在一个纽扣电池的支持下运行一年或更长时间。与往常一样，纯粹的技术参数并不是唯一引人关注的参数，更重要的是你如何成为这个俱乐部的一员。例如 Sigfox 公司拥有同名技术，并且是唯一使用它的运营商，所以如果你想要使用 Sigfox，你得依靠它们来建立你所在地区的网络。通过使用 LoRa，你可以自由地建立自己的网络，但是，LoRa 收发器芯片的供应商只有 Semtech。

大多数 LPWAN 使用 ISM 频段，它在欧洲是 868 MHz，在美国和加拿大是 908 MHz，在世界其他地方也是类似。这与 Wi-Fi 使用的 2.4/5 GHz 相差很远，但 LPWAN 可以更好地穿透建筑物。ISM 频段的主要优点是，它像 2.4 GHz 一样，不需要许可证，但由于不同区域内的 ISM 频段不同，因此不能使用另一个地区的设备。

3. 3G/4G

"蜂窝式移动电话"（Cell Phone）和"移动电话"（Mobile Phone）之间最初的差异有点被遗忘，而且二者往往被看成是相同的。"蜂窝"（Cell）术语指的是网络，给定城市被划分为许多蜂窝，这些蜂窝里面拥有连接手机的基站。蜂窝的劣势在于，它只局限于城市内的短距离通信，但它具有重要的优势。由于空气本质上是一种共享介质，并且许可频段的数量有限，因此，假如所有电话都达到大约 100 公里的范围，我们将面临严重的麻烦。相对较小的蜂窝允许运营商在大城市中并行地重复使用相同的频率。需要注意的是，这种短距离的蜂窝网络不适用于农村地区。

另一个问题是强制使用主电源或大电池。最后的问题是 3G/4G 需要 SIM 卡才能访问网络，该网络由拥有资质的公司运营。对于全球设备供应商而言，这意味着需要与各种运营商协商多个协议。E-SIM 是一种新兴标准，该标准允许你挂载全球通用的厂商的芯片，这已经在 Apple Watch Series 3 中得到应用。

4. Wi-Fi

众所周知的 Wi-Fi 通常覆盖范围是 30 ～ 100 米，采用 IEEE 802.11 标准。虽然 2.4 GHz 的频段有些拥挤，但它与 5.0 GHz$^\ominus$相比能更好地穿透建筑物，并且频道更多。2.4 GHz 频段在全世界都是免费的，而 5 GHz 在世界大部分地区是免费的。Wi-Fi 在家庭和消费者中非常受欢迎。

5. 蓝牙

蓝牙也运行在 2.4 GHz 频段，而不在 5 GHz 频段。它使用跳频方案，这使得它对其他网络非常包容，反之亦然。与上述所有类型的网络相反，蓝牙最初由于没有 IP 地址而无法在互联网上路由。这一点在蓝牙低能耗的情况下发生了改变，从而促成了所谓的 6LoWPAN。蓝

　　$\ominus$　5 GHz 频段中的某些子频段仅能用于室内。

牙的范围与 Wi-Fi 相当，但是传输速度要慢得多，在使用 BLE 而不是传统蓝牙时更慢。

6. WPAN

IEEE 802.15.4 定义了 WPAN（Wire Personal Area Network，无线个人局域网），其范围可与蓝牙和 Wi-Fi 相媲美。其中最著名的是 ZigBee，它应用了网格技术，帮助设备充当彼此的路由器。换句话说，一个设备可能离互联网网关很远，但可以使用离网关更近的设备作为垫脚石，这就允许更长的通信距离，但也意味着"下游"设备将比更远的设备消耗更多的能源，并且需要更多的带宽。6LoWPAN 是为这组网络创建的，因此也适用于 ZigBee。ZigBee 也使用 2.4 GHz 频段。

7. 杂项

Z-Wave 是一个网络，在许多方面与 ZigBee 相似，但它属于私有，不受任何 IEEE 标准的控制。基本的 Z 波由于没有 IP 地址而不能路由，但是这里有一个技术补丁，被称为 Z/IP。Z 波采用 ISM 波段，具有良好的穿墙性等。

有一个大型的供应商生态系统，其生产的兼容产品使用 Z 波。产品可以通过云或"HomeSeer"应用程序进行控制，用户可以在本地的例如树莓派等上运行该应用程序。

表 9.1 粗略地比较了各种网络，应对表中所述值的准确性持保留态度。诸如"传输距离"这样的参数通常被夸大，即使可以在这个距离内传输任意信息，其速率通常也非常低。

表 9.1　精选的无线网络

网　　络	LoRa	SigFox	LTE 3/4G	Wi-Fi	BLE	ZigBee	Z 波
传输距离	15 km	50 km	35 km	80 m	200 m	10 m	30 m
频段	ISM	ISM	需执照	2.4/5 GHz	2.4 GHz	2.4 GHz	ISM
峰值速率	50 kbit/s	1 kbit/s	10 Mbit/s	600 Mbit/s	2 Mbit/s	250 kbit/s	100 kbit/s
良好速率	无	无	7 Mbit/s	150 Mbit/s	300 kbit/s	250 kbit/s	100 kbit/s
应用于	城市	城市	手机	局域网	家庭	家庭	家庭
专有性（Proprietary）	无	有	无	无	无	无	有
拓扑结构	对等拓扑	对等拓扑	对等拓扑	对等拓扑	对等拓扑	网格	网格
休眠功率	15 μW	15 μW	20 μW[①]	10 μW	8 μW	4 μW	8 μW
发射功率（TX Power）	200 mW	1 W	5 W	350 mW	25 mW	75 mW	75 mW
射频物理层（RF PHY）	FSK	UNB	LTE	多种	跳频（Freq Hop）	O-QPSK	GFSK
IP 地址	有	有	有	有	有[②]	有[②]	无

① 它的确是 mW

② 通过 6WLoPan

9.2　Wi-Fi 基础

无线技术有很多，其中包括 WLAN，而其余大多数是基于 IEEE 802.11 的。Wi-Fi 联盟已将"Wi-Fi"注册为基于 IEEE 802.11 的产品的商标。这一章主要是关于 Wi-Fi 的。

第 7 章中的许多 Wireshark 捕获实际上是在连接到 Wi-Fi SOHO 路由器的 PC 上完成的。当单独使用 Wireshark 时，你看不到这些细节。然而，如果你从 Riverbed 购买设备"AirPcap"，你就可以获得更多的详情。

常规设置在基础设施模式（infrastructure mode）下运行，其中的无线路由器被称为 AP(接入点)。Wi-Fi 上的所有 iPad、电话、计算机和物联网设备都被称为 STA（station）。它们都在同一共享信道上传输，这意味着一次只能传输一个 AP 或 STA。整个互操作设置是一个基本的服务集，而附近的类似系统可能相互干扰，被称为重叠的基本服务集。

BSSID 用于标识 AP，是无线电的 MAC 地址。SSID（服务集 ID）标识 WLAN，可能存在于许多 AP 上。当一个 AP 处理多个 SSID 时，每个 SSID 都有一个 BSSID。因此，一个 AP 被分配的 MAC 地址数量与它可以服务的 SSID 数量一样多。所有这些术语都列在表 9.2 中。

表 9.2　应用层协议参数

术　　语	解　　释
信道	特定频率
SSID	服务集 ID
STA	站。与 AP 通信的设备
AP	接入点 中间路由器的正确用语
基础设施模式	中间的 AP 的概念
BSS	基本服务集。1 AP + $n \times$ STA
BSSID	给定 BSS 的 ID
OBSS	重叠的 BSS 同一信道上的邻居
HT	定义在 IEEE 802.11n 中的高吞吐量
VHT	定义在 802.11ac 中的超高吞吐量

在 2.4 GHz 频段中，有 11 个信道（在某些国家更多），但它们之间有重叠。如果要避免干扰，可以在信道 1、信道 6 和信道 11 上同时设置单独的基本服务集。Wi-Fi 由 IEEE 802.11 定义，其后缀字母非常重要。第一个正式使用的标准是 802.11b，其后几年是 802.11g，目前是 802.11n 和 802.11ac，这二者都包括 5 GHz 频段。如果你有 802.11b 设备，那么你应该把它扔掉。它独占广播时间，后面我们会看到这一点。

9.3　接入点作为中继器

接入点最常见的用途是访问互联网，它也因此而得名。SOHO（small office/home office）路由器具有连接到互联网的单个有线连接，通常标记为 WAN（广域网），同时通过 Wi-Fi 向多个设备提供本地连接。通常，路由器还具有少量有线的以太网端口，其作用类似于连接到两端路由器的交换机，参见前面的图 7.2。

iPad、手机或 PC 用户很少注意到需要互连这些设备，他们只需要访问互联网。但是，在家庭或办公室中，你经常需要连接到打印机或带有电影或备份的 NAS 磁盘，以及类似 Sonos 等音乐系统。连接这些设备的最佳方式是通过路由器中的有线以太网端口，但这并非总是可行的。人们越来越需要将像 iPad 这样的 STA 连接到无线物联网设备，如空气质量检测、供暖和灯光等设备，这些设备也是 STA，因此 STA 需要彼此通信。

在下文中，我们将研究 AP（路由器）帮助 STA（设备）彼此通信的场景。这可以为理解 Wi-Fi 技术的可能性和局限性提供良好的背景。单个无线 STA 连接到互联网，基本上是这种场景的一个子集。

当有一个接入点时，我们在基础设施模式下运行，这是使用 Wi-Fi 的常用方式。在有线网络中，节点可以直接通信或通过交换机进行通信——使用单播、多播或广播。然而，在标准的 Wi-Fi 基础设施系统中，所有通信都必须使用接入点作为垫脚石。你可能会想，接入点和交换机的差异是什么？它们有两个主要差异：

1）在有线交换机中，流量可以同时进出所有端口（如果交换机良好）。在 Wi-Fi 场景中，由于空气是共享介质，因此在任何给定时间只有一个 STA 或 AP 可以"对话"。这很像旧的以太网同轴网络，甚至像共享单个信道的经典无线电通信——强迫用户以"完毕"一词结束所有贡献（以及"收到"用于告知收到）。

2）在有线交换机中，根据 MAC 地址，流量在第 2 层（以太网）中转，这完全透明，无须更改为以太网帧。在 Wi-Fi 的情况下，我们使用路由器，这意味着流量在第 3 层路由。第 2 层的流量（使用 802.11 协议的无线电流量）由路由器打开并重新打包成新的第 2 层流量。

我们现在将使用带有"AirPcap"的 Wireshark 来查看多播场景，AirPcap 是一种捕捉无线流量的设备，并提供有关 802.11 帧的信息，我们稍后将会看到。

STA"希望"将多播帧发送到基本服务集中的其他 STA，它的方法是向 AP 发送消息，然后 AP 将其多播到所有 STA，参见图 9.1。

Time	Source	Destination	Protocol	Data rate	Info
2419 *REF*	192.168.1.12	239.0.0.222	UDP	130	57341 → 15000
2420 0.000002		IntelCor_35:db:68 …	802.11	24	Acknowledgemen
2421 0.000057	192.168.1.12	239.0.0.222	UDP	6	57341 → 15000

图 9.1　Wi-Fi 上的双重多播

当一个 STA 发送任意内容时，根据定义，它是发送给 AP 的，而另一个 STA 在传输期间进入休眠模式以节省电力。为了帮助解决这个问题，通常在所有帧中都有关于预期持续时间的信息，详见后续的 9.9 节。图 9.1 中的第 2419 帧是从 STA 发送到 AP，而第 2421 帧是相同的数据从 AP 发送到所有 STA。在设置 AirPcap 时，选择 PPI（per-package-information，每包信息），如图 9.2 和图 9.3 中两帧的展开所示。

```
Frame 2419: 406 bytes on wire (3248 bits), 406 bytes captur
PPI version 0, 84 bytes
802.11 radio information
IEEE 802.11 QoS Data, Flags: .......T.
  Type/Subtype: QoS Data (0x0028)
  Frame Control Field: 0x8801
  .000 0000 0011 0000 = Duration: 48 microseconds
  Receiver address: Ubiquiti_54:ad:6f (dc:9f:db:54:ad:6f)
  Destination address: IPv4mcast_de (01:00:5e:00:00:de)
  Transmitter address: IntelCor_35:db:68 (24:77:03:35:db:68)
  Source address: IntelCor_35:db:68 (24:77:03:35:db:68)
  BSS Id: Ubiquiti_54:ad:6f (dc:9f:db:54:ad:6f)
  STA address: IntelCor_35:db:68 (24:77:03:35:db:68)
```

图 9.2　从 STA 到 AP 的第 2419 帧

```
Frame 2421: 352 bytes on wire (2816 bits), 352 bytes captur
PPI version 0, 32 bytes
802.11 radio information
IEEE 802.11 Data, Flags: ......F.C
  Type/Subtype: Data (0x0020)
  Frame Control Field: 0x0802
  .000 0000 0000 0000 = Duration: 0 microseconds
  Receiver address: IPv4mcast_de (01:00:5e:00:00:de)
  Destination address: IPv4mcast_de (01:00:5e:00:00:de)
  Transmitter address: Ubiquiti_54:ad:6f (dc:9f:db:54:ad:6f)
  Source address: IntelCor_35:db:68 (24:77:03:35:db:68)
  BSS Id: Ubiquiti_54:ad:6f (dc:9f:db:54:ad:6f)
  STA address: IPv4mcast_de (01:00:5e:00:00:de)
```

图 9.3　从 AP 到 STA 的第 2421 帧

分析这两个帧我们得出以下结论：

1）第 2419 帧以 802.11n 的速度 130 Mbit/s 从 STA 发送。这是可能的，因为 STA 知道唯一的接收器（AP）可以处理这个速度（我们稍后会看到 STA 是如何知道的）。

2）第 2421 帧以 802.11g 的速度 6 Mbit/s 从 AP 发送，这个速度作为最低的共同特性，确保旧的 802.11g 设备能够理解它。

如果 802.11b 设备存在，情况会更糟。通常，AP 可以被设置为传统模式（legacy mode），此时，即使没有检测到 802.11b 设备，它也遵循 802.11b 标准，或者它可以处于混合模式，如果看到 802.11b 设备，AP 也会考虑它们。最后一种模式是 greenfield，只考虑 802.11n 设备，与没有 802.11b 设备的混合模式相比，价值提升不大，所以使用混合模式是安全的⊖。

　⊖　这些条款可能因供应商而异。

3）当观察 Wireshark 中的无线传输时，你会首先看到即使发送方和接收方不变，传输速度从一帧到下一帧也会发生变化。如果噪声造成太多的错误，那么从 STA 到 AP 的下一帧的速度可能低于 130 Mbit/s。

4）右击 Wireshark 概述窗口中的一行时，会弹出菜单。这里选择第 2419 帧作为时钟参考（time reference），则此时以下时间戳与此相关。请注意，同一抓包中允许使用多个 REFerence 时间戳。在读时差时要小心：可能会错过中间的 REF。我们看到从发送第 2419 帧到发送第 2421 帧的时间是 57 μs。理论上，以 6 Mbit/s 发送 352 位需要 58.7 μs。

5）UDP 层的帧和 IP 层的帧相同。STA 在这些层发送了标准的多播，然而，在 802.11 层，只有第 2421 帧是多播。

6）两个帧都将"MAC 源"记录为 IntelCor_35:db:68，将 MAC 目的地记录为多播地址 01:00:5e:00:00:de。

7）两个帧中的 BSS ID 都是 ubiquiti_54:ad:6f，即接入点的 MAC 地址。

8）第 2419 帧具有"发送器地址"，该地址与其 MAC 源 IntelCor_35:db:68 相同，第 2419 帧还具有"接收器地址"，即接入点（ubiquiti_54:ad:6f）。

9）第 2421 帧具有"发送器地址"，该地址与 AP 的 MAC 相同，均为 ubiquiti_54:ad:6f，第 2421 帧还具有"接收器地址"——多播 01:00:5e:00:00:de。

虽然有线以太网帧仅具有源和目的地 MAC 地址，但无线以太网还有空间容纳四个 MAC 地址以及"to DS"和"from DS"位。幸运的是，Wireshark 为我们解释了这一点，见表 9.3。

表 9.3　用于 Wi-Fi 节点的 Wireshark 术语

术　　语	解　　释
源	原始源的 MAC
目的地	原始目的地的 MAC
发送器	当前发送无线电的 MAC
接收器	当前接收无线电的 MAC

换句话说，Wireshark 帮助我们保留原始的"源"和"目的地"术语，并可让无线电层的参与者使用"接收器"和"发送器"。

9.4　如何计算速度

在 9.3 节，我们看到了 Wireshark 列出的不同速度，但这些速度是如何获得的呢？这是一个非常先进的话题，我们将重点关注以下主要参数：

❑ MCS 索引

该索引是空间流、调制类型和编码率的组合。空间流是"空间"中的独立数据流。调制类型描述了每个发送符号可以具有的状态数。一个位（bit）只有两种状态，但是例如 64-QAM 的每个符号有 64 个状态，对应于 6 位。编码速率是在考虑纠错的情况下传输信息的"真实速率"，此信息包括原始有效负载以及由其他层添加的头部。

❑ 带宽

当我们说 2.4 GHz 范围内有 11 个信道时，每个信道的宽度为 20 MHz。可以将两个 20 MHz 的信道绑定在一起组合成一个 40 MHz 的信道，但是在使用时，将花费 2.4 GHz 频带的 2/3（仍然是时间共享信道）。

❑ 保护间隔

这是符号之间的空间。普通保护为 800 ns，短保护为 400 ns。请注意，AirPcap 仅支持普通保护。

❑ 子载波

如上所述，我们可能在 2.4 GHz 范围内有多个信道，这些信道都接近 2.4 GHz，但实际上它们的间隔为 5 MHz。信道 1 为 2412 MHz，信道 2 为 2417 MHz 等。有了这些信息，难怪 20 MHz 宽的信道会侵入相邻信道，只保证信道 1、信道 6 和信道 11 不受干扰。使用 OFDM（正交频分复用）后，每个信道被分成多个子信道，或者更确切地说是子载波。子载波的合成和解码要分别用到 iFFT 和 FFT（（逆）快速傅里叶变换）技术。

如果 MCS 索引为 7，保护间隔较长且信道为 20MHz，则数据速率的计算如表 9.4 所示。

表 9.4　Wi-Fi 数据速率计算

因　　素	值
空间流	1 流
64-QAM = 64 状态/符号	6 位/符号
每个符号 4 μs，包括长保护	250 k/s
20 MHz 的子载波	52
前向校正后离开	5/6
总计：1×6 位 ×250 k/s×52×5/6	65 Mbit/s

一个短保护将 4 μs 减少 0.4 μs，使速度提高 11%。你可以在维基百科和其他地方找到 MCS 索引表，这些索引表内置于 Wireshark 中。

该速度是没有重传且没有与其他设备共享信道的最大理论速度。

9.5　案例：Wi-Fi 数据传输

图 9.4 显示了一个带有数据生成设备的场景[○]，该设备连接到一个小的华硕路由器。

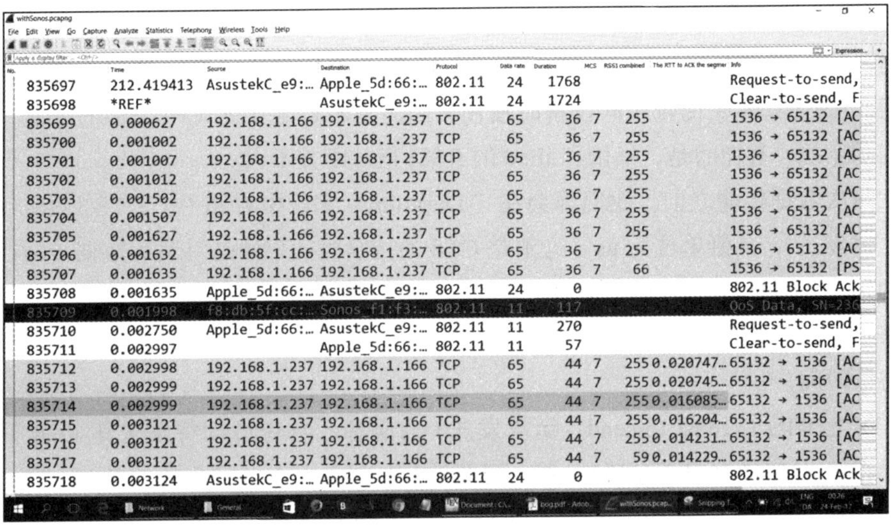

图 9.4　Wi-Fi 全速前进

通过这种方式，数据被传输到"pre-Air"iPad。记录由 AirPcap 完成，AirPcap 的标头来自 802.11 层的 PPI 标头。Wireshark 的一个出色功能是，当你"打开"解析器时，你可以右击一个你感兴趣的值并选择"Show as Column"（显示为列）。在图 9.4 中，已经对"Protocol"和"Info"之间显示的所有列进行了处理，这些列包括数据速率（data rate），持续时间（duration（μs））、MCS 索引（MCS index）、RSSI 和 RTT。

让我们来看看案例：

❑ 在另一个 AP 上运行的 Sonos 音乐系统正在进行一些小的通信，这在标为黑色的第 835709 帧可以看到。它似乎不会引起问题。

❑ 所有 TCP 通信都发生在聚合帧中。在最新的无线标准中，聚合帧是一个非常重要的部分。正如我们稍后将会看到（9.8 节），在启动传输之前会有很多开销，因此，一旦开始就应该"继续下去"。

忽略前两行，我们首先从该设备通过华硕 AP 获得 9 帧的聚合 TCP 数据块，总计 13890 字节（隐藏列中为 8 × 1622 + 914）。接下来是来自 iPad STA 的应答，总共有 6 个 TCP 帧。基于之前对同一场景在有线情况下的分析，我们知道这些都是 ACK（确认消息）。Wireshark 在"RTT"栏证实了这一点，这一栏 Wireshark 计算了往返时间，这只能通过检测先前报文上的 ACK 来计算。有趣的是，RTT 为 14 ～ 20 毫秒，这与

○　4.9 节中描述的 LAN-XI 模块。

5～10 个聚合帧的持续时间大致相同。

❑ 数据与 MCS 索引 7 一起发送,我们知道这是 20 MHz 频段(表 9.4)和长保护(SGI(短保护间隔)假)。TxRate 显示 65 Mbit/s,这与 9.4 节中的计算一致。

❑ RSSI(接收信号的强度指示)显示,所有聚合 TCP 帧都是 255,除了每个聚合中的最后一个,即来自华硕的 66 和来自 iPad 的 59。该数字表示接收功率,应忽略"255"值。RSSI 只能在比较相同设备时使用,因为它不是源于 mW 或类似的东西,而是相当随意的。有趣的是,华硕和 iPad 的 RSSI 值差距并不大。

❑ 在每次数据传输之前,我们都会在"Duration"字段中看到一个 CTS(clear-to-send,允许发送),其值单位为 μs。这不是 CTS 的持续时间,而是对其后数据传输持续时间的估计。通过将 CTS 标记为 REFerence,可以很容易地根据聚合传输的实际持续时间来检查这个估计持续时间。9.9 节对此进行了更详细的说明。这一估计最适用于较长持续时间。

❑ CTS 是 RTS(requst-to-send,请求发送)的应答。当 iPad 即将发送其 ACK 时,我们会在第 835710 帧和第 835719 帧(视图外)中看到从 iPad 到华硕的 RTS,紧接着又看到华硕 AP 的 CTS。由于 CTS 和 RTS 是从不同的设备发送的,因此它们可能会覆盖更广泛的受众。

想象一下,比如邻近的网络离华硕路由器是如此远,以致两个接入点都不能看到对方,不过,一个网络中的一个或多个 STA 将会受到相邻 AP 或相邻 STA 的干扰,这就是所谓的隐藏终端问题(hidden terminal problem)。在这种情况下,相邻 STA 仍然会看到 CTS 或 RTS,并会理解什么时候该保持安静。

❑ 我们还会在华硕 STA 即将发送之前看到 RTS-CTS 对。这是为什么?这是一个基础设施系统:只要 AP 正在传输,STA 就会关闭。CTS 上没有发送器,目的地只有华硕。对此的解释是,华硕 AP 正在询问并给予自己许可,这在一定程度上是为了提醒相邻 BSS,这个信道将被占用,另外是为了告诉本网络上的其他 STA,它们也可以在传输期间小憩,以节省能源。

图 9.5 显示了另一个应用的工具 Chanalyzer,该工具来自 MetaGeek 且带有 Wi-Spy。我们在 6 号信道上进行了测量,也在名为 BK3660A-100039 的 SSID 上进行了测量。

图 9.5 底部的表格中有关 Wi-Fi SSID 的信息来自 PC 无线 NIC。根据这些信息,该工具根据实际测量值绘制一个给定网络的"概要",见虚线。

这个工具不但很漂亮,还是一个很好的工具。我们在 Wireshark 上仅可以看到物理层之上的很多东西。并且你在 Wireshark 中可能会遇到重传方面的连接问题。物理层的噪声都可能产生干扰,这些噪声来自包括微波炉、无线鼠标或红外线移动探测器。这些噪声可以通过 Wi-Spy 等工具测出,该工具包括已知噪声源的"标准特征",这可能有助于找到罪魁祸首。

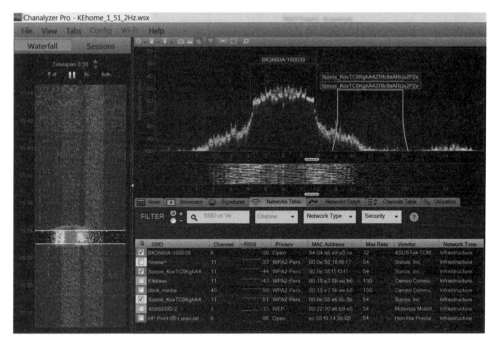

图 9.5　传输的 Wi-Fi 频谱

9.6　案例：信标

我们没有完全完成上一节中的传输。有趣的是我们为什么以 MCS 索引 7 结束，以及为什么只有 20 MHz 带宽。这是因为华硕 AP 应该能够支持信道绑定，即将两个 20 MHz 信道连接成一个 40 MHz 的信道。即使在 20 MHz 模式下，我们也应该能够达到 72 Mbit/s，如图 9.5 所示。

接入点周期性地（通常每 100 ms）发射所谓的信标（beacon），这些信标的广播以缓慢而稳健的数据速率发送，以确保附近的所有 STA 都可以看到它们，哪怕是更老的类型。这个广播的一个重要部分是 SSID，它允许你在网络之间进行选择。AP 还传输有关其性能的大量信息。图 9.6 显示了华硕 AP 的信标。

图中有"HT 性能信息"，"HT"表示"高吞吐量"，与 802.11n 标准有关。图中显示，华硕 AP 表示它运行时只支持 20 MHz，但为什么它会声称支持 40 MHz 的"短保护"？事实证明它实际上可以执行 40 MHz 操作，但在本次会话中，此功能被禁用。

STA 可能会在展示其功能的地方探测请求（probe requests），这个记录中未捕获任何单个探测请求。STA 可以在被动模式下运行，在该模式下它不发出探测请求，而只是使用双方性能的共同特性连接到 AP。

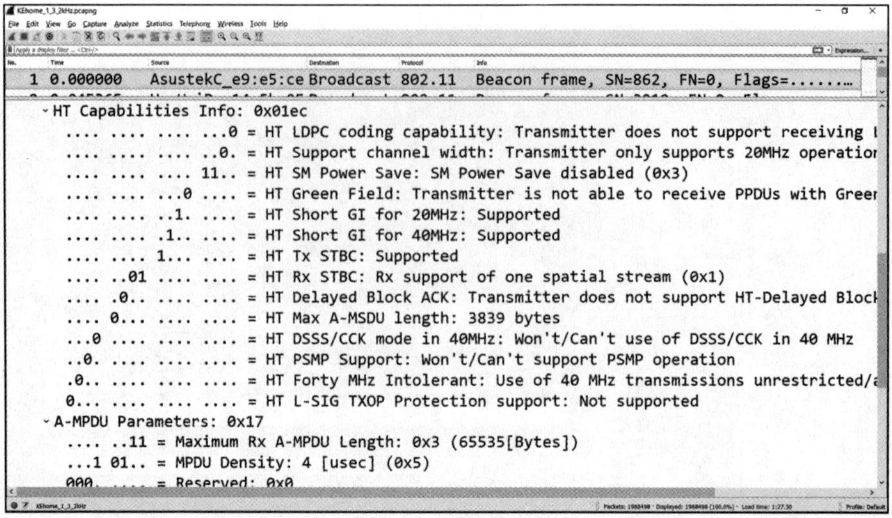

图 9.6　来自华硕 AP 的信标

　　当时使用的 iPad 既不支持 40 MHz 信道也不支持"短保护"，因此产生的流量以单个 20 MHz 信道和长保护结束，从而使我们的 MCS 索引值为 7，并以 65 Mbit/s 的速度前进。AirPcap 也不支持短保护间隔，如果两个设备都支持短保护间隔，那么我们将无法跟踪传输。无论如何，为了进行调试，我们只需在其中一个设备上禁用短保护。图 9.7 显示了来自类似的未连接 iPad 的探测请求。信标和探针也用于决定使用哪种加密，请参阅10.15 节。

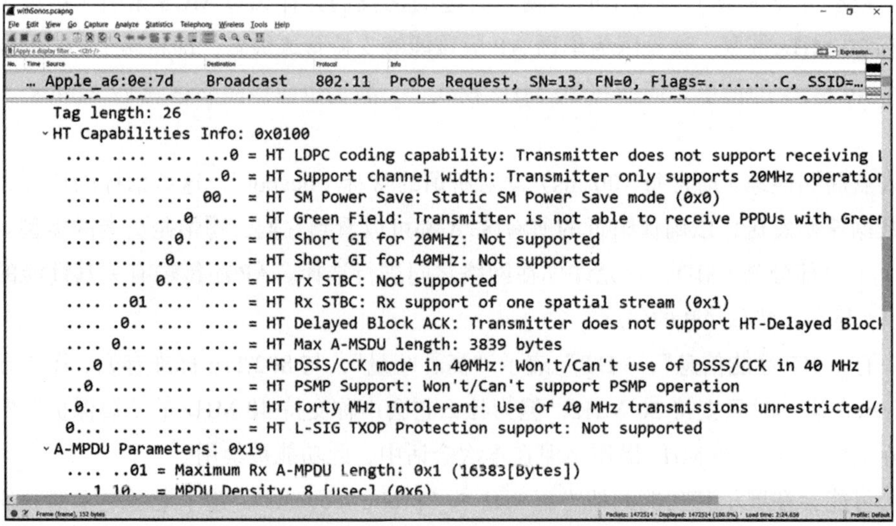

图 9.7　来自 iPad STA 的探针

9.7　案例：奇怪的滞后

这个设置我们研究了一段时间，它工作正常。在 GUI 上有"移动曲线"并且没有数据丢失。然而，偶尔有一个短暂的"犹豫"（hesitation），它大概每 5 分钟出现一次。在 Wireshark 中选择"Statistics"，然后在更长时间的抓包中选择"I/O-graph"，构建出图 9.8。

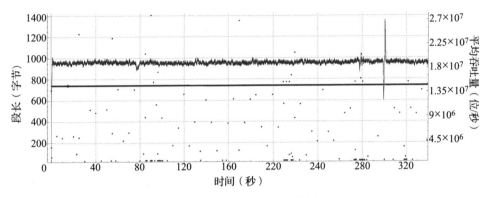

图 9.8　Wireshark 吞吐量图

图中最上面的锯齿线接近 20M 位/秒（y 轴在右边，不易阅读），这条锯齿线代表数据流方向上的数据。锯齿线下面更平稳的一行是段长（以字节为单位），这与本讨论不太相关（y 轴在左侧）。很明显，在开始传输和 Wireshark 抓包之后的 5 分钟内，确实发生了一些事情，因为难以阅读的相邻主网格线位于 280 s 和 320 s 的位置。"下潜"的面积与不久后高峰的面积相匹配，这意味着传输赶上了高峰，没有数据丢失。然而，下潜验证了应用程序中经历的"犹豫"。在图 9.9 中的 RTT（往返时间）上绘制的类似图表验证了这种滞后性。

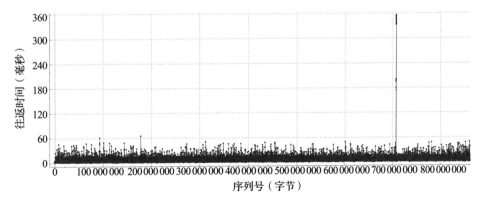

图 9.9　Wireshark RTT 图

在短暂的持续时间中，RTT 从不足 60 毫秒变成 360 毫秒。这里的 x 轴难以读取，但最近的主网格线表示 700 000 000 字节。在低于 20 Mbit/s 的稳定传输速率下，该网格线在峰值之前不久，略高于（700 000 000 字节 × 8 位/字节）/20 Mbit/s = 280 秒。

通过浏览标准，很明显，根据 802.11n，所有 STA 都需要每隔 300 秒扫描一次所有 Wi-Fi 信道，并将其结果报告给 AP。AP 收集这个信息并将其传播到所有 STA，以便它们可以更新其"导航向量"。这有助于处理隐藏的终端。知道现在要查找什么之后，便生成了图 9.10。

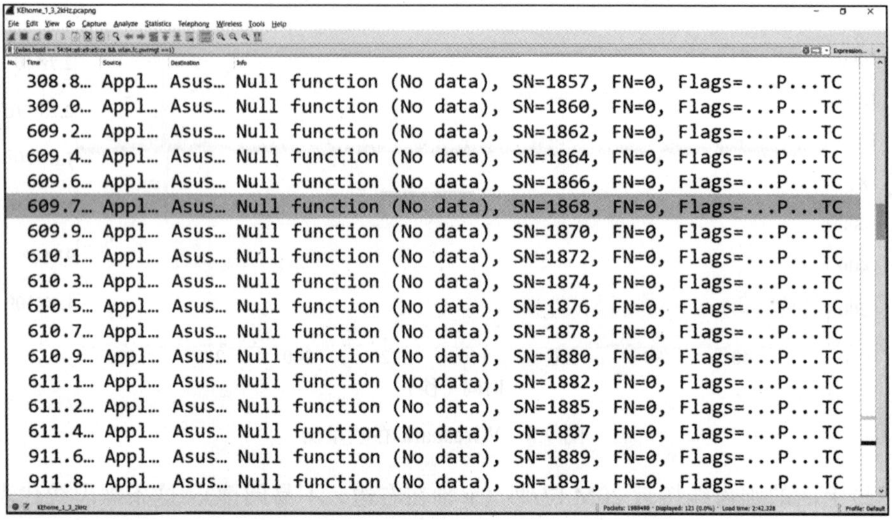

图 9.10　iPad 的"power nap"——每 300 秒休息 13 次

该图显示了"电源管理"位（在 Info 字段中显示为"P"）上的 Wireshark 显示过滤器和相关的 BSSID（AP 的 MAC 地址）。每隔 300 秒，iPad 需要 13 个小的"power nap"。从技术上讲，2.4 GHz 频段有 14 个信道（并非在所有地方都是合法的），当 iPad 正在监听其中一个信道时，它需要每隔 300 秒扫描余下的 13 个信道。

这些"power nap"可以影响任何应用。在这种连续进行数据的流式传输的情况下，我们在屏幕上清楚地看到它是一种"犹豫"。如果我们使用更高的数据速率，我们就会丢失数据。在更正常的情况下，这意味着最大延迟比简单测量所建议的要长。

9.8　聚合帧

随着更智能的编码类型的发展，很明显，突出的问题是每个帧所产生的开销。当平均每个事物有很多开销时，通常的解决方案是捆绑并分担开销，这被称为聚合，在 9.5 节中我们看到了"聚合帧"。

聚合的东西是 PDU（Protocol Data Units，协议数据单元）。PDU 在任意层上都是松散地

　　⊖　power nap 能让 iPad 在休眠状态下定期检查新邮件、日历及其他 iCloud 更新之类的操作。——译者注

声明"包"的。如前所述，以太网中 PDU 的正确术语是"帧"，在 IP 中 PDU 是"分组"，而在 TCP 中 PDU 是"分段"。在应用层，PDU 是"消息"或简称为"数据"。MPDU 是 MAC PDU，换句话说，就是进出 MAC 的数据包。有两种容易混淆的类型：

1）A-MPDU。聚合 MAC 协议数据单元。

2）A-MSDU。聚合 MAC 服务数据单元。

我们将重点介绍第一个类型，我们曾经在 9.5 节中使用过它。在稍后的测试中，我们会使用与之前类似的硬件，但是这次使用加载到同类型的华硕路由器的 OpenWRT 固件，抓包如图 9.11 所示，这是本节和下一节的情况。OpenWRT 在 6.10 节中描述。

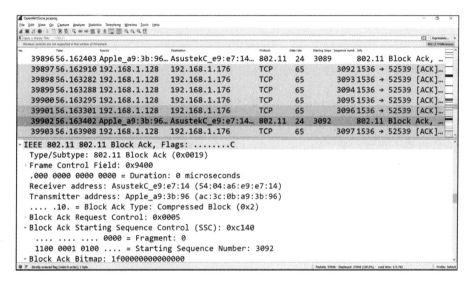

图 9.11　A-MPDU 及其内容

图 9.11 还告诉我们：

☐ 数据基本上从 192.168.1.128 发送到接入点，这个接入点是华硕（Asus），华硕与 iPad 通过无线连接。换句话说，与前面所研究的设置相同。

☐ 设置 Wireshark 以显示 A-MPDU 序列号，方法是在一个帧的展开中查找并单击 "Apply as Column"。同样，块确认（Block Acknowledge）中的"数据速率"（data tate）和"起始序列号"（Starting Sequence number）被选择为列。

☐ 第 39897 帧至第 39901 帧共 5 个帧实际上都包含在单个的 802.11 A-MPDU 中，这 5 个帧的序列号分别是 3092 至 3096。换言之，这里的单个 802.11 A-MPDU 聚合了 5 个 MPDU。

☐ 第 39902 帧是一个 802.11 块确认帧，由于它是被选中的帧，所以在中间窗口中被单独切分出来。我们可从图中看到，起始序列号是 3092，图中最后一行表明，位图

"1f000⋯⋯"有五个"1"位，其余 64 位是"0"，这对应于第 39897~39901 帧中的序列号。因此，我们得到一个结论——此时的 RTT（往返时间）较短。

☐ 在"1f000⋯⋯"的下一行（不可见），Wireshark 声明："缺少第 3097 帧⋯⋯第 3098 帧⋯⋯"，这可能有些误导。Wireshark 解释了位掩码中的零，由于它总是 64 位，因此 Wireshark 不必为"丢失的帧"作以上声明，这些帧并未丢失，只是尚未可见而已。

☐ 使用 PHY 型 802.11n 以 65 Mbit/s 发送数据，是华硕和 iPad 都支持的。然而，块 ACK 在 PHY 型 802.11g 中以 24 Mbit/s 发送。这是因为接入点（华硕）的配置支持 802.11g。网络上的"g"STAtion 使用此信息，因为它使用 RTS 和 CTS。以三分之一的速度发送这些相对较短的帧并不会导致巨大的性能问题。

9.9 信道评估

我们已经多次看到"request-to-send"（请求发送）和"clear-to-send"（允许发送），这两个术语很古老，至少可以被追溯到 RS-232，但现代 Wi-Fi 中 RTS/CTS 背后的技术更复杂。如果 802.11n 在世界上是独一无二的（greenfield 模式），则其不需要这些，但其现代变体已被证明非常强大，见图 9.12。

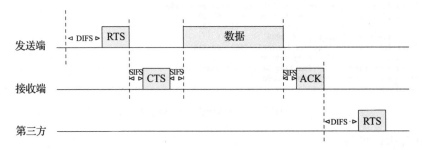

DIFS=Distributed Interframe Space，分布式帧间隙
SIFS=Short Interframe Space，短帧隙
RTS=Request-To-Send（请求发送，包括数据传输时间）
CTS=Clear-To-Send（允许发送，包括数据传输时间）

图 9.12 使用 RTS 和 CTS 进行信道评估

RTS 由"准 STA 发送器"在空中沉寂一段时间后发送到 AP，这段时间被称为 DIFS（分布式帧间隙）。如果这与来自另一个 STA 或 AP 的类似传输冲突，则它将中止并稍后重试"半随机延迟"。这就如同传统的以太网同轴电缆，其中也有共享介质。

RTS 包含期望的传输时间和接收器的地址，以允许第三方调整其 NAV（网络分配矢量）并休眠直到预期的最终 ACK 结束。CTS 的作用类似，但是当它从 AP 发送时，它可能会到达其他第三方（隐藏的终端问题）。一旦我们有了一个指定的"发送器–接收器"对，帧与帧之间的"空载时间"就可以缩短，这将提高传输速度。缩短的空载时间被称为 SIFS（短帧隙）。

STA 或 AP 可以使用"CTS-to-self"来防范不了解 802.11n 协议的那些邻居。

9.10　低功耗蓝牙

几年前，一场关于 Wi-Fi 和蓝牙中的哪个成为首选无线连接的"战争"打响了。Wi-Fi 赢了的主要原因之一是 802.11（Wi-Fi）建立在现有的以太网协议之上，这提供了所需的连通性。个人计算机以及后来的手机和平板电脑在连接到现有网络的廉价 Wi-Fi 路由器的帮助下，可以连接到世界上的任何服务器。

从那时起，Wi-Fi 就一直关注性能，并且使越来越多的流量通过它。当然，由于 Wi-Fi 在笔记本电脑上的大量使用，节能也很令人关注，但是在使用像 Chromecast⊖这样的设备时，通常 AP 和 Chromecast 都有电源。在这里，你需要高分辨率的 Netflix⊖而不会出现故障。

与此同时，蓝牙在"小设备到手机"（small-device-to-phone) 的市场中找到了一个日益增长而有利可图的市场。在这里，你不需要路由到互联网，而只需要将耳机或其他东西连接到你的手机。因此，在"小型设备"市场中，蓝牙非常有名，而且大家主要关注的是电池电量。

现在每个人都在为物联网做准备，"战争"又要重新开始了。Wi-Fi 在电源方面比蓝牙弱，这突然变得非常重要，因为物联网设备可能不像笔记本电脑和手机那样频繁地连接到电源。经典蓝牙仍然不具备连接性，并且性能落后。另一方面，低功耗蓝牙又确实具有连接性，它不像经典蓝牙那样是为持久的点对点连接而创建，而是为了快速连接并快速卸载而创建，就像 UDP 一样。

表 9.5 是经典蓝牙和低功耗蓝牙（Bluetooth Low Energy，又称 Bluetooth Smart）的比较。

表 9.5　经典蓝牙与低功耗蓝牙的对比

特　性	经典蓝牙	低功耗蓝牙
带宽	2.4 GHz	2.4 GHz
距离	30 m	50 m
数据速率	2100 kByte/s	260（650）kByte/s
最大发射功率	100 dBm	10 dBm
最大峰值电流	30 mA	15 mA
最大休眠电流	—	1 μA
广播/信标概念	无	有
连接 + 断开（connect up+down）	300 ms	3 ms

⊖　Chromecast 是谷歌在 2013 年推出的一款小型"接收器"设备。——译者注
⊖　Netflix 是美国一家在线影片租赁提供商。——译者注

低功耗蓝牙中的数据速率取决于你选择的模式。低功耗蓝牙的第一个版本具有非常短的帧（39 个字节），但是在基于 4.2 标准的扩展版本中，帧可达 257 个字节。这就解释了为什么理论上的最大速率会在表 9.5 中有两个。广播概念是低功耗蓝牙的新概念。Apple 拥有 iBeacon 概念，只能广播，而且从不做其他事情。它可以用在百货公司或博物馆里，使你在那里拿着你的 iPhone 四处走动时可以获取不同的信息、轶事或新闻。

蓝牙 5 是在 2016 年末发布的它没有期望的 mesh 技术，mesh 技术是后来才出现的。蓝牙 5 宣称拥有双倍的速度或范围（有时甚至更多），这归功于新的具有更高级的符号编码的 PHY。似乎可以比 4.2 标准使用更少的能源但又能获得双倍速度。因此，蓝牙 5 可以节省能源。

Wi-Fi 和蓝牙之间的"战争"可能再次开始，但规则已经改变。我们现在听说的无线物联网设备，应该在电池上运行很长时间，每分钟只发送一次或接收一次小广告甚至更少。一个很好的猜测是，蓝牙厂商已经决定避免一场直接的"战争"，而是把赌注押在他们最大的优点——更低的功耗上。这就是他们发明低功耗蓝牙的原因。低功耗蓝牙正在加强他们擅长的方面。但是连接性呢？物联网设备不仅要连接到你的个人电话，还要连接到云端。因此，蓝牙 4.2 中的低功耗蓝牙具有一些额外的连接方式，见表 9.6。

表 9.6　低功耗蓝牙连接方式

名　称	含　义	用　途
GATT	REST API	服务器
HTTP	代理服务	客户端
6LoWPAN	IPv6 隧道	客户端和服务器

这些方式都不能直接将设备连接到云端，它们都需要网关功能，这些功能可能在手机或更静态的专用设备中。GATT（见表 9.6）解决方案适用于安装低功耗蓝牙，也适用于位于家庭或工作场所的低功耗蓝牙设备，这些设备在"低功耗蓝牙网关"可及范围内，内置 HTTP 服务器（例如通过 Wi-Fi 静态连接到互联网网关）。这允许雇主/雇员在世界任何地方拿起他的电话，并在网关中调用 HTTP 服务器。通过这个，该设备可以检查温度、打开暖气、调用上个月的体重测量（bath-weight measurements）等，这是一个现成的解决方案。

第二个解决方案中设备内部的客户端需要调用云中的某个东西。要做到这一点，它需要一个"代理"，这次是一个 HTTP 客户端，这个客户端可以是跟以前一样的网关，它也可以是手机。当然后者使它的运行更加断断续续。

6LoWPAN 就像一个通用连接的 IPv6 设备，该设备同样靠近网关。通过这种方式，它可以更加透明地连接到云端，在云端可以卸载数据并获取新的存储指令。网关可以是手机上的应用程序，也可以是静态网关。这种解决方案不依赖于 HTTP，它可能是拥有 IP 的任何东西。如果 IP 地址是手机的 IP 地址，如经典蓝牙一样，则该连接是本地连接。因此，连接一旦配置好，就比其他解决方案更好，6LoWPAN 需要 GATT 来进行最初的发现和设置。

可能是由于新的连接附录，所以低功耗蓝牙现在作为智能蓝牙（Bluetooth SMART）推向市场。它在某种程度上将经典蓝牙转换为"哑蓝牙"（Bluetooth DUMB）。经典蓝牙仍然有足够的发展空间，因为它提供比智能蓝牙更高的带宽。

9.11　认证

在世界各地，2.4 GHz 频段可用于无许可的无线电传输，例如 Wi-Fi 和蓝牙。该频段未经许可并不意味着它不受管制。如果要在特定国家/地区使用某个设备，则必须在这个国家/地区进行认证。具有 FCC[⊖] 认证即可进入美国和许多其他国家/地区。还有一个类似的证书允许设备在欧盟国家使用。在美国和欧盟，制造商可以填写"DoC"（合规文件）并提交给当局，在该文件中，制造商声明产品符合相关标准，并有文件支持。中国、巴西和其他一些国家要求进行"国内"认证——在国内由政府指定的测试设施进行测量。

自 2017 年 6 月 13 日起，无线电设备指令（RED）在欧盟实施。此后上市的所有设备必须遵守 RED。与旧规则相比，RED 不仅管制发送器，而且管制接收器。正如我们在本章中所看到的，如果发送器遇到过多的传输错误，则它将选择更强大的调制类型并降低传输速度。这意味着设计糟糕的接收器将占用无线电更长的时间。

RED 需要双方都很高效，以使共享介质的利用达到最佳。为了让生活更简单，RED 不仅可以调节无线的性能，还可以代替 EMC 指令和低压指令，只要有无线电[⊖]。与其他指令一样，RED 用简明的语言描述需求，并使所有技术都遵循一个名为"ETSI 300 328"的"统一标准"。该标准规定了获得证书所需的一致性测试和结果。它有两个主要部分，一个用于跳频（蓝牙），一个用于静态信道（Wi-Fi 和 Zigbee 等）。实际的欧盟认证要求填写合规文件，并与各种测量的文件一起提交。理论上，如果你有实验室，那么你可以自己做这些测量，但大多数公司将使用商业实验室做这些测量。

在美国，主要测试部门是针对 2.4 GHz 的 FCC § 15.247 和针对 5 GHz 的 FCC § 15.407。后者包含一些关于 DFS（动态频率选择）的规则，以免干扰天气雷达。FCC 规则尚未提及接收器效率。在欧盟和美国，如果设备是手持设备，或者与人体紧密接触的设备，则需要进行所谓的"SAR"测试。

如果该设备基于"预先认证"的无线模块，则生活将变得很轻松。该模块已经在所有数字和协议相关参数上进行了测试和记录，例如在 9.9 节中描述的 SIFS 和 DIFS。虽然将模块

⊖　Federal Communications Commission（美国联邦通信委员会）。

⊜　因此，即使是 GPS 接收器也会被 RED 覆盖。

构建到盒子中并添加天线不会改变这些规格，但是有必要测量发射和输入的灵敏度。

现代 Wi-Fi 也使用 5GHz，这就使得事情变得复杂。此外，欧洲 RED 指的是用于 5 GHz 设备的 "ETSI 301 893"。

9.12　扩展阅读

❑ Perahia 和 Stacey：*Next Generation Wireless LANs*

很枯燥，但是我找到的最好的。

❑ Laura Chappel：*Wireshark Network Analysis*

有关 Wireshark 的详细指南，如第 7 章所述。书中包含一个关于无线网络的很好的章节。

❑ Wireshark.org

Wireshark 的主页。

❑ riverbed.com

AirPcap（Wireshark 的 Wi-Fi 分析器）的主页。

❑ metageek.com

Chanalyzer 和 WiSpy 的主页。

安　全

10.1　引言

　　许多人或多或少地将"safety"和"security"这两个词作为同义词"安全"使用。然而，safety 是关于避免事故和避免人们受伤，而 security 是保护数据和设备免受恶意使用和盗窃。在本章，我们将关注 security。由于这是一本关于物联网的书，因此读者对越来越多的嵌入式设备连接到互联网并不奇怪。但奇怪的是，有时候这对嵌入式程序员来说是一种挑战，更确切地说是对围绕嵌入式编程的文化来说。

　　不久前，一个嵌入式的程序员可以摆脱"它无论如何都不会被连接"的困扰。它表达的意思是，不考虑安全性也没有什么问题，因为黑客攻击单台设备时会遇到很多麻烦。这已经是过去时了。即使在 Google 上没有显示已经连接的嵌入式设备，它们仍然是可以被搜索到的。具有此类功能的黑客工具已经存在多年，而"shodan.io"网站上也有这种工具。在这个网站，你可以按照类型等浏览物联网设备，还可以找到没有密码或有默认密码的已连接的网络摄像头。该网站是可怕的，即便它已事先声明，物联网世界非常容易遭受攻击。

　　多年来我们都知道"拒绝服务攻击"（denial of service attacks)，这被称为"小规模的恐怖主义"，因为它的主要目标是骚扰很多人。这可能会吸引某些人，但不会吸引专业人士。使用勒索软件⊖的情况非常不同，目前，虽然现金将很快被电子交易取代，但是不法分子仍可转战这个领域继续谋取不义之财。由于物联网设备起源于嵌入式领域，而嵌入式领域还没有经历IT 部门的全部教训，因此我们很可能会经历一段颠簸的旅程。

　　⊖　你所有的文件都突然被加密了。如果你付钱的话，它们才可能会被解密。

2017 年 5 月 12 日，英国多家医院遭遇了"Wanna Cry"勒索软件的协同攻击。这次攻击的目标是基于 Windows 的软件，这些软件主要用于注册、规划和更新医学期刊。第二天，100 多个国家的公共企业和私营企业的所有部门以及家庭报告受到了该攻击。

这次攻击利用了 Windows 网络共享 SMB[⊖]协议中的漏洞，并通过受感染的邮件传播到第一台机器，然后通过受攻击机构的内部局域网"横向"传播。当时 Windows 10 中已经不存在这种漏洞，攻击发生的两个月前，微软公司对 Windows 7 和 Windows 8 修复了该漏洞，因此在支持 Windows Update 的 Windows 版本上使用 Windows Update 的任何人都是安全的。不幸的是，许多公共系统仍然使用微软不再提供漏洞更新的 Windows XP，或者他们没有在 Windows 7 和 Windows 8 上更新操作系统。一些较大的物联网设备也运行 Windows，但它们不是唯一的目标，下一次攻击可能在 Linux 上，而其上的嵌入式软件使用自动更新的几率又有多少？

安全行业的工程师们已经指出，人们都是通过互联网上完全开放的协议来控制诸如药物分配器和起搏器等医疗设备，这些医疗设备很容易受到勒索软件的攻击。

有多少公司为避免恶意宣传而忍气吞声地付钱了事？这不为人知。更复杂的是，勒索软件有时被用来"掩盖"真实犯罪的"踪迹"，比如数据盗窃。当被勒索软件攻击时，多数人会做的第一件事就是拔掉电脑的插头，格式化磁盘并安装备份，但也同时删除了用于发现数据窃取者的线索。

自从最初"无辜"的互联网诞生以来，人们已经开发了安全协议，大型公司一直在加强其 IT 系统的安全性，但这些领域的设备仍然落后。有关安全的主要规则通常是：

我们需要在安全方面的投入如此之多，以至于破坏安全造成的损失远远大于坏人为此得到的好处。

对于一些敏感数据的传输可作如下解释：

我们需要将大量精力放在安全性上，虽然能保证我们的安全防护可抵御很长时间的攻击，但是此时的数据也不再有趣。

不幸的是，上述经验法则可能会让某些人相信他们不需要考虑安全问题，就像在大众市场上销售的玩具就不考虑安全性一样。然而，如果它连接网络，那么它可能被登记到一个僵尸网络。僵尸网络这个术语来自"机器人网络"，意味着正常的互联网设备被用于运行敌对的黑客"机器人"软件，这违背其初衷。在 Linux 系统上使用默认密码的大型僵尸网络的一个例子名为 Mirai（稍后我们将回到此处）。这并不直接威胁所用物联网设备供应商，而是威胁其他人。在未来，我们可能会看到认证需要一种社会责任，正如我们在无线电设备指令中看到的那样，参见 9.11 节。在此之前，粗心大意的供应商不会直接赔钱，但可能成为"狗屎风

⊖　Linux SAMBA 版本没有受到影响。

暴"（shitstorm，比喻连环的倒霉事件）的中心而失去品牌价值。

> 社交专业网站 LinkedIn 是黑客的丰富信息来源。黑客知道某个软件中的缺陷后，就会搜索软件的用户（个人或公司）。一旦找到用户，他们通常可以从个人名称和公司名称中猜出邮件地址，然后向他们发送"受感染"的邮件。邮件可以用有问题的程序创建，例如 PDF 文件，在这种情况下，它被用作系统的后门。或者，邮件使用另一个后门来攻击用户具有特殊访问权限的程序。如果攻击用于生产的 SCADA（监督控制和数据采集）系统，损失可能是巨大的。
>
> 还有其他方法可以盗用我们留在 LinkedIn 中的个人详细信息。更直接地说，LinkedIn 在 2012 年被黑了，密码数据库被盗，密码虽然被保存为"无盐（unsalted）"SHA-1 散列表（见 10.4 节），但很快就被破解了。类似地，Dropbox 密码在同一年被盗。你可以在 https://haveibeenpwned.com 查看你自己的状态，其中安全专家 Troy Hunt 可以自由地测试来自黑色互联网的数据库的指定账户名称（通常是邮件地址）。我这里有两个被破解的密码的实例，这最终说服我使用密码和信用卡存储程序，而不再重复使用几个密码。

10.2　黑客的目标

俗话说，"知己知彼，百战不殆"，让我们来看看黑客会怎么做：

❏ 克隆

当竞争对手购买你的产品时，他会仔细检查每个细节以便复制它，这个过程被称为逆向工程。逆向工程曾经是一个重新生成线路图和用过的组件列表[⊖]的课题。嵌入式软件的出现，虽然取代了基于标准组件的纯硬件，改变了游戏规则，但是并不能杜绝以上问题。

❏ 窃取服务

窃取服务是众所周知的对有线电视、NetFlix、Spotify 等的黑客攻击行为。这通常是由一些能够为大众留下手册的黑客提供的。由于服务支付的费用减少，付费客户的费用螺旋式上升。

❏ 身份盗窃

黑客通常使用网络钓鱼邮件来访问用户账户，访问的数据可以是会计信息和信用卡信息。数据在黑色互联网上出售，这给信息被盗用的个人带来了很多麻烦，而且一旦有消息称 ×× 公司应对泄露的个人信息负责，这也是一个潜在的品牌杀手，它在毁灭一个品牌。许多诸如医院的公共系统都是数据窃取的目标，这些数据是社会安全号

⊖　这通常被称为"BOM"（材料清单）。

码⊖和其他个人信息。这不仅可用于信用卡欺诈，还可用于更广泛的身份盗窃。通常情况下，当医院在昂贵的手术后发送账单时，账单接收者可以证明他或她从未接受过该手术。

□ 控制系统

接管一个完整的系统将使强盗能够完成系统所能做的任何事情。就像在电影《虎胆龙威 4》中我们看到的对交通、水和天然气供应以及整个银行系统的操纵。在日常生活中，你可能负责国际啤酒厂的啤酒酿造系统中的嵌入软件，错误的温度可能会摧毁价值数百万美元的啤酒。不法分子可能接管系统，威胁要改变所有现在酿造的啤酒的温度，除非你付钱了事。这就是物联网领域的勒索软件。

我们将研究物理设备以及互联网安全。有趣的是，为网络安全而开发的数学知识和概念在很多方面也可以用在设备的内部。设备可以被视为微网络，例如，CPU 和存储器之间通过连线构成微网络。因此，我们将从网络安全开始。

10.3 网络安全概念

CCITT（国际电报电话咨询委员会）已经在标准 X.800 中开发了一种安全架构。在这里，他们提出了以下基本的安全服务：

□ 保密性

这是典型的"加扰技术"，即数据在传输之前不可读，然后在接收端重新创建。保密性可用于在传输中的单个数据包、整个流或任何数据块。

□ 完整性

有时你不需要，甚至不希望数据是秘密的，你只需要保证它没有被篡改。双方之间的合同或软件许可证可以以明文形式保存，但在某种程度上应确保没有一个字被改变、添加或删除。

□ 身份验证服务

在数字世界中，证明你就是你是很重要的，这如同在物理世界一样。我们希望在诸如电子邮件的无连接方案中确保发件人的身份，这就是数据源身份验证。我们可能还需要对等身份验证，其中可以保证会话或事务中的双方正在与期望的对等方打交道。

□ 不可否认性

这是一种后向认证。就像我们想知道发件人的身份一样，我们也想确保他不能"食言"。类似地，可以确保消息的接收者不能否认已经接收到的东西。这两种情况分别被称为原产地证明不可否认性和交付证明不可否认性。

⊖ 即美国社会安全卡（Social Security Card）上的 9 位数字，类似中国的居民身份证号码。——编辑注

❑ 可用性

它与之前的四种不同，以抵御"拒绝服务"（DoS）的攻击而闻名，因为补救措施远远超出了密码学和数学算法。也许这就是为什么它深埋在 X.800 中，但它确实存在。由于 DoS 攻击是最常见的攻击类型之一，所以'可用性'在这几个安全服务中的地位相当高。

在 DoS 攻击中，犯罪者不会窃取机密供其使用，而是让受攻击的系统在一段时间内无法被使用。这听起来并不可怕，但如果受攻击的是大型基础设施或医院，情况就会很严重。如前所述，勒索软件是对 IT 以及 IoT（物联网）最大的威胁之一，这正是人们如果不付费给黑客就无法使用系统的情况[⊖]。

补救措施是本章的算法和第 7 章中描述的标准网络协议的混合（例如 TCP 有一个超时，以避免操作系统被由黑客在 DoS 攻击中创建的一堆半开套接字拖下水）。

在上述 5 个服务中"不可否认性"是人们容易忘记的，这可能是因为它的名字很奇怪，但也可能是因为与其他的相比它并不是急需。保密性（confidentiality）、完整性（integrity）和可用性（availability）这三个通常被缩写为"CIA"，甚至被称为"CIA 三件套"。

上述服务（除了可用性之外）在现代数字安全技术基础的帮助下得以重新实现，我们将在下一节中对此进行研究。表 10.1 收集了一些主要术语。

表 10.1 安全术语

术　语	解　释
明文	加密前的消息或文档
密文	加密的消息或文档
密码（code）	由密钥和算法组合的非正式字
密钥	用于制定特定的通用算法
Alice 和 Bob	通常用作谈话中的合法双方
Trudy	Alice 和 Bob 之间的非法闯入者
共享密钥	用于经典的加密/解密
K_A^+	Alice（A）的公有（+）密钥
K_B^-	Bob（B）的私有（−）密钥
加密算法	根据明文和密钥输出密文
解密算法	根据密文和密钥输出明文
暴力法	使用高速计算机测试所有组合
字典式分析法	使用该语言的知识来破解代码
散列	表示数据的固定位长数
SHA	安全散列——生成诸如消息摘要的东西
MAC	信息认证码
不重数（nonce）	一个不重复使用的大随机数，即"一次一数"。对抗重放（replay）的安全措施

⊖ 即使你付了钱，也不要指望能取回你的数据。

10.4 散列函数

散列算法是一个函数，它处理任意长度的二进制块（或流），以产生一个固定长度的二进制数。在统计上，一个好的散列以相同的频率产生所有可能的结果。它考虑字符的位置，以便诸如"I owe You $100"与"I owe You $001"生成不同的散列（这排除了简单的检验和）。良好散列的另一个特征是输入的微小变化会改变输出结果的几个位。

许多协议中使用的循环冗余检查（CRC）就是一个例子。以太网使用的是 CRC-32，这意味着它有 32 位长，不管你在帧中放入了多少位有效载荷。

在创建大型"键值对"表时，就得使用散列表，它使用长文本键的散列来形成键，以便快速检索值。例如，TCP 通常使用散列来快速找到与传入数据包匹配的进程，该进程包含由协议、源端口、目标端口、源 IP 和目标 IP 组成的五元组。

类似地，计算机不是存储用户的密码，而是存储这些密码的散列。管理员不能"以你的名义做任何事情"，如果你在多个系统中使用相同的密码，并且其中一个密码被泄露，这并不一定意味着你的密码通常会被泄露。SHA-1 被用作 Git 中文件的 ID，参见 6.2 节。因此散列是一个有趣的领域，其应用远远超出了密码学的范畴。

对于良好的密码散列，如果你想创建另一个具有相同散列输出的输入是不可行的。因此，将给定的消息更改为具有相同散列的内容也是不可行的。密码散列的例子有 MD5、SHA-1 和更新的 SHA-256。术语 SHA 的意思是"secure hash algorithm"（安全散列算法）。当然，随着时间的推移，计算机变得更快也因此更擅长应对暴力攻击，可能你昨天的安全散列到了明天就不起作用了。在当今，MD5 毫无前途，并且 SHA-1 也不再安全。

在 LinkedIn 或 Dropbox 等网站的密码数据库被盗的案例中，许多密码被重新生成。这些散列值没有被"加盐"（salted），这让重生密码变得更简单。"盐"（salt）是用户提供的附加信息。使用该信息意味着即使用户在不同的站点上使用相同的密码，并且这些站点使用相同的散列算法，这些密码也没有相同的散列。例如，Wi-Fi 网络可以使用其 SSID 为用户提供的密码"加盐"。

消息摘要只是消息的（安全）散列。NIST[⊖] 从 2012 年开始在 FIPS[⊖]-180-4 中定义了一些安全散列，见表 10.2。

在 ISO/IEC 10118-3 及其他标准中，表 10.2 中的散列被标准化。FIPS-180-4 还描述了生成这些散列所需的算法和常量，以此可直接创建 C 代码。这可能是一个有趣的练习，但建议使用经过良好测试的标准实现，参见 10.16 节。

⊖ 美国国家标准与技术研究院。

⊖ 联邦信息处理标准。

表 10.2　NIST FIPS-180-4 中描述的安全散列

算法	消息的大小（位）	块的大小（位）	字的大小（位）	消息摘要的大小（位）
SHA-1	$< 2^{64}$	512	32	160
SHA-224	$< 2^{64}$	512	32	224
SHA-256	$< 2^{64}$	512	32	256
SHA-384	$< 2^{128}$	1024	64	384
SHA-512	$< 2^{128}$	1024	64	512
SHA-512/224	$< 2^{128}$	1024	64	224
SHA-512/256	$< 2^{128}$	1024	64	256

10.5　对称密钥加密

这是典型的加密/解密类型，也被称为共享密钥加密。一般原则是大多数人都知道的，如图 10.1 所示，Bob 正在向 Alice 发送一封私信。明文被加密算法使用密钥加密后再发送。

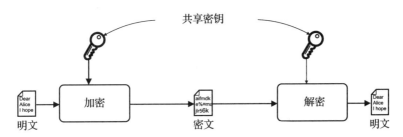

图 10.1　对称密钥加密的保密性

明文被加密后变成密文。在接收端，解密算法执行相反的过程，且使用与加密时相同的密钥。因此，两个参与方之间的先验知识是密钥。

现代版的示例是的 DES（数据加密标准）和 triple-DES，但它们已经过时。另一例子是新的 AES（高级加密标准），它符合 ISO/IEC 18033-3 标准。已知最早的算法之一被认为是 Caesar 算法，但还有更早的代码。最基本的例子是明文中的每个字母都与之前的字母交换（在末尾换行）。

明文：abcdefghijklmnopqrstuvwxyz

密文：zabcdefghijklmnopqrstuvwxy

因此 "IBM" 变成 "HAL"。这个加密方法对暴力攻击来说是小事一桩，它只需简单地尝试对字母表中的字母索引增加 1、2、3 等即可破解。当你以更随机的方式替换字母时，它会变得更有趣。然而，由于在给定的消息中，或者在整个给定的一天中，每次都用相同的字母替换每个字母，这种加密方式对于词典分析来说只是一个摆设，只要知道原始语言和其中各种字母的使用频率，就很容易破解这段代码。

10.6 案例：Enigma

更高级的算法包括使用旋转替换的方案。来自第二次世界大战的德国 Enigma 就是一个很好的例子，见图 10.2。在今天看来，它就如同神话一般，这可能是因为这种加密方式在计算机出现之前就已经实现了。

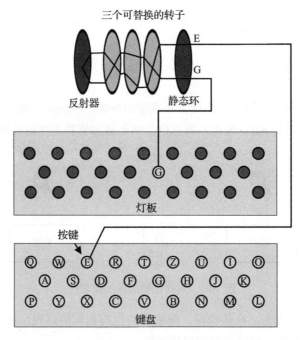

图 10.2 Enigma（内部的三个转子像时钟一样在每个字母后旋转）

Enigma 就像打字机一样工作：你按下某个字母键，Enigma 会点亮另一个字母而不是打印原来的字母。按下一个键，电流就会通过线路到达电灯。电流通过三个转子。每个转子的周围都有数字 1~26，就像键盘和灯板上有 26 个字母一样。转子一侧的弹簧销与相邻转子上另一侧的板触点相连接。每个转子两侧的内部连接以不同的方式"变换位置"。因此，每个转子都有一个字母到另一个字母的固定编码。加密一个字母后，右侧转子转一个位置。当涉及特定于给定转子的数字时，中间转子转动一个位置。下一个转子也是一样。5 至 10 个转子中的任何一个都可以安装在轴上三个不同的位置。

为了避免一台机器用于编码，另一台机器用于解码，静态"反射轮"再次将电流通过三个转子送回。这创造了一种对称性。

Enigma 有几个变种，分别针对潜艇，海军以及不同的地理区域和时间跨度。该机器的配置每天都根据一本密码本进行改变，包括三个转子的选择、位置（左、中、右）以及将它们安装在主轴上时的偏移数。

一些 Enigma 在前端安装一个额外的连接板（switchboard），这使得这些 Enigma 的加密性增强。在这里，接线员为当天的设置连接电线。这也必须是对称的，因此如果 A 变为 G，则 G 必须变为 A。

对代码破解人员来说，一个重要提示是在明文和密码中都有消息的某些部分。据说，由于德国军队的严格纪律，二战期间的急件倾向于遵循一种模式，比如从"日期、发送急件的官员的等级和名字"开始。

在战争的后期，Enigma 通过安装第四转子来增强加密能力。在另一个故事中，第一次发送的急件是在旧机器上错误发送的。为了纠正这个错误，通信人员急忙用新机器发送它，但却极大地帮助了敌人。这些故事可能只是传说，但它们描绘了你可能陷入该领域的陷阱的情况。

直到 1976 年[⊖]，这个算法系列是唯一已知的，因此所有关于二战的情节刺激的书籍和电影都与对称密钥加密有关。基本上，比如 Alice 和 Bob 共享一个只有他们知道的密钥，一旦知道了加密算法，就可以推导出解密算法。这不是一个问题：你应该始终使用描述良好且经过充分验证的算法，因为本土的变体极有可能存在缺陷。

安全必须依赖密钥，共享密钥的基本问题是要有实际的共享。如果你想在互联网上买一双鞋，你需要先和卖鞋的人见面并交换密钥，这是非常不现实的。每一对相互通信的人都需要一个共享密钥。我们需要大量的密钥以供各种各样互相做生意的人使用。

> 我在哥本哈根技术大学讲授 TCP/IP 时，每年都会举行一次"多项选择"考试。我想找个同事来复审一下这次考试，但我不想通过大学的电子邮件服务器发送复审的内容。同事建议我应该使用"加密软件 AxCryp"通过"AES 加密"的方式对复审内容进行加密，然后再将密钥发送给他。我们多年来都是这样做的，这是一种很好的密钥共享方式。

10.7　非对称密钥加密

1970 年，英国基于数学建立了非对称密钥的概念，并立即将其投入军事用途。Diffie 和 Hellman 于 1976 年发表了类似的方案。1977 年，RSA 算法由 Rivest、Shamir 和 Adleman 共

⊖ 1976 年，Diffie 和 Hellman 发表了《密码学的新方向》，开辟了公钥密码学的新领域。——编辑注

同提出，现在被标准化为 RFC 3447。

基于大整数的因数分解，使用不同的密钥，可以将某一明文变成完全不同的密文。即便你知道了一把密钥，这也无法帮助你知道另一把密钥。

RSA 的加密和解密算法是相同的。事实上，RSA 算法并不"知道"是密文进来、明文出去，还是密文出去、明文进来。原则上，你生成一个"密钥对"，然后选择其中一个作为私有密钥，也就是秘密密钥。另一个密钥是你"发布"的公钥，也不像听起来那么容易。K_A^+ 和 K_A^- 分别表示 A 的公钥和私钥。还有其他非对称密钥加密概念，它们需要特定的加密算法和解密算法，重点是所有非对称密钥加密算法都使用两个不同的密钥，即公共密钥和私有密钥，因此得名"非对称"。

任何想给你发送一封只有你可以读的信的人，都可以使用一个常用算法将你的公钥生成密文。当使用你的私钥解密时，此密文将变成明文。这个想法之所以可行，是因为只有你拥有此密钥，因此具有保密性。当然，由于盗窃、勒索或拷问等，私钥有可能给错了人，但这与共享密钥甚至物理密钥没有什么不同，因此在这些理论中这种情况被忽略了。然而，就像信用卡每隔一段时间更新一次以最大限度地减少这些问题一样，许多数字密钥也是如此。图10.3 显示了 Alice 如何用这种方式加密她给 Bob 的信。

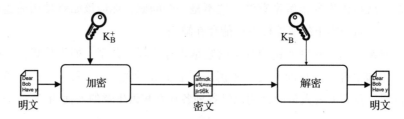

图 10.3　公钥/私钥对的保密性

这些非对称密钥中存在一种有趣的对称性：你可以接收任何消息并使用你自己的私钥对其进行加密。现在，任何人都可以使用你的公钥重新创建该明文，这里没有太多的秘密可言，但是你的公钥可以"打开"该消息的事实证明它是用你的私钥创建的。由于这只有你知道，因此我们具备身份认证和不可否认性。

如果我们可以将这些过程链接起来就更好了，如下面的场景所示：

1）Alice 给 Bob 写了一封秘密的情书。

2）Alice 使用她的私钥处理消息，这将对来自 Alice 的消息进行身份验证，这也是对其进行签名的一种方法（我们稍后将介绍签名）。

3）Alice 使用 Bob 的公钥处理上面的输出，这就实现了保密性，现在只有 Bob 可以读取它。

4）如果她不想留下指向 Bob 的蛛丝马迹，那就把消息发给 Bob，或者发推特，或者以另一种方式发布消息。

5）Bob 获取消息并用他的私钥处理，然后用 Alice 的公钥处理，反之亦然。

6）最后，Bob 是世界上唯一能读懂这条消息的人，他知道消息来自 Alice。

非对称密钥加密，也被称为公钥/私钥，有两个主要问题。

1. 性能问题

此概念进行"加密/解密"所需的 CPU 功率大约是相同安全级别的对称密钥的 1000 倍。这意味着我们只在这个概念真正发挥作用的地方使用它。

2. 发布公钥问题

假设 Alice 首先通过发送她的公钥来启动与 Bob 的对话。此时 Trudy 可以拦截这个对话并用她的"密钥对"写一封新信，并将自己的公钥发送给 Bob。现在 Bob 就会相信经过认证的这封信来自 Alice。这给了我们一些启示，即公开公钥要谨慎。当前的解决方案是依托证书颁发机构（CA），我们将在 10.9 节中介绍该内容。

10.8 数字签名

如 10.7 节所述，通过使用私钥加密长消息或文档来签名是非常耗费 CPU 时间的。相反，我们更喜欢首先生成文档的安全散列，然后使用我们的私钥加密这个相对较短的散列，因此它实际上只是已签名的散列。由于从另一个消息创建此散列是不可行的，因此消息的接收者可以简单地从明文消息重新创建散列值，并在使用我们的公钥解密后将其与签名进行比较。如图 10.4 所示，Bob 为发送者。

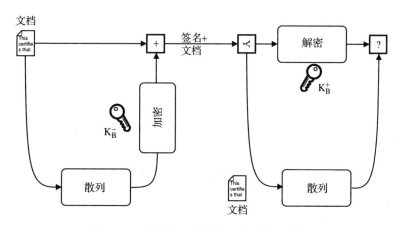

图 10.4 完整性、身份验证和不可否认性

因此，使用此方案，我们可以获得：

❑ 身份验证

由于签名是在使用 Bob 的公钥之后确认的，所以生成签名的一定是 Bob 的私钥。只有 Bob 知道这件事。

❑ 原产地证明不可否认性

与上述相同的论点意味着 Bob 不能否认生成了该消息。

❑ 完整性

由于明文的散列与随它发送的散列相同，因此该消息未被篡改。它可能是以明文形式发送的，但是如果有人改变它，那么他们之后就需要 Bob 的私钥。而只有 Bob 有这个私钥。

10.9　证书

假设对我们来说 Jones 是一个陌生人，但如果我们最好的朋友能为他担保，我们就更愿意相信他。与此类似，如果 Jones 的公钥由 CA（Certificate Authority，证书颁发机构）签名，那么我们更有可能接受 Jones 的公钥。这个签名可能只是 CA 用其私钥加密了 Jones 公钥。你已拥有 CA 的公钥，就可以验证 Jones 发送的密钥确实是他的密钥，这被称为信任链，在 X.509 中被定义。

如 10.5 节所述，对称密钥的主要问题是共享公共密钥，而在实际使用中，对称密钥要比非对称密钥快得多。出于这个原因，通过交换仅在此会话上生成的对称密钥来启动通信会话是很有意义的，该密钥在公钥/私钥的帮助下进行加密。然后在其余的会话中使用对称密钥。因此，Alice 可以生成一个仅用于此会话的随机对称密钥，然后使用 Bob 的公钥对其进行加密并发送给他。这个概念用于 SSL（安全套接字层）和其孪生的 TLS（传输层安全）中的高级版本，我们将在后面看到。通常，非对称密钥是传输对称密钥的可接受方式，其余的是使用对称密钥完成的。这些非对称密钥有时使用 Diffie-Hellman 生成，但更常见的是使用 RSA 来生成。还有第三种被称为椭圆曲线加密的公钥/私钥。其计算方法不同于 RSA 和 Diffie-Hellman，但相关过程相同。

当相互发布密钥或在网站上获取密钥时，我们依赖于 CA 颁发的证书。那么我们如何得到这些呢？它们可以从 CA 的网站下载，但很少有终端用户这样做。通常，它们与 Web 浏览器一起安装和更新。这是链中最薄弱的环节，也是我们要从可信站点更新软件的另一个原因。最大的 CA 按市场份额降序排列为 Comodo CA、Symantec/Verisign、GoDaddy 和 GlobalSign。

图 10.5 显示了存储在 Windows PC 上的 Chrome 浏览器中的证书。注意这三列：颁发给（Issued To）——是谁被认证、颁发者（Issued By）——谁颁发了证书，以及到期日（Expiration Date）——何时到期。单击"查看"（View）按钮，可以详细检查每个证书。有些证书可能是

"自签名"，这意味着它们并未真正被 CA 认证，如果用户尝试使用它们，则会发出警告。然后，用户可以进行获取其他证书的验证、中止或忽略的操作。

图 10.5　Windows 上 Chrome 浏览器中的证书

10.10　消息认证码

安全领域的术语 MAC 表示"消息认证码"，它与 DSP MAC（乘法累加）无关，也与我们从网络协议栈中的链路层知道的 MAC 地址完全无关。它有不同的风格，其中最简单的一种风格是根本不需要加密。这可以在我们需要身份验证和标识但又不需要保密性时使用。它在小型嵌入式设备中尤其实用，其概念如图 10.6 所示。

就像对称密钥加密一样，双方都有共享的秘密，这有时被称为"密钥"，可以是形如"James Bond"的文本字符串，如图 10.6 所示。现在我们将我们的明文文档（可能是软件许可证）与共享密钥连接起来，并使用 SHA-256 生成一个安全的散列值。我们传输原始明文和组合的文本字符串的散列，但不传输共享密钥本身。在接收端重复该过程，如果两个散列值相同，则我们认为明文发送的消息未被篡改。任何人都可能已经看到了传输的明文，他们甚至可能已经改变了它，但是在添加我们的共享秘钥之后我们会看到一个不同的散列值。因此，我们在不使用高级加密算法的情况下验证了它。我们只需要具备生成安全散列的能力。

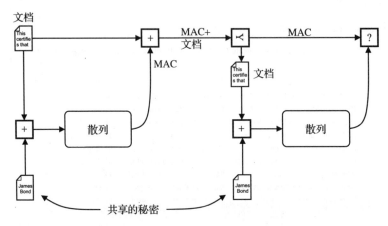

图 10.6　没有加密的消息认证码

如前所述，共享密钥有两个问题，即实际共享和需要共享不同密钥的当事方数量。如果文本确实是软件许可证，那么实际上只有两个当事方，即产生许可证的后台，以及同一公司的任一检查许可证的嵌入式设备。因此，我们不需要大量的共享密钥，而是只需要加载一个，或者是每个产品类型或每个系列只加载一个。物理共享也不是问题，因为公司在分发之前已经在其产品中安装带有共享密钥的固件。

如果软件许可证包含设备的序列号，则使用明文不是问题。相反，假设客户收到多个嵌入式设备的许可证，该客户可以查看收到的文本字符串（通常通过邮件发送），并立即查看它的用途。如果我们使用加密密钥，则我们很想将每个加密许可证与其所针对的序列号配对。这可能是混乱的根源，但更糟糕的是，我们将提供密文的一部分的明文。因此，我们将削弱我们的代码，就像士兵以日期、军衔和姓名开始每日报告一样。

没有加密的 MAC 越来越受欢迎。没有加密，就没有导出规则，可以使用现有的高性能库或硬件引擎。此外，还可以将通用标准化算法与安全散列一起用于可调用函数，随着需求的增长，该函数可以被替换。该算法是 ISO/IEC 9797-2 中定义的 HMAC。图 10.6 仍然是 HMAC 的总原理。虽然关于输入和输出中的填充位以及异或函数有许多实现细节，但是基本概念是相同的。

10.11　nonce

即使是高级加密算法也容易遭受重放攻击（playback attack）。

举个例子，一个非法的商店以非常低的价格出售一些非常有吸引力的东西。你可能会在该商店购买东西，让你的银行将少量资金转移到商店的账户。现在该商店已经记录了这笔交易并将其重复了很多次。这是通过联系银行并"重放"你这部分的会话来完成的，而银行又在进行其可预测的动作。双方都可以发送证书，并使用高级编码方案，但重放可以避开所有问题。这家商店对很多顾客搞了一天这样的活动，然后取走钱就消失了。

简单的补救办法是，银行最初发送一个 nonce（number once，只被使用一次的任意随机数）并要求返回它——使用相关的密钥和编码方案进行加密。现在这个记录已经毫无价值了，因为它是根据前一 nonce 的。实际的解决方案通常是生成用于特定会话的密钥的 nonce。

10.12 安全的套接字通信

根据前面的部分，我们现在拥有了在整体层面上理解安全的套接字通信所需的所有工具。使用 TCP/IP 协议栈时，所有内容都通过 IP 层。如果在这里保证安全性，我们就可以确保所有通信安全，这正是 IPSec 所做的。然而，IPSec 很大，对于大多数嵌入式应用来说大得有点过分。在个人计算机发展的初期，它们也有同样的问题：IP 级别的安全要求所有的个人计算机都有一个新的 IP 栈，这意味着需要一个过去不曾有的新的操作系统。Netscape/Mosaic 意识到网络传输是为大众提供网络购物所必需的基本通信，他们创建了 SSL（安全的套接字层），这只适用于浏览器内基于套接字的 TCP，但这已经足够了，因此 Netscape 解决了这个难题，只需要在消费者个人计算机上安装一个新的浏览器即可。

SSL 中使用的协议的更高版本被标准化为 TLS（传输层安全性）。该协议几乎保持不变，但现在协议栈为所有使用 TCP 的应用程序提供服务。这些较新的版本支持对称和非对称密钥的许多不同实现，以及 MAC 和 nonce。

根据你的嵌入式系统，你可能具有以下情境之一：

❑ 没有内置安全性

你无法使用保密性、完整性或身份验证以执行任何标准化通信。

❑ Web 服务器的 SSL 和/或 Web 浏览器中的 SSL

如果你只通过 Web 解决方案获得安全套接字，则建议继续使用基于 REST 的协议，参阅 7.12 节。你的代码将是 Web 服务器或 Web 浏览器中的模块，它将为你处理安全性问题。

❑ TLS

使用 TLS，你可以扩展到使用 TCP 的每个协议，这通常是你所需要的，除非你需要进行广播或多播，参阅 9.3 节。实际上，UDP 有一个单独的 TLS 版本，甚至可以实现广播和多播。

❑ IPSec

使用 IPSec，你的嵌入式设备可以执行 VPN（虚拟专用网络），从而成为公司域的一部分。但是，IPSec 不会为你提供安全套接字。为此，你仍然需要 TLS 或 SSL。

当使用 HTTP（SSL/TLS 的默认端口为 443）时，TLS 和 SSL 在浏览器中显示为公认的"挂锁"符号，在 URL 之前显示为"https"而不是"http"。在分析要选择哪个实现时，有必要考虑另一端能够支持的内容。你可能拥有一个运行 Linux 的高级嵌入式设备，但它可能需要与较小的微控制器设备进行通信。所以要小心，因为一着不慎，满盘皆输。

在 SSL/TLS 中发送经过加密和经过身份验证的数据之前，双方需要经历复杂的握手，既是为了协商使用哪种算法，也是为了建立会话的"主密钥"以便用作对称密钥。这次握手经历以下四个阶段。

1. 问候

客户端联系服务器，通知服务器客户端支持的最高协议版本、支持的密码和压缩算法。它还会声明会话的 ID（0——除非尝试恢复通信），也声明在一定程度上基于时间戳的 nonce。所支持的密码列表包括：为了共享"对称密钥"支持"非对称加密"，以及支持"对称密钥加密"。这些是优先考虑的。类似地，客户端通知服务器用于散列和 MAC 的算法。

服务器根据客户端的需求和自身的能力选择并发送协议版本、压缩算法、密码和 MAC 以及其 nonce。如果接收恢复通信，则发送会话 ID。

获得的知识：双方现在都知道了以明文形式发送的 nonce 和基本配置。

2. 服务器证书

服务器发送包含其公钥的相关证书。客户端验证这确实是由受信任的 CA 签名的，而且签名不太旧。服务器可以从客户端请求相应的证书。

获得的知识：客户现在也知道了服务器公钥。

3. 客户端密钥交换

如果要求客户端发送证书，则客户端现在发送证书验证（certificate verify）消息，向服务器显示客户端确实具有这个密钥。客户端发送的证书验证消息是先前通信的签名，该签名使用客户端私钥加密。

客户端现在生成随机的 PMK（premaster-key，预主密钥）并发送它，使用服务器公钥加密。双方现在组合了 PMK 和两个 nonce 以生成相同的主密钥（master key）。

获得的知识：双方现在共享主密钥，该主密钥用于对会话的其余部分进行对称加密。如果服务器被请求，则其现在知道了客户端公钥。

4. 更改密码规范

这里的主要内容是来自客户端的"已完成"的消息，包含先前通信的 MAC。如果服务器同意，则它将发送一个类似的消息，由客户机验证。常规通信现在仍然以同样的方式进行。

获得的知识：双方现在都认定最初的明文设置没有被诸如"中间人攻击"篡改。

10.13　OpenSSL

我们已经看到了 SSL 的原理，但它是如何实现的呢？此时，OpenSSL 有了用武之地。OpenSSL 是一个站点、一个库和一个工具。下面介绍如何通过使用 openssl.org 中的 OpenSSL 库在代码中实现 SSL。这完全可以从基于套接字代码的工作标准开始。首先，初始化 SSL 库，并使用相关配置和选项创建 SSL 环境，在此环境中，会创建 SSL 会话。

如果这是客户端，那么它现在将正常的 TCP 套接字连接到远程 IP 地址，端口是 443（而不是 Web 服务器的端口 80）。服务器在端口 443 上执行正常的 listen() 和 accept() 调用。

现在，这个服务器或客户端套接字（在端口 443 上）连接到先前创建的 SSL 会话，并且会话的使用方式与普通套接字非常相似，只是函数调用以"SSL_"开头。例如，我们可以使用 SSL_read(session, ...) 读取数据。

SSL_get_peer_certificate(session) 是一个重要的附加功能，它允许我们从 Web 服务器（或者 Web 浏览器）检查证书。在这个过程中有很多很好的例子。

Openssl.org 还提供了一个名为 openssl 的命令行实用程序。这是一个可以生成密钥、签名和证书等的综合工具。它甚至可以生成 CSR（Certificate Signing Request，证书签名请求）。CSR 被发送到 CA（Certificate Authority，证书颁发机构），它包含我们生成的公钥。我们从 CA 获得了一份由 CA 签名的证书，现在我们可以想象这样一个完整的生产现场的场景：

1）在我们基于 Linux 的设备上，我们使用 openssl 工具生成"公钥/私钥对"。在该设备上可能还无法运行 openssl，在这种情况下，它在生产 PC（production PC）上运行。

2）我们立即将私钥存储在内置 TPM（Trusted Platform Module，可信平台模块）的只写内存中（如果存在的话）。如果密钥是在这台设备上生成的，那么它就永远不会离开该设备，也永远无法被从中提取。

3）将公钥传递给生产 PC。PC 使用 openssl 工具对密钥进行数字签名，它在该过程中使用公司非常秘密的"黄金"私钥（这最初也是使用 openssl 生成的）。

4）再次使用 openssl 工具。这次把 CSR 中公司签名的设备公钥发送给 CA。CA 已经拥有与我们公司的黄金私钥对应的公钥，并使用它来验证"CSR 来自我们"。

5）来自 CA 的应答包含相同的证书，该证书现在由 CA 签名。该证书存储在该设备中，该设备现在可以在该字段的 SSL 握手中提供一个唯一的 CA 签名证书（通常使用

OpenSSL 库）。

以上满足 X. 509 "信任链"。然而，公司在日常生产中使用其私钥可能有问题。3）和4）有另一种更简单的替代方法，其中生产 PC 在 CA 的 API 上执行登录，而不用 sslopen 登录。它像以前一样在 CSR 结构中交付新生成的密钥，但是，这不是由公司签名的。由于通过登录保证了安全性，因此不再需要公司签名。换句话说，CA 相信我们是我们所说的那个人，因为我们登录了，而不是因为我们提供了一些用私钥签名的东西。如果安全被破坏，则我们只需要重新登录，而不是一个新的公司证书。CA 签名的证书在同一 API 上传回。

可以不那么雄心勃勃，并且可以使用 "通配符" 证书代替特定于设备的证书。在这两种情况下，认证的是 URL 而不是 IP 地址。如果该设备的角色是服务器，那么即便知道 URL 对应的 IP 地址，客户端也必须使用 URL 与服务器连接。这再一次印证了该设备要么在 DNS 上注册，要么使用苹果公司的网络配置软件 Bonjour 以及 Linuex 的 Avahi 所实现的 mDNS（多播 DNS)[⊖]。

该唯一的 URL 可以是 "12345678.mydomain.com"，其中的数字是设备的序列号，相应的通配符 URL 是 " *.mydomain.com"。通配符 URL 的主要问题是，如果一个私钥被盗用，所有设备都将受到威胁。

10.14　案例：心血漏洞

在 2012 年的 RFC 6520 中，SSL 中出现了一个安全漏洞，被称为心血漏洞（Heartbleed)。这是一个被许多协议使用的经典概念，允许其中一方向对方询问 "你还在吗"，与此同时，即使已有一段时间没有加载数据，它仍会告诉对方它还在。这是避免任何一方超时的精心设置的恢复方案。

心血漏洞消息（heartbleed message）包含消息类型（表示它是一种心血漏洞消息）、长度字段和虚拟有效载荷（dummy payload)，虚拟有效载荷具有与长度字段（最大 65535）相同的字节数，并且在某些情况下进行字节填充。接收方必须以完全相同的有效载荷进行回复，这基本上是 SSL 协议级别的 "ping"。

最常用的 SSL 实现之一是 OpenSSL，这已在上一节中描述过。2012 年，几乎所有提供 SSL 的 Web 服务器都使用了 OpenSSL。当心血漏洞在 OpenSSL 中实现时，很不幸，它带入了一个 bug。2014 年 4 月 7 日，谷歌和芬兰的 Codenomicon 几乎同时发现并描述了这个问题。我们之所以在这里讲述这个问题，是因为通过这个例子可以看出，可以很容易地形成以下错误：

⊖　Bonjour 和 Avahi 可以在没有 DNS 的局域网中自动发现网络上的电脑、设备和服务，Bonjour 和 Avahi 相互兼容。——译者注

当有故障的 OpenSSL 服务器收到心血漏洞请求时，其将有效载荷从传入数据包复制到内存，复制的字节数为有效载荷中的实际字节数。现在生成应答，这次复制出长度字段中所述的字节数。如果犯罪分子发送一个数据包，声称有效载荷中有 65535 个字节，而实际上只有一个字节，则会产生问题。请求时单个字节被复制到内存，但是在应答中，该字节以及内存中其后 65534 字节都被复制给了应答消息。因此，服务器从其内存中泄露了 65534 个字节。这可以重复多次，通常会"偷窥"服务器内存中的不同部位。

Codenomicon（协议栈健壮性测试工具）中的测试表明，通过该漏洞可以挖掘出大量机密数据，包括他们自己的私钥。这甚至也不会在日志文件中留下蛛丝马迹。难怪它很快就被命名为"心血漏洞 bug"，甚至有了自己的标志，见图 10.7。

众所周知，该 bug 已被人利用了。2014 年 8 月 20 日，据路透社报道，美国一家医院的数据被盗，其中包括数百万的社会安全号码，这就是由于心血漏洞。没有人知道无论是在发现这个问题之前还是之后这个 bug 到底被利用了多少次。当然，公布这个 bug 已经导致了一些事件，但另一方面，或许这也是在敦促管

图 10.7　心血漏洞 bug 的标志

理员修复 bug，或者至少重新编译他们的系统以禁用心血漏洞。这是一个持续的困境：如何告诉好人他们需要更新，但又不能告诉坏人如何利用安全漏洞。本章的引言讨论了" Wanna Cry"勒索软件，该软件就是利用了一个被微软修复后仅过去两个月的漏洞。

10.15　案例：Wi-Fi 安全

早期的 Wi-Fi 系统使用了 WEP（Wired Equivalent Privacy，有线等效保密），但其很快就被证明是一种非常弱的保护，因为只需观察无线传输大约 20 分钟就可以破解它。这是具有讽刺意味的，因为 WEP 是指"有线等效保密"，但肯定与事实不符。

WPA（Wi-Fi Protected Access，Wi-Fi 保护访问）是作为中间补丁被引入的。如今你应该只接受 WPA2 或更好的保护，它被标准化在 802.11i 中，并成为 802.11-2007 的一部分。正如我们在其他示例中看到的那样，站点和接入点⊖之间的实际数据传输使用了基于 AES-128 的对称密钥加密。在这种情况下，使用称为 CCMP 的基于块的方案。这是一个相当耗费 CPU 的过程，与 802.11n（或更新版本）相比，有些 Wi-Fi 设备可能需要降低数据速率。

⊖　本节使用表 9.2 中的术语。

WPA2 有两个版本，其中一个被称为 WPA2 企业版或简称为 WPA2，而另一个被称为 WPA2 个人版或 WPA2-PSK，而 PSK 表示"预共享密钥"。你可能会体验到笔记本电脑只是在工作时连接，而在家中，你需要在首次使用之前在 SOHO 路由器或笔记本电脑中输入"密码"。

不同之处在于身份验证。到底是使用哪种认证方法取决于第 9 章中已经讨论过的信标/探针握手。在工作时（企业），允许笔记本电脑在接入点的帮助下与 RADIUS AS（身份验证服务器）通信。AP 将 STA 和 AP 之间的所谓 EAPOL[⊖]协议桥接到 RADIUS 协议。

AS 对笔记本电脑和接入点进行身份验证。它为给定会话生成主会话密钥，该会话密钥被发送到参与其中的接入点和站。由此，它们都获得仅用于此会话的 PMK（成对主密钥），这是可能的，因为站（笔记本电脑）能够提供登录工作域所需的凭据。

在家里，笔记本电脑和接入点都能够生成 PMK。PSK 可能已被用户输入为 64 位十六进制数字，在这种情况下，它被直接用作 256 位 PMK。这可能不是大家想要为许多设备做的事情。如果使用了密码，则在 PBKDF2 算法的帮助下生成 PMK，该算法是伪随机数生成器。在 WPA2 的情况下，它被称为：

$$PMK = PBKDF2(HMAC\_SHA1,passphrase,SSID,4096,256)$$

这意味着 SHA-1 在输入上被迭代使用了 4096 次，SSID 作为所谓的"盐"，确保具有相同密码的两个不同网络将具有不同的密钥，并且结果输出的长度为 256 位。

现在双方都知道了 PMK（成对主密钥），在企业场景中，它是特定于未来会话的，而在个人场景中，它是给定网络的常量，直到 SSID 或密码被更改为止。我们现在将经历"四次握手"：

1）AP（接入点）以明文形式向 STA（站）发送 nonce。

2）STA 将它的 nonce 以明文的形式发送给 AP，同时还有一个 MIC（Message Integrity Check，消息完整性检查），它是明文以及大多数报头数据的 MD5-HMAC。这些 MIC 也将在下一个包中使用。现在两边都生成了 PTK（成对瞬态密钥）——作为与上面类似的伪随机函数的输出。这次基于以下内容：PMK、收到的 nonce、自己的 nonce、STA 的 MAC 地址，以及 AP 的 MAC 地址。

3）AP 现在发送加密的 GTK（Group Temporal Key，组临时密钥），GTK 被用作多播和广播的 128 位 AES 密钥。由于每个 STA-AP 关系都有一个唯一的密钥，因此有一个单独的密钥用于多播/广播是有意义的。将此密钥传送给每个 STA 也是有意义的，因为广播需要我们发送的密钥。每当设备离开组时，必须重复对 GTK 的设置，以便它不会在未来的对话中被窃听。许多路由器都有多播和广播场景的较差实现，9.3 节显示了多播如何在 Wi-Fi 上工作。

⊖ LAN 的扩展认证协议。

4）从 STA 向 AP 发送 ACK。这没有加密的意味，它只是终止这个阶段并同步密钥的使用。

以上意味着即使在成对主密钥对于网络中的所有设备都相同的私有/PSK 情况下，成对瞬态密钥对于每个 STA-AP 组合都是唯一的（由于 MAC 地址），并且由于 nonce，每个关联之间甚至也是不同的，因此有了"瞬态"一词。WPA2 中的 PTK 长度为 384 位，这些位的用途如下：

- 前 128 位：KCK（Key Confirmation Key, 密钥确认密钥）。用于 EAPOL 协议内的完整性。
- 第二个 128 位：KEK（Key Encryption Key, 密钥加密密钥）。用于 EAPOL 协议内的加密。
- 最后 128 位：用于实际通信的 AES 密钥。

那么 WPA2 如何关联物联网设备呢？某些设备可能具有类似于笔记本电脑或移动电话的角色，他们将使用 WPA2-PSK 连接到家庭网络。简单起见，设备的开发人员可能希望在企业中使用相同的设备，但应该做好准备，大多数 IT 部门都会坚持不允许在企业场景中这样做。

物联网设备也可以通过 LTE、LoRa 等连接到云，并且移动电话可以用于本地交互。在这种情况下，没有认证服务器，并且将使用 WPA2-PSK 来保护与移动设备的连接。此时物联网设备可能需要某种方法来输入预共享密钥，或者，开发人员可以考虑将其包含在固件中，该固件存在的风险在 10.19 节中有讨论。

第三种认证方法是 WPS(Wi-Fi 保护设置)。这通常在 SOHO 设备中使用，因为它很简单，只需要用户在短暂超时之前按下一个按钮，就可以验证物理访问。另一种 WPS 方法是使用简单的 PIN 码，该 PIN 码通常在工厂定义并被打印在设备的标签上。这些方法基本上被认为是不安全的。

10.16　软件加密库

使用加密算法的标准实现通常是个好主意，这避免了很多陷阱，包括出口控制违规，如 10.20 节所述。德州仪器等 CPU 供应商提供适合其处理器的 C 算法。最全能和通用的免费库之一是 C++ Crypto++ 库。它在 Boost 许可证下可用作预先构建的库，也可以作为公共域名源使用。

使用的 Boost 许可证不像许多其他开源许可证那样强制执行"copy left"（著佐权）许可，但与 MIT 许可证类似。Crypto++ 支持许多操作系统，包括 Linux、Windows、OS X、iOS 和 Android。Crypto++ 库甚至支持"过滤器/管道"概念，可以轻松地将算法"粘合"在一起。表 10.3 显示了 Crypto++ 如何支持本章描述的技术。

表 10.3　Crypto++ 的概述

算　　法	实　　　现
随机数	若干
散列	MD5、SHA-1、SHA-256 等
CRC	CRC-32
对称密钥	DES、三重 DES、AES 等
流密码	若干
非对称密钥	RSA、DSA、Diffie-Hellman 等
MAC	HMAC 等
压缩	GZIP 和 ZLIB
编码	Base-32、Base-64

10.17　可信平台模块

"可信平台模块"是高级硬件[⊖]加密处理器的标准，最初由一些公司联合开发，后来被标准化为 ISO 11889。最初，这些模块是用于个人计算机和服务器的小型 PCB（印制电路板），后来，出现了单芯片解决方案，而今天至少有部分解决方案内置于许多 SoC 中。个人计算机中 TPM 的主要功能之一是与 Linux 上的"DM-Crypto"软件或 Windows 上类似于"BitLocker"的软件一起使用，以加密个人计算机中的整个磁盘。

TPM 还可以生成"引导加载程序"和早期的"加载驱动程序"的安全散列，以确保这些驱动程序的完整性。这是对所谓的"黑客程序"的必要防御，因为标准防病毒软件要在稍后的启动过程中加载。这种分工意味着只有早期的启动程序受到 TPM 的保护（启用时），而防病毒软件只可以防御个人计算机上的标准软件中以及浏览器的插件中的病毒。

在 Windows 8.1 及以后的版本上，SecureBoot 概念特别保留了以下 SHA：OS-loader、Boot-Mgr、WinLoad、Windows Kernel Startup、防病毒程序签名、启动关键驱动程序、"其他操作系统初始化"，以及 Windows 登录界面修改工具 Log-on Screen。通过要求防病毒软件供应商持有 Microsoft 生成的签名，可以确保从 SecureBoot 切换到防病毒软件，同时 Log-on Screen 也受到控制，因为这是报告违规的地方。如果你正在使用"嵌入式 Windows"，这当然是相关的，但一般来说也很有趣，因为嵌入式系统倾向于跟随个人计算机的系统，只是会有一些延迟。

几年前，第一波 TPM 被安装在个人计算机中，但默认情况下是禁用的。其中大部分可能从未被激活过。使用 TPM 2.0，将启用默认值。TPM 2.0 已经为许多算法"指定"了名称，

　　⊖　TPM 通常是基于硬件的，但是软件版本确实存在。

这意味着它们是可选的。最重要的强制要求见表 10.4。

表 10.4　可信平台模块（Trusted Platform Module，TPM）V2.0

算　法	实　现
随机数	密钥导出方法
散列	SHA-1，SHA-256
对称密钥	128 位 AES
非对称密钥	RSA、Diffie-Hellman
MAC	HMAC
Misc	XOR

各种供应商正在经营包含 TPM 功能子集的芯片。它们可以包含对称密钥算法，但不包含非对称密钥算法。所有这些芯片的共同之处在于它们将芯片内部的密钥存入"只写"存储器。"只写"内存曾经是用来戏弄年轻开发人员的东西。它毫无意义，也不存在。但由于有时它会发生，所以它现在确实是有意义的。

你会在制造或服务过程中编写密钥。该密钥在芯片内部的算法中使用，但没有用于检索密钥的命令。在以后的服务中，可能会设置新的密钥，但仍然不会读取该密钥，除非使用内部硬件算法。

10.18　嵌入式系统

嵌入式系统和个人计算机、服务器一样，它们的互联网连接也很脆弱。到目前为止，这一章一直是关于如何应对这种情况的。然而，嵌入式系统并不是放在公司的温室里的，相反，它们被卖给最终用户或留在现场，这使得它们更容易受到直接的物理访问。

你可以说，如果最终用户合法购买了 200 美元的路由器，那么他有权摆弄它。事实上，这就是我们获得"OpenWRT"的方法，见 6.10 节。但是，如果此用户将他所知道的这些东西用于攻击所有其他相同类型的设备，该怎么办？这种攻击仍将通过互联网连接进行，但随着对设备内部工作原理的了解，这种攻击将得到加强。

来自 NIST 的另一个有趣文件是"FIPS-140-2"，它描述了物理加密模块的安全要求，并定义了四个安全级别，通过做一些调整就可以将其作为所有嵌入式应用程序的一般安全级别。

1. 完全没有安全性
该系统没有防御功能，甚至无法检测到任何故障。

2. 篡改的证据和基于角色的安全性

破损的密封条或不透明的防篡改涂层将表示有过意外的进入。同样，门上的防撬锁显然也被打破了。可以使用压力触点来检测和记录何时有人打开过盒子，还可以使用其他传感器来测量温度以及其他超出正常范围的环境参数。基于角色的身份验证确保服务只能由得到授权的人员来执行或使用。

3. 关键访问防范和基于身份的安全性

在第 2 级安全级别的要求之外，第 3 级增加了新要求，即如果检测到未经授权的访问，则模块内的关键安全参数（CSP）（例如私钥、共享秘密和共享密钥）将归零。必须使用基于身份的安全性。因此，日志中泛泛地指出"维修技术人员"做了哪些事情是不够的，相反，它必须指出技术人员的名字。

必须使用坚固的防拆卸和防渗透外壳。可以应用各种物理自毁方法，甚至是小型爆炸。

操作系统可以是通用型的，但是安装必须遵循一系列的特定需求。任何允许以明文形式输入或输出关键安全参数的输入/输出端口不得用于任何其他目的。因此，一般通信需要用到其他端口。

4. 完全密封和抵御环境变化

第 3 级的所有要求也适用于此处。在此级别，模块完全密封，并将以"非常高的概率"检测入侵。可以使用通用操作系统，但现在要求更加严格，从一开始就设计一个已评估可信任的操作系统可能是一个更好的主意。该模块将抵御异常的环境变化，或将所有关键安全参数归零。

FIPS-140-2 专门处理加密组件，因此也将系统分为单芯片和多芯片解决方案。在考虑"全嵌入式系统"的安全性时，上述四个级别被进行了推广，以说明如何使用这四个级别。

所有项目团队都必须考虑物联网设备的网络安全性。许多团队需要考虑对固件进行签名和/或加密，以及下一节讨论的类似防范措施，但希望只有少数人需要使用安全封装，比如第 3 级和第 4 级中的封装。这些措施超出了本书的范围，需要学习它们可以参考网站 https://www.blackhat.com。

10.19　嵌入式系统中的漏洞

下面是与设备或其固件相关的已知安全问题的小目录。

1. 主页上的固件

许多公司在其主页上为其设备提供可下载的固件，这在很多方面都很实用。它允许用户获得问题的解决方案，以及获得常见版本中的新功能。这是非常常见的，当我们从商店带着我们新买的设备回家时，我们大多数人都会寻找新的驱动程序，这也允许供应商分发安全补丁，虽然并非所有用户都会使用这些补丁，但至少他们有机会使用这些补丁。

但对于专业的黑客来说，这会使二进制图像非常容易访问。如果它是未加密的，则可以相对容易地进行逆向工程。你可以删除调试符号，甚至使诸如 Java 代码变得混乱，但这只能使代码稍微难以阅读。如果是私钥、共享密钥或共享秘密（用于 MAC）保存在固件内，则可以挖掘出并滥用它们。黑客可以相对容易地制作自己的固件。

对策：在主页上没有可下载固件肯定会阻止效率低的黑客，但要求人工干预也会使升级设备的成本变高，并且这也不是很安全。为固件签名可以防止篡改，如果代码必须保密，则必须加密。与实时"烧录"闪存等所需的时间相比，在将新固件下载到嵌入式系统期间解密通常不会给系统带来太多负担。

2. 简单的内存读取

大多数嵌入式系统在诸如 CPU 外部的闪存中都包含二进制代码。同样，FPGA 系统通常从外部存储器加载。例如，EEPROM 中的配置数据可能比基本固件更敏感，而且由于它更小，所以扫描和解释速度也更快。如果黑客具有物理访问权限，则这些存储都很容易读取。可把存储器的电路从印制电路板上拆下来，再由标准的闪存设备或定制的可编程 CPU 系统读取。

对策：可以购买加密内存。例如，Atmel 的"CryptoMemory"是具有高达 256 kb 的EEPROM，内置加密引擎。Maxim 的类似器件被称为"DeepCover"。Microchip 在不同的版本中拥有更为平淡无奇的名字——"硬件加密引擎"。这些都包含 TPM 内容的子集，参见10.17 节，但内置内存不仅用于密钥，在未来，我们可以期待 TPM 出现在更多的嵌入式设计中，并且可能成为更大的通用 SoC 的一部分。另一种可能性是将 CPU 和内存放在 FPGA 中，这样就可以在同一芯片内部进行操作。2015 年，英特尔收购了 Altera，Altera 和 Xilinx 是这个市场的两个主要参与者。此次收购可能有很多原因，其中之一可能是提供带有先进 CPU 的安全 FPGA 以提高安全性。

3. UART 访问

如其他内容所述，UART 可以很方便地访问嵌入式系统以便进行调试，有时这个接口甚至不需要密码。

对策：至少需要一个密码，但并非所有设备都是如此。除了密码还可以使用基于序列号的散列，以及在设备固件和公司服务器上运行的服务应用程序之间的共享密钥，以记录所有的请求。

4. JTAG 调试器

如 5.3 节所述，为了调试，使用 JTAG 连接是切实可行的。不幸的是，这对黑客来说也很实用。

对策：仅在研发模型上允许此接口。

5. 无线 802.11b

较旧的无线系统不仅会降低你的无线速度，WEP 加密也很容易被破坏。

对策：仅允许在 Wi-Fi 上使用 WPA2 或更好的加密。

6. 出厂默认设置

2016 年 10 月发生了针对 DNS 系统的大规模的拒绝服务攻击，这可能是在大型"僵尸网络"中利用家用路由器的第一次主要攻击。事实证明，简单的黑客攻击是基于设备的出厂默认用户名和密码，黑客只需攻击那些没有更改用户名和/或密码的设备就足够了。

对策：对于具有用户登录功能的设备，可以选择为每个设备生成唯一的密码，例如写在设备的贴纸上[⊖]，或者坚持使用首次登录来更改密码。或者在可能的情况下，只允许本地登录，直到更改默认密码。

7. 缓冲区溢出

许多前面提到的安全漏洞基本上是贪图方便带来的麻烦。另一方面，缓冲区溢出是一个bug，它允许黑客访问系统。这通常基于用经典 C 语言编写的程序，例如获得最大长度时使用复制函数而不使用参数 n。复制的目标通常位于堆栈或堆上，其中还存储其他变量，因此，将一个太长的字符串写入一个变量会导致另一个变量被覆盖。对于黑客来说，如果他知道源代码，则这是最容易的，因此开放源代码比封闭源代码更容易受到攻击。有人提出反对意见，他们认为，开源由更多人审查和维护，从而可以保持更好的状态。

对策：避免使用 C 语言。这可能不是一个选项，取而代之的是使用静态代码分析来捕获不安全函数的使用，并将其标记为错误。

8. 侧信道分析

密码学本质上是一门数学科学，并假设具有完美的实现。不幸的是，真实世界中的设备，例如 CPU 和 FPGA，会在使用的电源上为熟练的黑客留下密集算法的痕迹。Paul Kocher 等人在 1998 年描述了他们如何识别 16 轮的 DES（参见 10.5 节），并根据软件中不同的分支来检测密钥中的各个数据位。经过发展，此技术现在使用统计数据来满足最初采取的简单对策。

功耗攻击绝不是唯一的侧信道攻击。黑客可利用的侧信道还有发射的声音和电磁传导。

⊖ 这也是一个弱点——使用之前必须移除贴纸。

对策：使用最新的加密库或 TPM 硬件，确保通过算法的所有路径都能产生同样多的跳转等。

上述许多漏洞的共同之处在于，它们要求犯罪分子对系统具有直接的物理访问。这有时被用作辩护："黑客可能不想访问我们所有的系统。"不幸的是，如前所述，通常只需要一台设备就可以获得必要的知识来做出许多伤害。如果设备是商品，如路由器，则黑客可以合法购买并将其带回家。在这里，他拥有一切所需的时间和工具。即使该设备不是商品，例如飞机，我们也不能排除一个心怀不满的员工携带信息或源代码的可能性。

> 获取更多信息的好地方是 blackhat.com，这是一个为社区的安全专业人士举办活动和培训的网站。他们在 YouTube 上发布视频，内容的很大一部分与一般 IT 有关，但也有物联网的相关话题。一个很好的例子是 2014 年 Nitesh Dhanjani 的一个视频，其中包括了一些令人烦恼的例子。其中一个例子是：有一个婴儿监视器，它连接到一个私人 Wi-Fi 网络，一旦你在本地连接到该监视器，就可以一直远程连接。这意味着任何人一旦连接上该监视器，就可以监视你家里发生的事情。另一个例子是：一个网络摄像头，它完全实现了如 10.12 节所述的 SSL。不幸的是，该设备还发出 UDP 数据包，其中包含明文形式的用户名和密码，该用户名和密码本来打算用于调试，但在上市之前没有被删除。在这些会话中，哪些事情不能做还需要进一步研究，但是，可以为你通过云解决方案连接电话和设备时可以做的事情提供很好的灵感。

有关防御/安全编码指南的目录，请参阅 Steve McConnell 的书 *Code Complete*（2），该书在网上的许多地方被引用。同样，卡内基-梅隆大学的 CERT 也列出了"十大安全编码实践"。

10.20　出口管制

我不是一名律师，读者不应该认为以下简单的文字具有法律效力。截至 2018 年 8 月，以下是我作为外行人对《出口管制法》的解读。

美国的出口管制法律不仅适用于美国公民，也适用于我们所有人，因为它们涉及所有从美国或与美国公民或使用美元进行的（再）出口。因此，通过 Apple 的 Appstore 或 Google Play 销售的程序受这些法律的约束。

美国工业和安全局（BIS）负责 EAR（Export Administration Regulation，出口管理条例）规定。在 EAR 中有许多类别，其中第 5 类是"电信"，该类的"第 2 部分"是关于信息安全的，这与本章有关。这部分通常缩写为"Cat 5，Part 2"或简称"C5P2"。

这些规定很难读懂，但违反这些规定可能会导致很长时间的令人羞耻的监禁。尽管如此，它们自 1992 年以来一直有些放松，其目的显然是通过制定法律，以便大家的日常事务不受妨碍，并让我们拥有正常的私人生活。

因此，第 5 类第 2 部分完全排除了许多内容，在大多数其他情况下，只需要向 BIS 发送一封自注册电子邮件通知即可。

美国工业和安全局 EAR 第 5 类第 2 部分有一个"说明 4"，提示排除以下内容：

- 消费者应用——软件和音乐的盗版预防和盗窃预防：包括音乐播放器、电视、HDMI 设备以及打印机和相机，还包括家用电器。
- 研究：这里列出了具体的研究领域。
- 用于操作、集成和控制的业务和系统应用：包括交通系统、收费、机器人、火警等。
- 安全的知识产权交付和安装：包括软件下载程序、安装程序和更新程序，还包括软件许可证和 IP 保护。换句话说，包括本章概述的许多安全机制。在此特别提到 TPM 是一种 IP 保护形式。
- 具体的受限通信：BIS（美国工业和安全局）给出的例子是儿童的笔记本电脑，它只能访问特定的识字教育网站，以及能发出加密信息（如哪些需要存货）的自动售货机。

即使你在固件中使用高级加密技术来保护 IP，这也很有意义，因为它并没有真正使其成为犯罪分子通信的一种方式。

但是，即使接受了对你的知识产权的保护，上述仍然存在 CPU 系统的一般使用问题。保护固件是一方面，但是第 5 类第 2 部分特别提到了一般文件加密的方面。

这引出了 2016 年的"解除管制说明"。这些说明包括智能卡、民用移动电话和无线个人局域网（例如 Zigbee，见第 9 章），这让普通消费者不受规定的阻碍。

另一个例外是针对"大众市场"的产品。这些被定义为场外销售，或类似地，产品的功能和价格要么是公开的，要么是在简单的要求下就可以得到的。

"解除管制说明"中豁免的最后一部分如下（原文用楷体表示，注释用普通字体表示）：

通用计算设备或服务器，其中"信息安全"功能满足以下所有条件：

1）仅使用已发布的或商业的加密标准。（本章中的所有算法均由 NIST 标准化，并且可以免费获得。因此，开源算法和标准 TPM 也受到青睐。）

2）具有以下任何一种情况：

- 符合第 5 类第 2 部分说明 3 的规定的 CPU 的组成部分。（说明 3 是之前描述的关于大众市场上的说明，其中有一条要求用户不容易更改密码函数。但是，说明 3 指出，如果对称密钥长度大于 64 位，或者非对称密钥长度大于 768 位，则必须向 BIS 提交分类请求或自分类报告。由于 NIST 已经标准化了 AES-128，所以这可能意味着大量的自注册（self-registration）。）
- 与 5D002 未指定的操作系统集成。（5D002 与"为密码学的开发、生产或使用而专门设计或修改的"软件有关。）

❏ 仅限于设备的"OAM"。（OAM 是"Operations, Administration or Maintenance"（运营、管理或维护），包括处理计算机上的账户和权限以及验证身份。）

请记住，我不是律师，以下是我的归纳：如果你使用标准或开源加密技术来保护基本的知识产权，那么你就大功告成了。如果你使用相同方法为文件加密或使用在大众市场产品中由用户生成和发送的任何内容，则需要发送"自注册"邮件。如果你打算越过后者，例如绕过安全性的产品，或专门针对高速数据加密的产品，那么你需要首先与相关部门联系。

10.21　扩展阅读

❏ openssl.org

该站点是 openSSL 库的主页，该库可以在你的代码中使用。它也是 openssl 命令行实用程序的主页。

❏ Paul Kocher、Joshua Jaffe 和 Benjamin Jun：*Differential Power Analysis*（www.cse.msstate.edu/~ramkumar/DPA.pdf）

这是一篇培养 DPA 兴趣的经典文章。

❏ www.blackhat.com

❏ Joe Grand：*Introduction To Embedded Security*

❏ HeartBleed.com

Codenomicon 的网站，其中包含有关心血漏洞的信息。

❏ William Stallings：*Cryptography and Network Security - principles and practice*

这是一本 Person 的经典教科书，涵盖了本章的所有原则，并有更丰富的内容。最新版本是第 7 版。

❏ www.ti.com/ww/en/embedded/security/index.shtml

德州仪器（TI）在这里提供 SHA-256、DES、3-DES 和 AES-128 的 C 语言实现的免费下载以及它们的使用手册，以及一个硬件选择指南。

❏ www.cryptopp.com

Boost Crypto++ 库的主页。

❏ FIPS.140-2

来自 NIST 的文档，描述了加密模块的安全要求。

❏ FIPS-180-4

来自 NIST 的文档，描述了安全散列和所有实现细节。

- SP 800-131A Rev.1

  美国政府关于在美国政府办公室内使用什么的建议，这些都是最低要求。

- 思科 2017 年年度网络安全报告（免费下载）

  （浏览并填写联系信息）

  这是非常有趣的阅读材料，包含有关各种威胁会如何影响行业、地理区域等的统计数据和图表。它主要关于服务器和客户端安全性，基本上只涵盖作为威胁来源的物联网。

- processors.wiki.ti.com/index.php/AM335x_Crypto_Performance

  这是 BeagleBone 中使用的 TI AM335x SoC 中加密引擎的基准测试。

- wiki.sei.cmu.edu

  十大安全编码实践。

- haveibeenpwned.com

  安全专家 Troy Hunt 的网站，任何人都可以在其中测试他们的账户密码是否被泄露。

- shodan.io

  一个网站，它在互联网上抓取信息，并为以后可能被搜索的物联网设备建立数据库。

数字滤波器

11.1 数字化的原因

> 小时候，我拆开过录音机，那里面有许多小零件，可以用螺丝刀卸下来。我拨弄了这些小零件，但并没有改善录音机的效果。后来我了解到，这些电位器用于修正额定值不精确的元件。在生产现场，有人手动调整了这些电位器。这是一项繁重的工作。不幸的是，由于部件老化，这种校准应该定期进行。事实上，专业的测量机构正仔细地给他们的设备打上"下次校准日期"的标签。

作为嵌入式软件的开发人员，我们认为这个世界充满了模拟信号，我们想要通过数字化的方式对这些模拟信号进行测量和生成。事实上，传感器之所以输出一个数字值，是因为另一个嵌入式程序员已经为你将其数字化了。很多事情都可以在不离开模拟世界的情况下完成，但是如果你是一个嵌入式程序员，不需要说服你，你就会将其数字化。下面我们来总结一下"数字化"的好处：

- ❑ 有了数字信号处理，设备几乎不需要校准。想象一下，我们可以去掉几乎所有的校准，取而代之的是可克隆的、不变的规范。这就是数字世界带给我们的好处。
- ❑ 数字信号处理比模拟处理灵活得多。你可以将许多滤波器安装到 DSP（Digital Signal Processor，数字信号处理器）或普通 CPU 中。在模拟情况下，你需要许多组件，要么完全独立，要么可切换。
- ❑ 现场可升级。可以通过更新固件来更改数字滤波器。这基本上是一件好事，参见

10.19 节。

然而，在某些情况下我们需要模拟电路：

☐ A/D（模拟到数字）转换之前。根据"采样定理"，采样频率至少是信号中的任何频率的两倍。通常，确保这一点的唯一方法是在 A/D 转换器之前插入低通滤波器，这种滤波器被称为抗混叠滤波器。

☐ 同样，在 D/A 转换之后，我们需要一个重构滤波器，将转换产生的高于采样频率的一半的频率部分截断。

☐ 假设你想测量隐藏在振幅较大的噪声（例如 50 赫兹或 60 赫兹的电力线噪声）中的一个小的 8 千赫兹的信号。你需要一个模拟滤波器，删除如低于 1 千赫兹的所有信号。如果没有这个滤波器，你的 A/D 可能会饱和，或者它可能根本没有动态范围来显示小信号。

☐ 你想测量的东西会并非总是给你一个与 A/D 转换器输入范围匹配的"刚性"电压。通常，你需要先调节信号，这可能需要放大、电流-电压转换或至少要缓冲。同样，你的输出至少需要被放大。

所以，虽然我们想要数字化，但有一些非常重要的元件需要被模拟。一着不慎，满盘皆输，测量链也是如此⊖。

即使你不包含或编写任何数字信号处理代码，你的设备也很有可能严重依赖 DSP。如果你有 Wi-Fi，那么某一先进的东西将运行在专用设备上，它必须性能良好且耗费能源少。对于专用硬件来说实现 IEEE 802.11ac 是一项完美的任务。它不需要早些时候广为称道的灵活性，它只需要重复做同样的事情。

模拟信号也被称为连续信号，而数字信号被称为采样信号或离散信号。我们稍后会回到这个问题上来。

11.2 为何需要滤波器

需要嵌入式程序员和 DSP 程序员是有原因的。DSP 领域庞大且数学量很大。如今，在个人计算机上调用 Intel IPP⊖库中的 FFT（Fast Fourier Transform，快速傅里叶变换）函数非常简单。但是如何从此处跨越到功率密度谱呢？我们需要多少行代码？平均多少？使用哪个窗口函数？

本书适用于从事物联网的嵌入式程序员，我们将坚持使用时域中的滤波器。你经常需要

⊖ 测量链是测量仪器或测量系统从测量信号输入到输出所形成的一个通道，是由一系列单元组成的。如由传声器、衰减器、滤波器、放大器和电压表组成的电声测量链。——译者注

⊖ 集成性能原语是一个用于图像处理等的库。

进行一些滤波，只需压缩数据量即可。数据通常会被传送到云端，根据你的应用可能会进行高级数字信号处理。为了实现滤波器，我们还将研究数字表示，这些是任何数字信号处理应用的基础。

在某些情况下，单独进行滤波是不够的，需要先做快速的本地操作。一个例子是统计过程控制，这是第 12 章的主题。

虽然我们不会在我们的嵌入式设备中讨论 FFT 的实现，但我们将看到在设计和分析时如何使用 FFT。

11.3　采样频率

通常我们使用符号 f_s 代表采样频率（或采样率）：

$$f_s = 1/\Delta T \tag{11-1}$$

其中 ΔT 是来自 A/D 转换器的样本之间的时间。在 POTS（Plain-Old-Telephone-System，简易老式电话系统）中，$f_s = 8$ kHz。这意味着 $\Delta T = 125$ μs。

有时你会看到用于公式中的符号 ω。这是"旋转单位矢量的角速度"，即

$$\omega = 2 \times \pi \times f \tag{11-2}$$

另一个数学概念是用正频率和负频率表示频率轴，这只是一个技巧，但它很好地解释了混叠等现象。混叠是当你违反"采样定理"时发生的情况：原始模拟信号的信号内容围绕 f_s 被"镜像"，并破坏你的数据。换句话说，根据采样定理，所有大于 $f_s/2$ 的信号都必须在抽样前删除（或者实际上必须低于一定的水平），这也被称为"奈奎斯特准则"，$f_s/2$ 被称为"奈奎斯特频率"。

DSP 算法（包括滤波器）与采样频率完全相关。因此，如果你创建了一个低通滤波器，其截止频率为 3 kHz，此时 $f_s = 20$ kHz，然后你将 f_s 提高到 40 kHz，那么相同的滤波器现在将在 6 kHz 处截止。为此，你经常会看到归一化滤波器特性，其中 DC 为 0，f_s 为 1。

11.4　时域和频域

时域中的信号与频域中相同信号的频谱之间存在一对一的对应关系。这意味着可以从一个转换到另一个，然后可以再转换回来。时域就是你在示波器上看到的，其中信号是随时间变化的函数。在频域中，x 轴表示频率，y 轴通常表示幅度或相位。因此，数学家会说我们在两个不同的表示中看到相同的信号，而工程师会说在频域中我们看到信号的（频率）频谱。在数学上，我们使用傅里叶变换从时域变换到频域：

$$F(f) = \int_{-\infty}^{\infty} f(t) e^{-i2\pi ft} dt \tag{11-3}$$

使用傅里叶逆变换从频域变换到时域：

$$f(t) = \int_{-\infty}^{\infty} F(f) e^{i2\pi ft} dt \qquad (11-4)$$

当我们处理采样/离散信号时，我们使用 DFT（Discrete Fourier Transform，离散傅里叶变换），如式（11-5）所示。DFT 的快速实现被称为 FFT（Fast Fourier Transform，快速傅里叶变换）。

$$X(m) = \frac{1}{N} \sum_{n=0}^{N-1} x(n) e^{-i2\pi mn/N} \qquad (11-5)$$

逆 DFT 也被称为 iDFT 或 iFFT，如式（11-6）所示。

$$x(t) = \sum_{n=0}^{N-1} x(m) e^{i2\pi mn/N} \qquad (11-6)$$

在两个表达式中，对于计算出的每个 m，n 的取值范围为 0 到 $N-1$（含 0 和 $N-1$）。换句话说，具有 1024 点的 DFT 使用 1024 个样本来计算频谱中的 1024 条线。因此，该计算具有内循环和外循环，每个循环为 1024 步。这意味着 DFT 计算的执行时间与 N^2 成正比，而 FFT 仅与 $N\log N$ 成正比，这在分析长信号时会产生巨大的差异。

如果先应用 DFT，然后再应用逆 DFT，就应该回到原始的信号。然而，为了得到正确的结果，需要将所有值除以 N，其中 N 是信号（和频谱）的长度。

这种除法有时在 DFT 中进行，有时在 iDFT 中进行，有时在两个变换中应用程序中都除以 $\sqrt{N}$。例如，如果你是一名关心细节（如幅度值）的工程师，你就会想要在式（11-5）所示的 DFT 之后做除法。

人们常说傅里叶变换是一个分析函数，因为它允许你分析时间信号的谱表示（spectral representation）。同理，傅里叶逆变换被称为合成函数，因为它从频谱中合成时间信号。

由于时域和频域之间的二元性，有时将信号从时域转换到频域中的频谱是有意义的，我们可以执行相关算法，然后再返回到时域。

图 11.1 中的上图显示时域中频率为 1 Hz 的连续正弦信号，下图显示该正弦信号的双侧频谱的幅度，来自 DFT/FFT。双侧频谱通常用于信号处理。

通过将所有负频率的幅度值加上正频率的幅度值，可以将双侧幅度谱变换为经典单侧幅度谱[⊖]，其在 0 处的值保持不变。在图 11.1 中，这意味着正弦振幅的大小变为 0.5 + 0.5 = 1.0，这实际上是时域信号的振幅。

如果频谱是一条位于 $f = 0$ 处的垂直线，那么在时域内是一条完全水平的直线，即直流信号。同样，时域内的一条垂直线对应一个平坦的频谱（在所有频率上都是相同的幅度）。这也被称为"白噪声"。事实上，一个很好的经验法则是，如果某信号在一个域是"尖锐的"或"大头针一般的"，那么在另一个域则是宽广的。例如，电子设计人员知道，各种数字总线信号的上升时间不应过陡，因为这会辐射高频噪声。

⊖　对于真实信号来说，这是幅度的两倍。

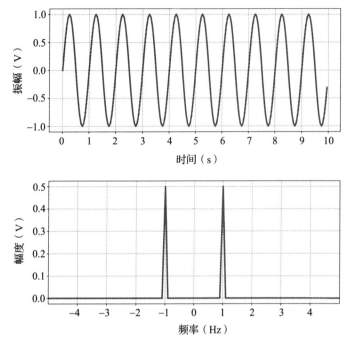

图 11.1　时域和频域内的连续正弦信号

源自时域的信号是实数，而在频域中它们通常是复数。

任何信号都可以被分解成许多正弦信号。我们稍后就会看到。

任何重复信号，无论是模拟信号还是数字信号，都有一个离散的频谱（一系列的线），也被称为谐波。每一个都在频率 nf 处，其中 n 是一个自然数，f 是重复频率，这也被称为基频或第一频率谐波。

11.5　模拟和数字定义

如前所述，我们处理模拟世界中的连续信号，而在数字世界中，这些信号是时间离散的（采样的另一种说法）。在模拟/连续世界中，时间信号记为 $x(t)$，频谱记为 $X(f)$，系统的传递函数记为 $H(f)$。

$H(f)$ 通常定义为 $Y(f)/X(f)$，其中 $Y(f)$ 是系统输出的频谱，$X(f)$ 是输入的频谱。因此，"传递函数"这个名称很好地描述了输入信号的频谱是如何通过系统传输的。

在数字/离散世界中，时间信号记为 $x[n]$，传递函数记为 $H(z)$，频谱记为 $X(f)$。注意，采样信号的频谱通常是连续的。

在数字/离散世界中，传递函数可以表示为分数，分子中有一个多项式，分母中有另一个多项式。分子中多项式的根被称为零点（zero），而分母中多项式的根被称为极点（pole）。它们在模拟情况下的笛卡儿坐标系中的位置，或者在数字情况下的极坐标系中的位置，可以告诉你传递函数的所有信息。

以模拟域为例：假设你正在绘制幅度函数，沿着频率轴从 0 画到无穷大。前面的任何极点或零点都是无关紧要的。一旦你通过一个零，就会上升 20 dB/dec（或 6 dB/oct），当你通过一个极点时，则会以同样的规则下降。这些值相加后，一旦通过了相等数量的极点和零点，传递函数就会失效。

与信号在时域中具有一种表示方式而在频域中具有另一种表示方式相同，系统时域中的脉冲响应 $h(t)$ 映射到系统的传递函数 $H(f)$。在这里我们也可以使用傅里叶变换及其逆变换。这在模拟和数字世界都是如此，尽管在数字情况下脉冲响应被称为 $h[n]$。

当受到狄拉克（Dirac）脉冲（一个面积等于 1 的有限窄脉冲）时，脉冲响应被定义为时域中系统的输出。

我们现在可以推断出具有长脉冲响应的系统具有窄的频率响应。

$h(t)$ 是实数，而系统的传递函数 $H(f)$ 是复数。研究这个复函数的一种方法是把幅度、相位表示为频率的函数。当我们同时展示二者时，它通常被称为波特（Bode）图。

11.6　更多的二元性

信号分析中存在许多形式的二元性。我们已经分析了时域和频域之间的二元性，以及"模拟/连续"系统和"数字/离散/采样"系统之间的二元性。

第三个二元性是在单个脉冲的频谱和相同脉冲重复无限次成为一个波之后的频谱之间。单个脉冲的频谱是连续的，而相同重复脉冲的频谱是离散的（即使在模拟世界中）。除此之外，它们是相同的。

时域内的单个矩形脉冲变成了频域内的 $\sin(x)/x$ 函数。$f = 0$ 处的频谱幅度值是信号的直流分量（与平均值相同）。幅度谱在 n/T 处具有零点，其中 n 是整数（不是 0），T 是脉冲的周期。

图 11.2 在时域和频域上显示了两个不同的矩形脉冲。

在时域中，脉冲越宽，$\sin(x)/x$ 变得越窄。较宽的脉冲在频域中也变得更高，因为它包含更多的能量。$\sin(x)/x$ 中心处的高度毫无疑问为 DC。图 11.2 中，两个脉冲中最窄的是 0.1 秒到 0.3 秒之间的 1 V 高的脉冲，这使得其在 1 秒区间内的 DC 为 0.2 V。类似地，最宽脉冲在同一区间内具有 0.5 V 的 DC。

最窄脉冲的第一个零点在 1/(0.3−0.1) 秒 = 5 Hz 处，而最宽脉冲的第一个零点在 1/(0.9−0.4) 秒 = 2 Hz 处。

在我们对两个脉冲的讨论中，我们将它们视为连续信号。这意味着从时域信号到频谱，我们应该使用式（11-3）中的傅里叶积分。为了计算出结果，我们需要数值积分。然而，在某些条件下，即使信号是连续的，也可以使用 DFT 或 FFT。

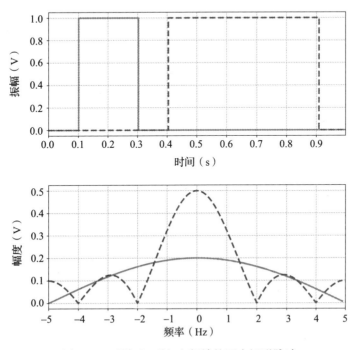

图 11.2　时域（1 秒）和频域的两个矩形脉冲

清单 11.1 中的 Python 程序是为了演示这个理论而创建的，其中使用了一些技巧来实现 FFT。你现在可能想学习理论，稍后我们再回到清单。

清单 11.1　使用 Python 对方形信号进行傅里叶变换

```
1   #!/usr/bin/env python3
2   # 本代码演示了两个矩形脉冲的频谱
3   # 使用了模拟真实的傅里叶积分的一些技巧
4   import matplotlib.pyplot as plt
5   import numpy as np
6   from matplotlib.backends.backend_pdf import PdfPages
7
8   Fs = 10   # 采样率
9   Time = 10 # 技巧 1：使用多于显示的采样
10  Ts = 1.0/Fs # 采样间隔
11  t = np.linspace(0,10.0,num=Time*Fs)
12  n = t.size
13
14  # 2 个宽方波采样
15  y1 = np.zeros([n],float)
16  y1[2] = y1[3] = 1.0
```

```
17
18    # 5 个宽方波采样
19    y2 = np.zeros([n],float)
20    y2[5] = y2[6] = y2[7] = y2[8] = y2[9] = 1.0
21
22    # 清空两个复数数组
23    Y1 = np.zeros([n],dtype=complex)
24    Y2 = np.zeros([n],dtype=complex)
25
26    Y1 = np.fft.fft(y1)/n # FFT 后归一化
27    Y2 = np.fft.fft(y2)/n
28
29    # 得到相应的频率轴
30    freqAxis = np.fft.fftfreq(n, Ts)
31
32    fig, ax = plt.subplots(2, 1, figsize=(10,10))
33
34    # 技巧 2: drawstyle 使它看起来是正确的，但是在时域上移动了
35    ax[0].plot(t,y1,'r',t,y2,'g--',lw=3,drawstyle='steps-pre')
36    ax[0].set_xlim(0,1)    # Trick 3: Zoom in
37    ax[0].set_xlabel('Time_(s)', fontsize=20)
38    ax[0].set_ylabel('Amplitude_(V)', fontsize=20)
39    ax[0].xaxis.set_tick_params(labelsize=15)
40    ax[0].yaxis.set_tick_params(labelsize=15)
41    ax[0].set_xticks(np.arange(0.0, 1.0, step=0.1))
42
43    # fftshift 确保轴是单调的
44    # 技巧 4: 补偿长 Time
45    ax[1].plot(np.fft.fftshift(freqAxis),
46              Time*np.fft.fftshift(abs(Y1)),'r',
47              np.fft.fftshift(freqAxis),
48              Time*np.fft.fftshift(abs(Y2)),'g--',lw=3)
49    ax[1].set_xlim(-5,5)
50    ax[1].set_xlabel('Frequency_(Hz)', fontsize=20)
51    ax[1].set_ylabel('Magnitude_(V)', fontsize=20)
52    ax[1].xaxis.set_tick_params(labelsize=15)
53    ax[1].yaxis.set_tick_params(labelsize=15)
54    ax[1].set_xticks(np.arange(-5, 6, step=1))
55
56    ax[0].grid()
57    ax[1].grid()
58
59    # 调整间距
60    plt.subplots_adjust(left=None, bottom=None, right=None,
61                top=None, wspace=None, hspace=0.4)
62
63    pp = PdfPages('TwoSquares.pdf')
64
65    plt.savefig(pp, format='pdf')
66    pp.close()
```

看过一个单矩形脉冲后，我们现在研究方波。图 11.3 显示了时域和频域中的连续方波。

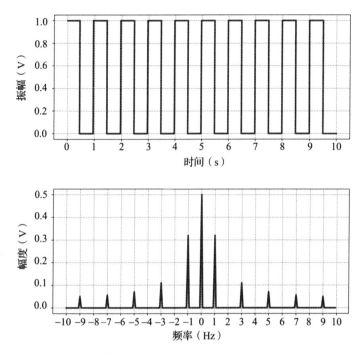

图 11.3 占空比为 50% 的方波

图 11.3 中的方波是图 11.2 中的宽脉冲一直重复的结果。如果比较两个图中的频率，则很明显图 11.3 中的频谱是图 11.2 中"虚线"频谱的采样版本，源自宽单脉冲。如前所述，重复信号中的所有频率内容都是在重复频率乘以整数值时得到的。由于我们在 10 秒内有 10 个周期，因此频率为 1 Hz。然而，由于方波的占空比$^{\ominus}$恰好为 50%，所以只有奇次谐波。方波可以说是由基频的正弦乘以 1、3、5、7、9 等的分量构成。

用于分析方波的 Python 代码如清单 11.2 所示。

清单 11.2 使用 Python 进行方波的傅里叶变换

```
1  #!/usr/bin/env python3
2  #本代码演示了方波的频谱
3  import matplotlib.pyplot as plt
4  import numpy as np
5  from matplotlib.backends.backend_pdf import PdfPages
6
7  Fs = 20   # 采样率。最大频率为 Fs/2
8  Time = 10
9  t = np.linspace(0,10.0,num=Time*Fs, endpoint=True)
10 n = t.size
```

$\ominus$ 信号处于"高电平"的时间占比。

```
11
12  freq = 1    # 方波频率
13
14  y = np.zeros([n],float)
15  y2 = np.zeros([n],float)
16  # sinus 是一个很好的起点
17  y = np.sin(2*np.pi*freq*t)
18  # 从正弦波生成方波
19  for x in range(n):
20      if y[x] >= 0:
21          y2[x] = 1
22      else:
23          y2[x] = 0
24
25  Y2 = np.fft.fft(y2)/n # FFT 后归一化
26
27  # 得到相应的频率轴
28  freqAxis = np.fft.fftfreq(n, 1/Fs)
29
30  fig, ax = plt.subplots(2, 1, figsize=(10,10))
31
32  ax[0].plot(t,y2,'b',drawstyle='steps-pre',lw=3)
33  ax[0].set_xlabel('Time_(s)',fontsize=20)
34  ax[0].set_ylabel('Amplitude_(V)',fontsize=20)
35  ax[0].xaxis.set_tick_params(labelsize=15)
36  ax[0].yaxis.set_tick_params(labelsize=15)
37  ax[0].set_xticks(np.arange(0, 11, step=1))
38
39  # fftshift 确保轴是单调的
40  ax[1].plot(np.fft.fftshift(freqAxis),
41    np.fft.fftshift(abs(Y2)),'b',lw=3)
42  ax[1].set_xlabel('Frequency_(Hz)',fontsize=20)
43  ax[1].set_ylabel('Magnitude_(V)',fontsize=20)
44  ax[1].xaxis.set_tick_params(labelsize=15)
45  ax[1].yaxis.set_tick_params(labelsize=15)
46  ax[1].set_xticks(np.arange(-10, 11, step=1))
47
48  ax[0].grid()
49  ax[1].grid()
50
51  # 调整间距
52  plt.subplots_adjust(left=None, bottom=None, right=None,
53              top=None, wspace=None, hspace=0.4)
54
55  pp = PdfPages('SquareWave.pdf')
56
57  plt.savefig(pp, format='pdf')
58  pp.close()
```

DFT/FFT 假定所分析的整个信号是重复的。你可以说这是信号的第一个样本一次又一次地放在最后一个样本之后。必须进行这种"永久延伸",以使信号的周期在"缝线"(stitches)处保持不变,并且两端正确相连。你可以试着稍微改变信号的长度或频率,这样你就能看到噪音从频谱的"底层"(floor)向上移动。事实上,只要在"linspace"调用中将"endpoint=True"更改为"endpoint=False",就足以产生明显的差异。布尔型变量"endpoint"决定是否包含范围中的最后一个样本。

我们的方波是由正弦波构建的,这一事实由图 11.4 和 11.5 逐步显示,我们将以另一种方式,实际上是以越来越多的正弦波构成方波。

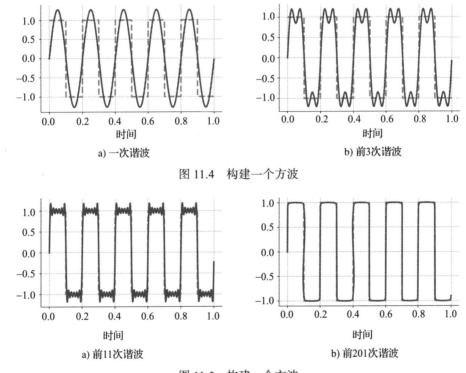

a) 一次谐波　　　　　　　　　　b) 前3次谐波

图 11.4　构建一个方波

a) 前11次谐波　　　　　　　　　b) 前201次谐波

图 11.5　构建一个方波

在图 11.4a 中,我们看到了理想的方波和一次谐波。它们的频率明显相同,但在其他方面看起来并不太相似。在图 11.4b 中,我们再次看到理想的方波,以及前 3 个谐波形成的一个波。由于所有的偶次谐波都是平的,所以只有两个"有效"谐波在起作用。在图 11.5a 中,显示了添加的前 11 次谐波,图 11.5b 显示了添加的前 201 次谐波(仍然包含理想方波,但现在很难看到)。很明显,我们包含的谐波越多,就越接近理想的方波。可以证明任何"表现良好"[⊖]的信号都可以由正弦信号构成。

清单 11.3 显示了用于生成谐波累积的 Python 代码。

⊖　正常信号是表现良好的。要求其在有限的时间内只有有限个极大值、极小值和不连续点。

清单 11.3　使用 Python 从谐波构造方波

```python
1   #!/usr/bin/env python3
2   import numpy as np
3   from scipy import signal
4   import matplotlib.pyplot as plt
5   from matplotlib.backends.backend_pdf import PdfPages
6
7   points = 1000
8   # 计算正弦振幅与方波振幅的比值
9   fact = 4/np.pi # or np.sqrt(2)/1.11
10
11  # 生成时间轴
12  t = np.linspace(0, 1, points, endpoint=False)
13
14  square = signal.square(2 * np.pi * 5 * t)
15
16  sines  = np.zeros([points],float)
17  sines2 = np.zeros([points],float)
18
19  #for 循环从 1 到 xx，步长为 2
20  for x in range(1,202,2):
21      sines += fact*1/x*np.sin(x*2 * np.pi * 5 * t)
22
23  fig, ax = plt.subplots()
24
25  ax.plot(t, square,'g--',lw=3)
26  ax.plot(t, sines,'r',lw=3)
27  ax.set_xlabel('Time',fontsize=20)
28  #plt.box(on=None)
29  #plt.ylim(-1.5, 1.5)
30  ax.spines['top'].set_visible(False)
31  ax.spines['right'].set_visible(False)
32  ax.spines['bottom'].set_linewidth(0.5)
33  ax.spines['left'].set_linewidth(0.5)
34  ax.xaxis.set_tick_params(labelsize=15)
35  ax.yaxis.set_tick_params(labelsize=15)
36  plt.subplots_adjust(left=None, bottom=0.2, right=None,
37              top=None, wspace=None, hspace=0.4)
38  ax.grid()
39
40  pp = PdfPages('SquareOfSines201.pdf')
41  fig.savefig(pp, format='pdf')
42  pp.close()
```

11.7　表现良好的系统

表现良好的系统是线性的。这意味着如果我们在时域中添加两个信号，则所得信号的频谱将与添加两个原始信号的复合频谱相同。如果信号由因子 A 放大，则幅度谱中的线条数也乘以 A，而相位不变。

表现良好的系统也是时不变的。这基本上意味着，相同的信号无论是在 5 点钟还是在 4 点钟输入，你都会得到完全一样的输出。

可以使系统表现不佳的典型事情是饱和度。如果你尝试添加两个幅度各为 7V 的模拟正弦波，并且你的电源 "轨道"（rail）为 ±10V，则会遇到问题。在数字领域也会发生同样的事情。

11.8　IIR 滤波器基础知识

在上一节中，我们简要介绍了系统的脉冲响应，术语 IIR 实际上代表有限脉冲响应，虽然这听起来很先进，但实际上所有的模拟滤波器都属于这种类型。你可能知道，在一个简单的 RC 电路中电容通过电阻充电，该电路有一个时间常数 $\tau = RC$，表示将电容器充电到极限值的 63% 所需要的时间。我们正在以渐近的方式接近这个极限值，但我们永远不会达到它。这只是理论上的，它不会影响到模拟或电力工程师，这就是 IIR 的含义。IIR 滤波器在小型 DSP 系统中非常流行，原因如下：

❑ 可以将标准模拟滤波器转换为数字 IIR 滤波器。在早期的数字信号处理中，这非常重要，因为过滤设计程序非常简陋。非常实用的是，你可以在你的书架上找到滤波器图册，找到一个具有合适的截止频率、通带纹波、阻带衰减和滚降效果的滤波器，并将其转换为数字。这种转换被称为双线性变换，这并不简单，但如果你只需要做一次，那么这是可行的。不要忘记，尽管 DSP 的发展初期是在互联网发明之后，但它还是在万维网之前。这就解释了为什么会有一本滤波器图册并且被使用。

❑ 许多数字系统取代了现有的模拟系统，并且有望像这些系统一样发挥作用。通常有一个标准，规定你可以将一个特定的模拟滤波器转换为数字 IIR 滤波器。在某些领域，情况仍然如此。

❑ IIR 滤波器通常需要的计算量比我们稍后将讨论的另一种滤波器 FIR 要少。同样，它们也使用更少的内存、程序和数据。

❑ 人们倾向于关注幅度，而不是相位。模拟滤波器有许多有趣的类型，如巴特沃斯（Butterworth）滤波器、切比雪夫（Chebyshev）滤波器、椭圆（Elliptical）滤波器和贝塞尔（Bessl）滤波器等。它们都为滤波器的挑战提供了优雅的数学解决方案，例如具有最小的通带纹波或最陡的滚降效果。其中一些滤波器有不错的相位特性，而一些的相位特性很差，但没哪个是完美的。

除了以上或多或少的历史益处，以下是关于 IIR 的一些事实：

❑ 如果设计不佳，则 IIR 滤波器可能会振荡。这通常是由于将滤波器系数设置为有限位数时产生的量化噪声（舍入误差）。振荡可能真的很大，就像真正的振荡器一样，或者更常见的是所谓的"极限环"（limit cycle）振荡。例如，虽然当过滤一个脉冲时，滤波器应该"消失"，但却以一个小而造成干扰的幅度继续围绕"稳态值"循环。

- RC 电路起初快速充电但随后充电较慢的原因是，当电阻两侧的电压彼此接近时，通过电阻的电流正在下降。换句话说，输出有一个反馈。你也可以说不久前的过去正在影响不久后的将来，IIR 滤波器也是如此。

11.9 IIR 的实现

IIR 滤波器的通用公式是

$$y[n] = \frac{1}{a_0} \left(\sum_{i=0}^{P} b_i x[n-i] - \sum_{j=1}^{Q} a_j y[n-j] \right) \tag{11-7}$$

通常，滤波器按比例缩放使得 a_0 为 1。$y[n]$ 是当前输出样本，$x[n]$ 为输入到滤波器的最新输入样本。$y[n-1]$ 是前一个输出，$x[n-1]$ 是前一个输入样本。因此，最新的 $P + 1$ 个输入样本每个都乘以一个系数，这个系数反映样本的"新颖度"。同样地，Q 个最新输出每个都乘以反映其"新颖度"的系数。最后，将它们全部加在一起，不需要保留所有中间结果。先清除一个"累加器"，然后一个接一个地累加，这样效率更高。因此，关注的重点是一个 MAC（乘积累加运算）操作所花费的时间。

图 11.6 是一种典型的可视化方法。

Z^{-1} 是表示一个样本延迟的数学方法。这意味着图 11.6 显示的 IIR 滤波器需要保留最近的三个输入样本和前两个输出样本，以便计算下一个输出样本。我们需要为每个输出样本执行 5 个 MAC。这虽然不多，但该滤波器是相当有代表性的，被称为 biquad（双二阶）滤波器。这个名字来自于双二阶函数，这意味着滤波器公式包含两个二阶函数，也就是说分子和分母都是二阶多项式，可以得到两个零点和两个极点。

从图 11.6 中可以清楚地看出为什么 IIR 滤波器很受欢迎。一旦有了滤波器系数，该滤波器的实现就非常简单了。可以通过简单地向下扩展图 11.6 中所示的概念来实现比二阶更高的 IIR 滤波器。然而，如前所述，IIR 滤波器可能变得不稳定，并产生振荡。事实证明，使用一个双二阶滤波器的输出作为下一个双二阶滤波器的输入来级联双二阶滤波器显得更加稳定。建议从最接近 x 轴的极点开始——用类似的零点配对。双二阶滤波器的示例代码如清单 11.4 所示。

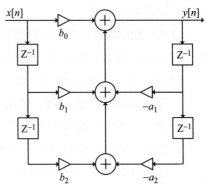

图 11.6 双二阶 IIR 滤波器的实现

清单 11.4　双二阶 IIR 滤波器代码（由 Tom St. Denis 创建）

```
1  ...
2  typedef struct
3  {
4          float a0, a1, a2, a3, a4;
5          float x1, x2, y1, y2;
6  }
7  biquad;
8  ...
9  float BiQuad(float sample, biquad * b)
10 {
11     float result;
12
13     /* 计算结果 */
14     result = b->a0 * sample + b->a1 * b->x1 + b->a2 * b->x2 -
15             b->a3 * b->y1 - b->a4 * b->y2;
16
17     /* 将 x1 移到 x2, 样本移到 x1 */
18     b->x2 = b->x1;
19     b->x1 = sample;
20
21     /* 将 y1 移到 y2, 结果移到 y1 */
22     b->y2 = b->y1;
23     b->y1 = result;
24
25     return result;
26 }
```

滤波器设计程序有很多。在你出去购买一个可能需要大量的编程和数学理解的昂贵的解决方案之前，也可以搜索一些可用的免费程序。图 11.7 是来自 IowaHills 的一个免费程序。

该示例演示了许多标准滤波器设计标准，其中包括表 11.1 中给出的重要参数。

表 11.1　样本滤波参数

参　　数	值	含　　义
基本类型	椭圆	等波纹。陡峭的侧面
Omega C	3 dB 截止	拐点频率
增益	0 dB	整体放大
采样频率	1	归一化
纹波	0.02 dB	通带纹波
阻带	60 dB	阻带衰减
极点	4	2 个双二阶滤波器

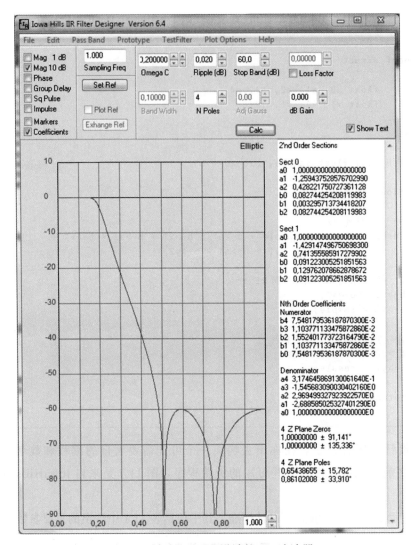

图 11.7　由 IowaHills 设计的 IIR 滤波器

在图 11.7 中"Coefficients"复选按钮被选中，它控制显示右侧的文本。该文本包含：

❑ 两个双二阶滤波器单元按系数的最优顺序排列。

❑ 基本 IIR 公式得到的 n 个系数。

❑ 四个零点，见图 11.8。

❑ 四个极点，见图 11.8。

如果要使滤波器稳定，则极点必须在单位圆内。极点和零点总是实数或复共轭对。

双二阶滤波器如此受欢迎，你会发现小型 DSP 或混合信号芯片都包含这些双二阶滤波器作为现成的构建模块，只需等待你的系数。

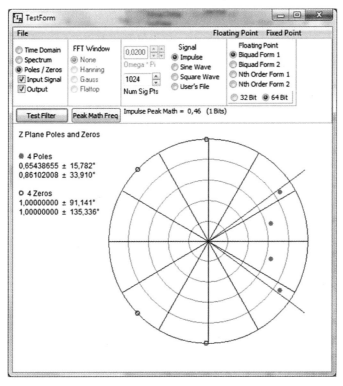

图 11.8　椭圆滤波器的极零点图

11.10　FIR 滤波器基础知识

与 IIR 滤波器相比，FIR 滤波器没有对应的模拟功能，它们只能以数字方式实现。我们不能使用模拟滤波器作为起点。FIR 滤波器基本上也可以执行低通、带通和高通，以及它们的组合。FIR 表示有限的脉冲响应（Finite Impulse Response）。它没有来自输出的反馈。由于缺少反馈，FIR 滤波器不能像 IIR 滤波器那样进入振荡或"极限环振荡"。FIR 滤波器的通用公式是

$$y[n] = \frac{1}{a_0} \left(\sum_{i=0}^{p} b_i x[n-i] \right) \tag{11-8}$$

式（11-8）正是没有反馈所有先前输出的最终总和的 IIR 公式。相应地，其框图也与 IIR 情况相同，见图 11.9，只是这里没有 IIR 的右侧部分。

在这种情况下，它不是一个具有代表性的滤波器。如果没有反馈，则滤波器必须包含更多元素。但是，实现 FIR 滤波器是通过直接向下扩展图 11.9 来完成的，且不需要级联。

因此，FIR 滤波器通常比 IIR 滤波器需要更多的资源。然而，FIR 滤波器上最有趣的事实是，它们很容易被设计成拥有线性相位。这意味着如果你绘制该滤波器传递函数 $H(f)$ 的相

位，则它将是一条直线。这也意味着该滤波器延迟整个信号的时间等于这条直线的斜率。这通常不是问题，在大多数情况下，举例来说，它仅仅意味着声音到达扬声器的诸如 12 微秒的延迟，而这不是任何人都可以察觉得到的。但是，如果附近扬声器的另一个信号没有相应延迟，那么每个人都可以察觉到它。因此，我们需要延迟其他信号以相同的时间，这意味着延迟必须是整采样数。

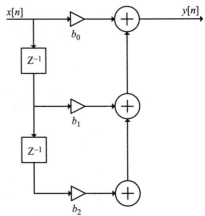

图 11.9　二阶 FIR 滤波器

如前所述，在 IIR 滤波器中有一个来自输出的"反馈"。这方面的一个主要缺点是你需要计算所有输出样本，因为在计算下一个样本时需要全部样本，不可以略过任何计算。现在为什么有人想要这样做呢？信号处理中最常见的过程之一是抽样，以下是一个示例：

假设我们有一个以 f_s = 96 kHz 采样的信号，这是专业音频中的常见采样率。假设我们只关心 7.6 kHz 以下的内容，并且我们对此信号进行了大量处理。将原始采样率降至四分之一（24 kHz）是有意义的，这将在即将到来的计算中节省存储空间和计算机功耗。我们不能将其降到 12 kHz，因为这会违反采样定理（7.6 kHz 大于 12/2 kHz）。虽然我们可能不考虑原始采样频率除以 2^n，但这通常更复杂并会引发其他问题。

所以基本上我们想要丢弃每 4 个样本中的 3 个，但我们做不到。如果"未来的" f_s/2（12 kHz）和当前 f_s/2（48 kHz）之间存在任何内容，那么我们需要在丢弃样本之前将其删除。为此，我们需要应用低通滤波器。如果我们使用一个 IIR 滤波器，其中对于两个双二阶滤波器单元，每个样本需要 10 个乘积累加运算（MAC），那么在高采样率下，当我们丢弃了 3/4 的样本时，我们实际上在每个输出样本上花费 4 × 10 = 40 个 MAC。

使用 FIR 滤波器，我们只需要计算所需的实际输出样本。这意味着 FIR 滤波器不会与每个样本的 10 个 MAC 竞争，但会与每个样本的 40 个 MAC 竞争。因此，如果我们能够在 39 个 MAC 中执行 FIR，那么它实际上更快。每次计算后，我们移动的样本数不是一而是四。然后我们再进行下一次计算。

除此之外，FIR 滤波器确实是"矢量化"的。正确设置后，许多 DSP 都非常快。如果 DSP 具有用于 IIR 的硬件内置双二阶滤波器，那么它也非常快，但如果它只具有快速乘积累加运算，那么在中间的样本周围会有大量的干扰。

理想的滤波器通常是频域中的一个矩形。如果它是低通滤波器，那么它将以直流为中心（记住频率轴的负方向）。如果它是高通滤波器，则它将以 f_s/2 为中心。带通滤波器介于两者之间。

因此，实现 FIR 滤波器的一种方法是进行 FFT（快速傅里叶变换），将信号变换到频域，把它乘以逐个样本的平方，然后执行 iFFT（逆快速傅里叶变换），回到时域。这实际上可以使用短时"代码片段"(snippet)来完成,但在数据流上并不简单[1]。相反,我们将该矩形从频域转移到时域,频域中的乘法变成了时域中的卷积(我们将很快讨论)。

在图 11.2 中,我们在时域中看到了一个矩形脉冲,它在频域中成为 $\sin(x)/x$ 函数。相反,如果我们从位于 DC 周围的频域(换句话说是低通滤波器)取一个矩形区域到时域,它实际上就变成了 $\sin(x)/x$。请看图 11.2,交换其中的频率和时域,你会看到低通 FIR 滤波器在时域中为 $\sin(x)/x$。当我们处理离散信号时,$\sin(x)/x$ 被采样。这些采样是滤波器系数。在数字信号处理中,我们将来自 FIR 滤波器的每一个这样的系数称为 tap[2]。

图 11.10 显示了来自 IowaHills 的 FIR 设计器。这一次没有级联部分,也没有极点和零点,只有很多系数,中心系数被选中。请注意,其他系数在此周围是对称的,这就是我们的线性阶段。

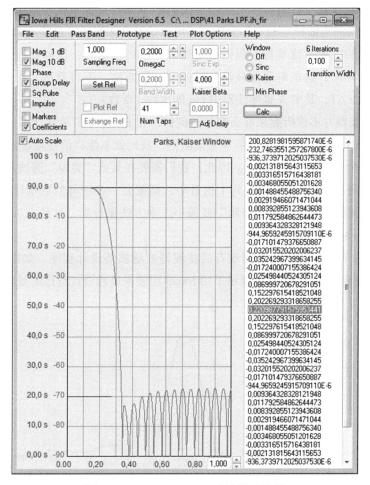

图 11.10 IowaHills FIR 滤波器设计器

⊖ 这可以使用一个叫做"重叠-添加"(overlap-add)的概念来实现。

⊖ 这个名称可能源于使用"抽头延迟线"(tapped delay line)的实现。

11.11　FIR 的实现

卷积是对我们的数据和 FIR 滤波器的 tap/ 系数应用的过程，图 11.9 以抽象的方式显示了这个过程。我们将这些系数"放置"在样本的旁边，将每个样本与一个滤波器系数相乘，累加乘积，然后在滤波器的中心附近得到一个单独的输出样本。此时，你可能会想到两件事：

- 如果我们需要将滤波器的 tap 置于当前样本旁边的中心位置，则如果 tap 的数量为偶数，我们将无法正确排列好样本和这些 tap。

  这就是为什么我们应该始终生成和使用具有奇数个 tap 的 FIR 滤波器。

- 我们如何放置在"当前"样本旁边？我们的滤波器常数中有一半指向旧样本，这很好，但是指向当前样本的那部分呢——可以说是在未来吗？这是不可能的，这就是数学家所说的非因果滤波器。我们需要处理一个延迟信号，这样我们就可以准备好所有的输入样本，这是解释滤波器延迟的另一种方法。不难看出，我们需要延迟信号 $((N-1)/2) \times \Delta T$，其中 N 是滤波器中 tap 的次数（奇数）。

设计 FIR 滤波器并不像听起来那么容易。例如，在 Excel 中简单地计算 $\sin(x)/x$ 并非畅通无阻。理想的 $\sin(x)/x$ 是无限的，如果 N 是无限的，我们就不能将信号延迟到偶数的 $N/2$，并且我们也没有 N 个 MAC 的计算能力。因此，我们需要在某处"剪掉"滤波器的"边缘"，因此将其称为"有限冲激响应"。要做到干扰最小，则需要一些额外的数学计算。通常，窗口函数被应用于滤波器函数，通过"等距"或最小二乘方法来计算，这种方法根据其发明者的名字命名为 Parks-McClellan。

就像 IIR 滤波器一样，需要使用现有的滤波器或滤波器设计程序，如图 11.10 所示。然而，Excel 并非完全没用，图 11.11 展示了用 Excel 图表来显示设计程序的滤波器系数。

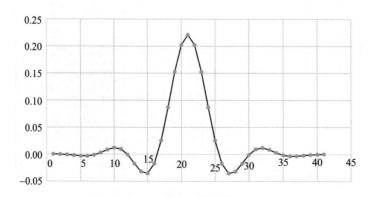

图 11.11　FIR 设计程序的系数

绘制滤波器系数可能很有用。我和一个学生在我们的硕士项目中设计了我们的第一个 FIR 滤波器。经过多次实验，我们绘制了系数的图表。事实证明，滤波器程序的打印功能已经巧妙地将系数写成多行，而出于某种原因，从来没有在换行后打印出第一个数字的负号。一旦系数被绘制出来，就很容易发现这一点。

图 11.12 显示了一个缓冲区，它实现了一个环形存储，其样本数与滤波器系数相同。

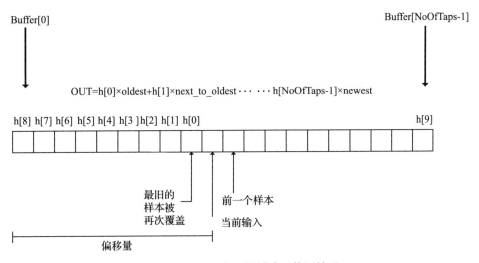

图 11.12　MIT 实现的缓冲区使用情况

系数与 h[0] 被放在最旧的样本旁边，h[1] 被放在稍新样本旁边，直到最近的样本旁边有 h[NoOfTaps-1]。就像 FIR 公式一样，每个系数都与下一个样本相乘，并对所有乘积求和，即再次累加乘积。

当插入下一个样本时，我们将 FIR 滤波器系数移动一个样本，使其中心与下一个较新的输入样本一起放置。该过程被无限重复。

创建图 11.12 是为了演示在麻省理工学院制作的非常高效的 C 语言代码片段，它实现了 FIR 滤波器，其中包含我的注释。

清单 11.5　MIT FIR 滤波器代码⊖

```
1  double Fir1::_Filter(double input)
```

⊖ 对于 MIT 的代码清单，我们有以下免费使用许可证：
　许可证：MIT 许可证（http://www.opensource.org/licenses/mit-license.php）。授予人们免费获得以下权利：包括但不限于使用、复制、修改、合并、出版、分发、再许可和出售本软件的副本，并在符合下列条件的情况下，准许向其提供本软件的人这样做：
　上述版权声明和本许可声明应包含在软件的所有副本或实质性部分中。

```
2  {
3      double *coeff     = coefficients;          // 指向索引 0
4      double *coeff_end = coefficients+taps;     // 指向数组之后
5
6      double *buf_val   = buffer +offset;        // buffer 是一个 var 类
7
8      *buf_val = input;                          // "当前"指针
9      double output = 0;                         // 准备累加
10
11     while(buf_val >= buffer)                    // 循环直到左边界
12         output += *buf_val-- * *coeff++;        // 乘法累加和移动指针
13
14     if (++offset >= taps)                       // 到达右边界了吗？
15         offset = 0;
16
17     return output;
18 }
```

11.12 动态范围与精度

FPU（Foating Point Units，浮点数单元）正在逐渐普及，它们可以为你提供更大的动态范围，从而使编码更容易。你不必担心计算过程中的溢出。有了这样一个设备，你可以用普通的 C 语言编写嵌入式代码，使用浮点数（float）和双精度浮点数（double），就像你在 PC 上编程时所习惯的那样。然而，较小的系统通常没有 FPU，并且你必须使用整数，因为软件实现的浮点库通常对于紧急的信号处理来说过于缓慢。

完美主义者可能更喜欢整数运算。假设你正在使用 32 位 CPU，而你的数字是 32 位的。使用 IEEE-754 二进制 32（以前被称为"单精度"），也就是 C 语言中的浮点数（float），包含 24 位尾数（包括符号）和一个 8 位指数。如前所述，这为你提供了比 32 位整数大得多的动态范围，但精度较低（整数中仅多 8 位）。因此，如果非常了解该理论、你自己的数据和设计，那么你就可以很好地使用整数范围，而不会出现溢出。这同样使你可以选择更小的 CPU，以及耗费更少的电力、金钱。

11.13 整数

本节及以下各节都是关于使用整数的。我们将从"基数"开始。任何数制中的正数都可以写成"基数"（base）的函数，即

$$\text{Value} = \sum_{n=0}^{p} a_n \times \text{base}^n \tag{11-9}$$

记住，任何数的 0 次方都是 1。下面是一些三位数的例子：

通常情况：$a_2 * \text{base}^2 + a_1 * \text{base}^1 + a_0 * \text{base}^0$

基数 10，"256"：$2 \times 10^2 + 5 \times 10^1 + 6 \times 10^0 = 2 \times 100 + 5 \times 10 + 6 = 256$

基数 2，"101"：$1 \times 2^2 + 0 \times 2^1 + 1 \times 2^0 = 2 \times 2 + 0 + 1 = 5$

基数 16，"$a2c$"：$10 \times 16^2 + 2 \times 16^1 + 12 \times 16^0 = 10 \times 256 + 2 \times 16 + 12 = 2604$

基数 8，"452"：$4 \times 8^2 + 5 \times 8^1 + 2 \times 8^0 = 256 + 40 + 2 = 298$

这些数字系统被称为"十进制""二进制""十六进制"和"八进制"。以 16 为基数的十六进制数，在 9 之后继续计数为 a、b、c、d、e、f，而 0x10 是十进制的 16。

> 大多数 C 程序员都知道十六进制数字应在前面写上"0x"。因此，上面的十六进制数字应写为"0xa2c"或"0xA2C"。但是，很少有人意识到数字"0452"实际上是上面列表中的八进制数，实际上，它对应于十进制系统中的 298。我曾帮助一个人追踪一个 bug，他在一个表格中写了很多数字，并在其中一些数字的前面加了一个"0"来对齐列，这些数字就变成了八进制数字，造成了一个讨厌的 bug。

在标准 C 中，我们可以在 int、unsigned int 和 signed int 之间进行选择，也可以选择 long 和 short（以及更新的 long long）变体。如果不写 unsigned，则默认情况下会得到有符号的版本。然而，在小的 8 位 CPU 中，通常为小的数字使用 char。为此也有 signed char 和 unsigned char。但出于某种原因，不存在默认哪一个。

处理信号（例如通过 typedef）时，应始终使用 signed 版本。如果你只写 char，那么编译器默认值决定你是获得有符号版本还是无符号版本。程序可能运行得很好，但是在编译器升级或更改之后，甚至只是一个新用户在他的 PC 上编译时，神秘的事情就会发生。原来有一个变量被声明为"char"，并且通过更改默认值将其从有符号变为了无符号。有关这些案例很好的附录，请参阅 c99。另请注意，C 标准只保证以下内容：

清单 11.6　标准 C 数据大小

```
1  sizeof(short) <= sizeof(int)  // 保证但仅此而已
2  sizeof(int)   <= sizeof(long) // 保证但仅此而已
```

这意味着如果普通 int 是 16 位，则 short int 很可能是 8 位，但如果 CPU 是 16 位，则 long int 也无疑为 16 位。

负整数的实现，实际上是由于我们希望能够使用与无符号整数使用的相同的加法电路，我们希望能够将 $-x$ 加到 x，得到 0，那么，如果使用十六进制数字和一个字节，我们要向 0x01 添加什么来得到结果 0x00？答案是 0xff。因此，对于 16 位字，我们有一些示例如表 11.2 所示。

表 11.2　16 位有符号整数的例子

十 六 进 制	十 进 制
0x7fff	32767
0x4000	16384
0x0001	1
0x0000	0
0xffff	−1
0xc000	−16384
0x8000	−32768

11.14　定点运算

你在使用整数运算来计算非整数时，习惯使用虚拟二进制小数点（virtual binary point），它通常位于符号位的右侧。例如，一个正 8 位数字的虚拟小数点记为

$$0.1011010B = 1 \times 2^{-1} + 0 \times 2^{-2} + 1 \times 2^{-3} + 1 \times 2^{-4} + 0 \times 2^{-5} + 1 \times 2^{-6} + 0 \times 2^{-7} = 0.703125$$

0.1011010B 对应的十六进制数 0x5a 没有这个小数点，可将 0x5a 转换为十进制值 90，然后用 90 除以 2^{N-1}，其中 N 是该二进制数的位的个数（共 8 个）。在我们的例子中，我们有

$$0x5a = 5 \times 16 + 10 = 90，然后，90/2^7 = 0.703125$$

如果你有一个介于 0 和 1 之间的小数，则乘以 2^{N-1}，这个数字被四舍五入⊖得到一个整数，然后被转换为十六进制（或二进制）。传统上有几种不同的方法可以将符号位作为 MSB（Most Significant Bit，最高有效位）：

❏ MSB 作为符号。其余的表示大小。

❏ 负数作为绝对值的"1 补码"（one's complement），它只是对所有位取反。

❏ 负数作为绝对值的"2 补码"（two's complement）。

在现代硬件和 CPU 中，毫无疑问"signed"意味着"2 补码"（two's complement），除了一个重要的地方：IP 和 TCP 头的校验和，它使用了"1 补码"（one's complement）。但本章是关于数字信号处理的，我们使用"2 补码"。让我们来看看以下事实：

❏ 命名为"2 补码"的原因是 $x >= 0$ 的位模式（bit pattern）是上面定义的 x，而 $x < 0$ 的位模式是 $2 - |x|$。

❏ 你可以通过以下操作从任意数字 × 变换到 − × ：先将其所有位按位取反，再加 1。例如，用 4 个二进制位表示正数 6，结果为 0110。首先，将 0110 按位取反得到 1001，然后加 1 得到 1010。通过加 6（1010 + 0110 = 0）进行验证。还有其他聪明的算法，

⊖　尤其对于 IIR 滤波器来说，我们可能需要"控制四舍五入"——这也是滤波器设计程序的一个原因。

但熟记一个总比敷衍两个好。

❑ 使用"2 补码",你可以就像求和无符号数字一样来求和有符号数字。但是,如果在加法或减法之后,进位与符号位(MSB)不同,就会溢出。如果 CPU 中有溢出标志(overflow flag),则会将其设为 true。它通常被称为"V"标志,而进位是"C"标志,而"Z"标志意味着最后一条指令(影响该标志)以零为结果而结束。最后,"N"标志或"S"标志是 MSB 后面的符号。

溢出基本上是指两个正数相加得到一个负数,或者一个负数加上另一个负数得到一个正数。在这种情况下,将出现一个 wrap(包裹或换行)。溢出标志可以在汇编程序中被检查,但不能在 C 语言中被检查。在某些系统中,可以将其设置为产生异常(即陷阱)。在许多 DSP 中,你可以选择 saturation 模式,这意味着 DSP 将选择最大的正数或负数,而不是"wrap"。它并不像听起来那么好,因此你应该能够禁用这个函数。见下一项。

❑ 如果使用"2 补码"进行整数运算,那么你可能已经设计了一个过滤器,使得许多乘积的结果累加而不会出现溢出,但是在此过程中可能会有暂时的溢出。多亏"2 补码"数采用 wrap 的方式,你得救了,除非你打开了 saturation 模式。这就是整数 DSP 计算有趣的原因之一,从动态范围中获取最大值是一种艺术,但很费时。

设计"2 补码"使得即使 CPU"认为"它正在处理整数,也仍然可以增加数字。现代 CPU 也做减法,也适用于"2 补码"数,但乘法有点复杂。

11.15　Q 记号和乘法

如果我们将两个"正常"有符号 16 位整数相乘,最终得到一个 32 位整数,它的位数增加了一倍。之前,这两个整数每个都有 1 个符号位和 15 个整数位,则结果中就有 2 个符号位和 30 个整数位。这不是什么问题,CPU 会自动将 MSB 旁边的位复制到 MSB 中,这被称为符号扩展(sign extension)。它不会改变位的权重。

小数就不一样了。如果得到两个符号位,则我们的结果恰好是应得结果的一半。这变得更加复杂:虚拟二进制小数点不一定在符号之后,你可能想要设置一下它,这样你就可以让滤波器系数大于 1。为了解决这个问题,"Q"记号被引入。使用"2 补码"小数的 16 位字被标记为 Q15(或 Q0.15),指定商数占 15 位。同样的 16 位字也可以用于 Q13,即 Q2.13,意思是小数部分有 13 位,整数部分有 2 位。⊖

如果从 Q15 开始,则我们在乘法后得到 Q30。换句话说,"不聪明"的 CPU 给了我们两

⊖ 其他思想流派也包括符号位。因此,在这里 Q15 也被称为 Q1.15,Q2.13 变为 Q3.13。

个符号位，我们需要将一位向左移位以得到 Q31，然后保留高 16 位作为 Q15 的结果。

这将导致截尾。四舍五入可能是首选。在截尾之前，通过增加 0.5，将十进制数四舍五入为整数。在这里，我们将 1 添加到将被截尾的位的 MSB。在上面的例子中，我们向左边移位后，将 0x8000 加到 Q31 数。或者，我们可以在移位之前将 0x4000 加到 Q30 数。这使我们可以选择左移一个位，使用高 16 位，或右移 15 位，使用低 16 位。

真正的 DSP 使用累加器来进行乘积累加运算。如果它是 16 位 DSP，则该累加器至少为 32 位宽。正如我们所看到的，滤波器基于许多乘积的总和，因此 DSP 不是将每个乘法舍入为 16 位，而是将数字累加到这个"宽累加器"，从而为我们节省了许多舍入误差。最后，在以高 16 位读取结果时，假设是 Q15 算法，固定点 DSP 通常会将结果左移一位。这可以包括所描述的自动舍入，或甚至更高级的舍入。

其中称为"桶形移位寄存器"（barrelshifter）的变量可以被编程来执行特定的移位数。该移位数取决于两个操作数中小数点之前和之后的位数，以及累加器具有的额外位（extra bits）。如果你使用的是标准的、非 DSP 的、带 Q 算法的 CPU，则是否最后一个移位将取决于你。

11.16　除法

浮点处理单元（Floating Point units）也支持除法，所需要时间通常比乘法更长，整数除法也是如此。确实，除以 2^n 可以通过将"符号扩展"（sign-extension）右移 n 次来实现，但这使得代码更难以阅读。而这在著名的紧致内循环（tight inner-loop）中可能是必要的。你应该首先检查编译器清单中是否有这样一个数字的除法，大多数编译器都知道这个窍门。类似地，一个带常数的浮点除法也可以通过使用乘以倒数更快地执行。如果这里有什么需要改进的地方，并且清单显示编译器实际上并不知道其中的窍门，那么最好不要手工计算倒数，而是在代码中隐秘地将其相乘。如果你想除以 π，你可以写为

$$y = x * (1.0/pi)$$

编译器将在编译时为你分配常量。

11.17　BCD

IBM 发明了 BCD（Binary Coded Decimal，二进制编码的十进制数）。原因是固定小数点对于信号分析可能是很好的，但可以这么说，IBM 是为了赚钱。如果使用的是美元和美分（或者其他等价货币），那么你真的没有必要将一个数字表示为 1/2+1/4+1/8+1/16 这种复杂的形式，相反，你可能非常想将这个数字表示为 15.30。所以 IBM 牺牲一些位：不是让每个 4 位半字节从 0 到 15 计数，而是让它从 0 到 9 计数，下一步是辅助进位（也是一个 CPU 标志），

它会增加下一个半字节，或由程序员用作该目的。即使是著名的 Digital VAX 也曾支持 BCD。然而，这已成为历史，你不应该期望在 BCD 中进行信号分析。

11.18　扩展阅读

- Oppenheim 和 Schafer：*Discrete-Time Signal Processing*
  对作者来说这是 *Digital Signal Processing*（一本经典巨著）的替代品。

- Rabiner 和 Gold：*Theory and Application of Digital Signal Processing*
  另一部经典之作。

- www.iowahills.com：Filter Design
  本书使用了这个网站的滤波器设计程序，并得到了作者的许可。如果你想深入了解 IIR 和 FIR 滤波器的实现，这是一个很好的起点。

- musicdsp.org
  滤波器和其他音频相关信号处理的良好来源。本章使用的 Tom St. Denis 的双二阶滤波器也来自这个网站。

- web.mit.edu/2.14/www/Handouts/PoleZero.pdf
  非常好地描述了极点和零点以及它们与波特图的关系。

- Erik Hüche：*Digital Signal Behandling*（丹麦）
  一本脚踏实地的教科书，该书关于硬件的章节虽然已经过时，但是对理论有很好的解释。

- Jan Gullberg：*Mathematics: From the Birth of Numbers*
  这真的不是 DSP 所需的书。但是如果你是一个数学和数字方面的"书呆子"，那么你可能会喜欢这本书。

- dspillustrations.com
  这是一个非常称职的网站，上面有很多关于 DSP 的文章。另外，网站中也有很多"用 DFT 逼近傅里叶变换"方面的内容。

第 12 章 · CHAPTER 12

统计过程控制

12.1　简介

如第一章所述，"工业 4.0"有两个主要支柱：一个支柱是制造机器人和机器的连通性，另一个支柱是更高程度的自治。

随着数十亿设备连接到互联网，我们不能指望它们都将原始数据发送到其他地方来做决策。如果设备使用更加智能的 CPU，则它们可以在本地做出决策，这样做速度会更快并且省电和节约带宽，从而节省成本。在许多方面，这也是一种更安全的解决方案。第 11 章介绍了如何通过过滤采样信号中的较高频率来减少数据量，在本章中，我们将了解如何通过在本地做出决策来避免制造过程中的大量通信和延迟。这意味着嵌入式系统程序员需要了解有关质量控制和应用统计方面的知识。本章将介绍它的主要思想，并提供扩展阅读的链接。

近一百年前，统计质量控制之父沃特·休哈特（Walter Shewhart）在贝尔实验室引入了统计质量控制和控制图。当时，电话网络中使用的许多产品都要埋在地下，因此修理成本很高。休哈特知道生产中的变化是如何导致失败的，他还意识到，在可接受的范围内，微小的随机变化可能会导致操作人员将机器调整到比以前更糟糕的状态。这需要一种方法来区分可接受的随机变化和各种错误原因。

休哈特引入了两个术语来解释生产系统输出变化的原因：

❑ 常见原因（common cause）

这些是任何生产系统以及自然界中存在的随机变化。没有两个对象完全相同。一旦测量并接受了这些常见原因，它们就不应导致对过程的调整。

❑ 非机遇原因（assignable cause）

"非机遇原因"是指变化可以追溯的原因，有时要通过非常艰苦的工作来追溯，而这些源头是无法控制的。这可能是在"恒温"下测量时打开的窗户，或者是电子生产中带入洁净室的灰尘，或者是次级供应商的新一批部件与以前的不同等。

休哈特还将质量测试的目的分为两个：

❑ 能力（capability）

我们在多大程度上符合规格？这就是现场以外的人与质量控制相关联的问题。如果你对生产系统的变化几乎没有控制权，那么你要么必须提供保守的规格，并提供比客户支付的金额价值更高的产品，要么不提供保守的规格，然后一些客户将获得比他们支付的金额价值更低的产品。这两种情况都不好。

❑ 稳定性（stability）

制造过程稳定吗？这里测试的目的是检测诸如磨损是否会降低生产设备的质量的问题，这最终会导致产品超出规格。众所周知，随着产品在交付链中的流动，解决问题的成本几乎呈指数级增长。在机器开始生产有缺陷的产品之前把它修好，要比扔掉这些缺陷产品划算得多。最昂贵的修复发生在客户发现缺陷时，这不仅产生了物流费用（送产品去维修等），也伤害了品牌的信誉。

本章的大部分内容中，我们处理的是可以被测量的变量，如重量、长度、3db 带宽、体积等。这些通常作为实数给出（与整数相反）。根据中心极限定理，当样本数量"多"（这通常被解释为至少需要 30 个观测值）时，所有统计分布都可以被视为正态分布。正态分布也被称为高斯分布。

图 12.1 显示了正态分布的一个特殊情况。

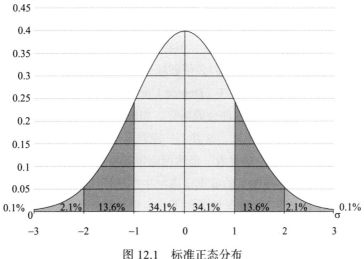

图 12.1　标准正态分布

上图形状与著名的"钟形"一样，但是，上图选择 x 轴上的值，使得平均值为 0，标准偏差为 1，这就是标准正态分布。如同在所有概率分布中一样，曲线下的面积为 1。任何正态分布都可以很容易地转化为标准正态分布，这在计算机出现之前是非常实用的。由于图形是对称的，因此只需要使用一侧的表，并且从中可以将所有值转换回当前的情形。这仍然是一个很好的功能，因为它使人们更容易与之联系。

如图 12.1 所示，所有结果的约 68.2%（34.1%+ 34.1%）落在平均值 μ 的一个标准差（正或负）内。标准差用希腊字母 σ 表示。同样，约 95.4% 落在 $\pm 2\sigma$ 之内，约 99.7% 落在 $\pm 3\sigma$ 之内。只有约 0.27% 落在图中所示的 $\pm 3\sigma$ 区域之外。

正态分布之所以吸引人，是因为只要给定 μ 和 σ 我们就可以计算余下的内容。

关于 SPC（Statistical Process Control，统计过程控制）的理论通常涉及"图表"。这是现有工作流程的自然结果，其中测量的原始数据被发送到个人计算机，通常用于后期处理，SPC 程序运行于图形用户界面上，这允许负责人跟踪系统的稳定性和能力。个人计算机将标出"可疑"行为并可能采取相关行动。如果在嵌入式系统中执行此操作，则可能不会显示图表，但通常显示在屏幕上的算法也很有意义。遗憾的是，现在还没有用于观察图表的直接操作符。我们将坚持"图表"一词，并用更抽象的方式来处理它。

如果你想知道更多关于统计图表的信息（而不是控制图表），我强烈推荐 Alberto Cairo 的 *The Truthful Art*，该书内容丰富多彩、妙趣横生，同时也富有教育意义。它对统计学基本术语的也进行了总体的解释。

SPC 中的一个重要参数是样本大小（也被称为子组大小）。通常假设"样本"是每小时或每天从装配线上取出的 10 个物体。因此，在此环境中的"样本"是 10 个对象，该样本可以通过各种统计参数来分类，这些参数有平均值、范围和长度或重量的估计方差等。如果你研究数字信号处理，那么样本不止测量一次并且可能存在差异，这可能会令人困惑。出于这个原因，我们通常使用术语"子组"。在现代物联网领域，你可能会问，为什么不测量所有对象？的确，这在未来可能会变得越来越重要，但在大量的场景中仍需要子组。

❑ 测试具有破坏性。当然，如果我们必须破坏所有对象，那么我们就无法测试它们。一些严酷的测试不一定会破坏 DUT（Device Under Test, 被测设备），但这些测试可能会削弱 DUT，因此未来的严酷事件会破坏它。如果要求装配线上的所有手机都扛得住从 3 英尺（约 1 米）的高度摔下来，这并不一定意味着你想要将所有手机从 3 英尺（约 1 米）处扔下来（更不用说"幸存者"仍然可能带有划痕）。

❑ 与产品的价值相比，这项测试的成本很高。生产现代高端电视的公司可能会在每台电视上测试关键参数，而生产螺丝的公司不一定想要在所有螺丝上测量（和存储）长度、重量和螺纹参数。

❑ 测试需要运行很长时间，这本身就增加了成本。

在许多方面，这归结为测试的实际目的。如果我们的目的是监控制造过程，而不是根据规格验证每个产品，那么子组就很有意义。

12.2　重要术语

统计学中最令人生畏的特征之一是所有符号几乎相同，因此在某些情况下可以被视为相似，而在其他情况下则不能。表 12.1 展示了一些与质量控制非常相关的符号。

表 12.1　统计符号

符　号	解　释
μ	总体的理论平均值
σ	总体的理论标准差
$\hat{\mu}$	总体的估计平均值
$\hat{\sigma}$	总体的估计标准差
$\overline{X}$	一组对象的平均值
$\overline{\overline{X}}$	若干组对象平均值的平均值
R	一组对象的范围
$\overline{\overline{R}}$	若干组对象范围的平均值
s	样本（子组）标准差
T	目标——通常是期望的平均值

通过计算平均数来估算平均值并不令人意外。符号 $\overline{X}$ 读作"X 拔"，这个术语在控制图中使用得很多。然而，估算 σ 并不那么容易。对象的范围很有趣，因为它通常用于估计 σ。子组的范围就是子组中测量到的最大值和最小值之间的差。例如，测量重量时，子组的范围是子组中最重物体的重量减去最轻的物体的重量。

12.3　控制图

正态分布可用于显示各个产品之间的差异，例如通过直方图。但是，直方图不会显示随时间的变化，因此，休哈特发明了控制图。所选择的统计参数（不是测量值）被绘制成时间或测试号的函数，这使我们能够及时发现趋势。

图 12.2 抽象地展示了控制图如何将正态分布垂直放置在 y 轴的左侧，将 σ 线延伸到图的区域。这是一般概念。

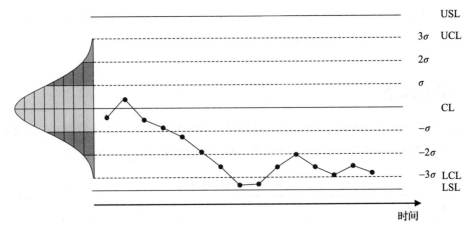

图 12.2 控制图

在创建控制图时，显然会将上限规格和下限规格（USL 和 LSL）与测量值进行对比。规格限制是给定产品必须符合的范围，以便产品获得批准。但是，这不是控制图通常绘制的内容。相反，控制图绘制统计参数。此外，它并不针对规范限制，而是针对控制限制来绘制。表 12.2 显示了控制图中使用的值。

表 12.2 控制图定义

简 写	全 称	描 述
UCL	Upper Control Limit（控制上限）	$CL + 3\hat{\sigma}$
CL	Center Line（中线）	估计的平均值
LCL	Lower Control Limit（控制下限）	$CL - 3\hat{\sigma}$
USL	Upper Spec Limit（规格上限）	最大合格值
LSL	Lower Spec Limit（规格下限）	最小合格值

控制上限和控制下限距离中心线 3 个 σ[⊖]（总共 6 个 σ 间隔）。如果听说过 "6 个 σ"，这可能会让你感到非常困惑，因为它几乎完全不相关。控制上限和下限是特定于过程控制和控制图中的整个理论的，而另一方面，规格上限和下限是针对相关产品的。如果将两个规格限制放在相应的控制限值之上，我们可以预期约 99.7% 的产品都合格，只有约 0.27% 不合格，如图 12.1 中所示。但是，如果生产了 100 万件物品，则将会有约 2700 件缺陷物品。

摩托罗拉曾决定将规格上限和下限与 ±6σ 线对齐，间隔为 12σ。这是 "6 个 σ" 的基础，在一百万个产品中只产生约 0.002 个缺陷产品（后面的表 12.9 中会显示）。这并不意味着产品的规格很好，而是意味着制造过程得到了很好的控制，即生产机器可能非常棒。具有讽刺意

⊖ 虽然也有其他的选择，但是 3 个是最主要的。

味的是，执行"6 个 σ"的公司很少真正遵守这条相当严格的规则。相反，这些公司专注于 DMAIC（定义-测量-分析-改进-控制）中的一些更以人为本的流程。

表 12.3 显示了一组报警规则。它们最初是由 WECO（Western Electric Company，西方电力公司）实现的，现在由 NIST 作为一个例子给出。

表 12.3　NIST 的 WECO 报警规则

规　则	警 报 描 述
1	任何大于 $+3\sigma$ 的点
2	在 $+2\sigma$ 之上的最后 3 个点中的 2 个
3	在 $+\sigma$ 之上的最后 5 个点中的 4 个
4	在中心线以上连续 8 个点
	——中心线——
5	在中心线以下连续 8 个点
6	在 $-\sigma$ 之下的最后 5 个点中的 4 个
7	在 -2σ 之下的最后 3 个点中的 2 个
8	任何小于 -3σ 的点

一旦给定各种限制，这些规则就很容易在嵌入式系统中实现。嵌入式系统采取的措施可以是关闭机器、发送邮件或发送文本给负责人。

由于所有测量值的 0.27% 将超出 3 个 σ 限值，所以如果对个体进行测量，我们则可以预见到规则 1 的错误报警，每 370 点一次。其他一些规则同样能够产生错误报警。出于这个原因，我们可能会将这些仅仅视为警告，并应用更多方法。

12.4　查找控制限制

创建控制图通常有两个阶段，第一个阶段是限值的初始估计，第二个阶段是正常生产——使用限值。一个例子可能是在一天的运行中全面检查所有产品。在计算控制限值之前，根据全天在一个大组中的其余测量结果，应移除由操作员的新手错误引起的"异常值"。以下公式显示如何估算计算控制限值时使用的均值和 σ。

$$\hat{\mu} = \frac{1}{n} \sum_{i=1}^{n} x_i \tag{12-1}$$

$$\sigma = \sqrt{\frac{1}{n} \sum_{i=1}^{n} (x_i - \hat{\mu})^2} \tag{12-2}$$

$$s = \sqrt{\frac{1}{n-1} \sum_{i=1}^{n} (x_i - \hat{\mu})^2} \tag{12-3}$$

$$\hat{\sigma} = s, \ n > 30 \tag{12-4}$$

$$\hat{\sigma} = s/c_4, \quad n <= 30 \tag{12-5}$$

$$\hat{\sigma} = \overline{R}/d_2, \quad n <= 10 \tag{12-6}$$

式（12-1）是平均值的简单计算。这适用于任何总体或子组。式（12-2）是完整总体的真实标准偏差。式（12-3）是子组（也被称为样本）的标准偏差。如式（12-3）所示，它在技术上被称为 s，我们除以 $n-1$ 而不是 n。当子组中有超过 30 个个体时这只是 σ 的一个很好的估计，而这很容易被遗忘。如果不是这种情况，我们则应该除以 c_4，其值可以在表 12.4 中找到。

当样本大小为 10 或更小时，我们可以使用式（12-6），它基于简单范围（最大值–最小值）除以 d_2，同样可以在表 12.4 中找到。

表 12.4 $\overline{X}$ 图、R 图和 s 图的控制图常数

大小	A_2	d_2	D_3	D_4	A_3	c_4	B_3	B_4
2	1.880	1.128	–	3.267	2.659	0.7979	–	3.267
3	1.023	1.693	–	2.575	1.954	0.8862	–	2.568
4	0.729	2.059	–	2.282	1.628	0.9213	–	2.266
5	0.577	2.326	–	2.114	1.427	0.9400	–	2.089
6	0.483	2.534	–	2.004	1.287	0.9515	0.030	1.970
7	0.419	2.704	0.076	1.924	1.182	0.9594	0.118	1.882
8	0.373	2.847	0.136	1.864	1.099	0.9650	0.185	1.815
9	0.337	2.970	0.184	1.816	1.032	0.9693	0.239	1.761
10	0.308	3.078	0.223	1.777	0.975	0.9727	0.284	1.716
15	0.223	3.472	0.347	1.653	0.789	0.9823	0.428	1.572
20	0.180	3.735	0.415	1.585	0.680	0.9869	0.510	1.490

细节决定成败。在 $\overline{X}$-s 图表的 " s " 部分中，中心线是 $\hat{\sigma}$，然后通过加上原分布的 σ 估计值的 ±3 个标准差，就找到了控制极限，也就是标准差的标准差。

上面的计算又涉及 c_4，而这又涉及非整数阶乘，或者更确切地说是 Excel 中的 "Gamma" 函数。常数 d_2 和 d_3（未在公式中显示）难以计算，这些可以通过数值模拟找到。然而，在统计程序 "R" 中，它们也作为简单的函数调用给出。

由于整个字谜游戏都是针对 30 以下的数字，所以它们被放入表格也就不足为奇了。创建表常量是为了包含尽可能多的实际公式，这就解释了为什么有这么多常数，以及为什么最终的公式相当简单，我们稍后将会看到。

由于基于 s 的计算复杂性，所以难怪在计算机时代之前简单的范围是首选。如今有些人可能会说应该也优先选择式（12-5）用于 10 以下的子组，因为它反映了子组中的所有观察结果，而不仅仅反映其中的两个（最小值和最大值）。另一方面，估计的标准偏差仍然难以理

解，因此，$\bar{X}$-R 图仍然非常受欢迎。

阶段 1 和阶段 2 之间的明显区别并不总是存在。个人计算机程序可以获取历史数据集并从中计算这些限制。它从这里继续研究来自这些限制的相同数据集。你可能认为如果限制是基于给定的数据集的，则不会有超出限制的数据，但这是不对的。图 12.3 中显示的 $\bar{X}$-R 图是作为一个小的 Excel 练习创建的，它清楚地显示了第 7 个 "子组/样本" 的 R 图中的一个冲突。

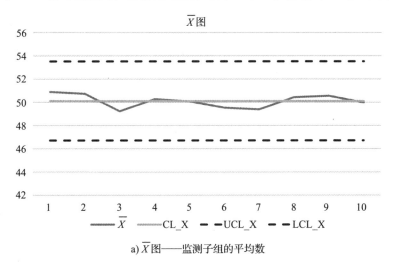

a) $\bar{X}$图——监测子组的平均数

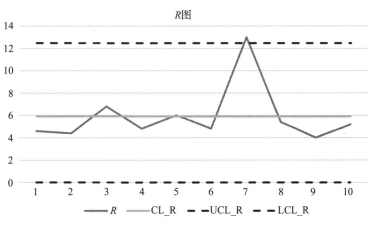

b) R图——监测各子组的变化情况

图 12.3 5 个对象的 10 个子组的 $\bar{X}$-R 控制图

用于子组的理论以及如何估计 σ 的理论都可以应用于阶段 1 和阶段 2。然而，在阶段 1 中，你可以想象质量工程师将更倾向于将整个测试生产视为一个大组。很可能阶段 1 的计算是在 PC 的 SPC 程序中创建的，并且由此产生的结果是控制限制，这个控制限制将用于阶段 2 的嵌入式软件中。

12.5 子组

12.1 节给出了一些场景，这些场景都用到了子组。这些子组通常只包含几个样本，因此我们需要引入表 12.4 中计算好的校正因子。可以"从零开始"计算这些校正因子，详见 NIST[⊖] 的工程统计手册，其中提供了一些公式。如前所述，表 12.4 是用 Excel 和 R 创建的。

使用表 12.4 在标准 C 语言中执行这些计算绝对是可行的，并且可能是首选，而不是去选择具有大量用于绘制根本不会使用的图表的代码的 SPC 库。无论如何，将这样一个程序集成到一个小型嵌入式系统中可能并不容易。

通常使用固定大小的子组，这些子组包含 3 到 25 个对象。确定子组的大小以及如何选择这些样本可能是整个过程中最困难的部分之一，以下是一些经验法则。

- 子组内的所有观察必须来自一个稳定的过程"流"。换句话说，来自同一装配线或机器、具有相同的操作员、在同一班次等。
- 如果从较大的集合中对子组进行采样，则样本不应该是该集合中的随机样本，而是连续采样。在装配线上每 100 个产品中有 5 个样本的情况下，样本可以是每 100 个中的最后 5 个。
- 观察结果不得相互影响。如果我们通过测量往返时间来评估网络，那么像上面那样保持连续样本不是一个好主意，因为我们知道拥塞会导致 TCP "降低速度"。两个连续数据包很可能会遇到类似的延迟。在这种情况下，每分钟抽取一个样本会更有意义。为了避免每分钟准确发生的现象，我们可以选择 59 s 的间隔（一个不错的邻近素数）。

12.6 案例：绝缘板

最受欢迎的控制图集之一是 $\overline{X}$-R 图，图 12.3 是该图的一个示例，也是本练习的输出。一个非常相似的替代方案是 $\overline{X}$-s 图，其中 $\overline{X}$ 部分几乎相同。

这三个图表是：

- $\overline{X}$ 图

    在这里，我们跟踪子组中平均值随时间的变化。当与 R 图一起使用时，$\overline{X}$ 图的限制是根据从 R 估计的 σ 计算的，而当与 s 图一起使用时，我们使用从 s 估计的 σ。由于子组的平均值是 $\overline{X}$（这是我们绘制的图），因此该图中的中心线是平均值的平均值，即 $\overline{\overline{X}}$。

⊖　The US National Institute of Standards and Technology，美国国家标准与技术研究院。

❏ R 图

在这里，我们跟踪同一子组中大致估计的标准偏差随时间的变化。我们使用式（12-6），基于可用于小型子组（最多 10 个个体）的范围。

❏ s 图

在这里，我们同样跟踪相同子组中随时间推移的估计标准偏差的发展。我们使用式（12-5），基于可用于所有子组的 s。

假如聚苯乙烯绝缘板生产了 10 天，每天选取包含 5 个绝缘板的样本/子组，允许我们使用"范围"作为估计 σ 的基础。标称厚度为 50 毫米，但是下文均省略了单位。虚构数据见表 12.5。

表 12.5 十天的测试——每天 5 个样本

天	1	2	3	4	5
1	53.4	51.2	48.8	48.9	52.2
2	51.1	52.3	51.2	47.9	51.2
3	48.1	52.4	47.7	45.6	52.3
4	52.2	48.9	50.3	47.6	52.4
5	48.4	52.1	47.5	53.5	48.9
6	50.4	49.6	48.3	52.1	47.3
7	48.4	52.1	47.1	43.2	56.2
8	49.9	52.1	52.7	47.3	50.2
9	48.6	51.2	52.6	49.2	51.2
10	48.5	51.6	50.2	52.4	47.2

极限公式如表 12.6 所示。注意，这些简单的公式用到的常量有 A_2、D_3 和 D_4，这些常量可以在表 12.4 中找到。与此表中的其他常量一起，当处理包含用于小于 30 的个体数的 $\hat{\sigma}$ 公式时，需要使用这些常量（如前所述）。在本例中，我们需要满足表 12.4 中"大小"为"5"的行中的这些常量，因为这是我们的子组大小。

表 12.6 $\overline{X}$ 和 R 控制线

参 数	公 式	解 释
$UCL_{\overline{X}}$	$\overline{\overline{X}} + A_2 \times \overline{R}$	上控制均值
$CL_{\overline{X}}$	$\overline{\overline{X}}$	中线均值
$LCL_{\overline{X}}$	$\overline{\overline{X}} - A_2 \times \overline{R}$	下控制均值
UCL_R	$D_4 \times \overline{R}$	上控制变量
CL_R	$\overline{R}$	中线变量
LCL_R	$D_3 \times \overline{R}$	下控制变量

用 s 而不是 R 的类似公式如表 12.7 所示。

表 12.7　$\overline{X}$ 和 s 控制线

参　　数	公　　式	解　　释
$UCL_{\overline{x}}$	$\overline{\overline{X}} + A_3 \times \overline{s}$	上控制均值
$CL_{\overline{x}}$	$\overline{\overline{X}}$	中线均值
$LCL_{\overline{x}}$	$\overline{\overline{X}} - A_3 \times \overline{s}$	下控制均值
UCL_s	$B_4 \times \overline{s}$	上控制变量
CL_s	$\overline{s}$	中线变量
LCL_s	$B_3 \times \overline{s}$	下控制变量

表 12.8 再次给出了测试数据，现在还给出了每个子组的计算好的 R 和 $\overline{X}$ 以及它们的平均值，即 $\overline{R}$ 和 $\overline{\overline{X}}$。最右边的一列是 s，通过式（12-3）计算。我们将在 $\overline{X}$-s 图中用到它。

表 12.8　包含平均值和范围的子组数据

天	1	2	3	4	5	R	$\overline{X}$	s
1	53.4	51.2	48.8	48.9	52.2	4.6	50.90	2.03
2	51.1	52.3	51.2	47.9	51.2	4.4	50.74	1.66
3	48.1	52.4	47.7	45.6	52.3	6.8	49.22	3.01
4	52.2	48.9	50.3	47.6	52.4	4.8	50.28	2.08
5	48.4	52.1	47.5	53.5	48.9	6.0	50.08	2.58
6	50.4	49.6	48.3	52.1	47.3	4.8	49.54	1.86
7	48.4	52.1	47.1	43.2	56.2	13.0	49.40	4.96
8	49.9	52.1	52.7	47.3	50.2	5.4	50.44	2.13
9	48.6	51.2	52.6	49.2	51.2	4.0	50.56	1.63
10	48.5	51.6	50.2	52.4	47.2	5.2	49.98	2.15
平均值						5.9	50.11	2.41

通过插入最下面一行的值和常量，我们为 $\overline{X}$-R 图得到了下面的值：

$$UCL_{\overline{X}} = \overline{\overline{X}} + A_2 \times \overline{R} = 50.11 + 0.577 \times 5.9 = 53.51$$

$$LCL_{\overline{X}} = \overline{\overline{X}} - A_2 \times \overline{R} = 50.11 - 0.577 \times 5.9 = 46.71$$

$$UCL_R = D_4 \times \overline{R} = 2.114 \times 5.9 = 12.47$$

$$LCL_R = D_3 \times \overline{R} = 0 \times 5.9 = 0$$

这些是图 12.3 中的数据已经使用的限制。$\overline{X}$-s 的类似值也计算出来了：

$$\mathrm{UCL}_{\bar{X}} = \bar{\bar{X}} + A_3 \times \bar{s} = 50.11 + 1.427 \times 2.41 = 53.54$$

$$\mathrm{LCL}_{\bar{X}} = \bar{\bar{X}} - A_3 \times \bar{s} = 50.11 - 1.427 \times 2.41 = 46.68$$

$$\mathrm{UCL}_s = B_4 \times \bar{s} = 2.09 \times 2.41 = 5.03$$

$$\mathrm{LCL}_s = B_3 \times \bar{s} = 0 \times 2.41 = 0$$

有趣的是，R 值是 s 值的两倍多。因此，可能期望从这两种方法得到非常不同的结果。我们在图 12.3 中看到了 $\bar{X}$-R 图，图 12.4 中显示了 $\bar{X}$-s 图。

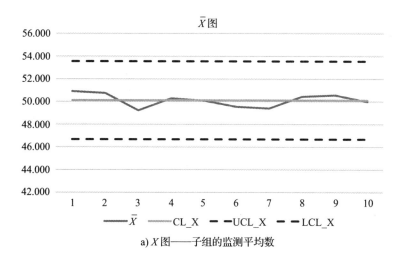

a) X 图——子组的监测平均数

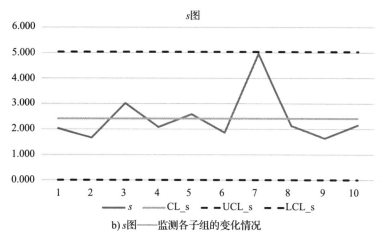

b) s 图——监测各子组的变化情况

图 12.4　5 个对象的 10 个子组的 $\bar{X}$-s 控制图

那么，$\bar{X}$-R 与 $\bar{X}$-s 的控制极限相比有什么不同呢？如前所述，R 图和 s 图的限制是不同的。但是，相应的图中结果又非常相似，因为在这两种情况下，数据值的缩放方式与极限相同，相同的情况经常在文献中被提到。然而，在我们的示例中，我们看到了基于 R 的图

（图 12.3）中第 7 天的超限情况，这在基于 s 的图（图 12.4）中似乎只是一个"几乎超限"的情况。

12.7 EWMA 控制图

EWMA 代表指数加权移动平均值，NIST 将其定义为

$$\text{EWMA}_t = \lambda \times Y_t + (1-\lambda) \times \text{EWMA}_{t-1} \tag{12-7}$$

式中，Y_t 是当前样本，而 EWMA_{t-1} 是公式的先前输出。λ 是介于 0 和 1 之间的数字，根据 NIST，λ 通常介于 0.2 和 0.3 之间。该公式与最简单的 IIR 滤波器相同，仅使用当前输入样本和上一个输出样本，详情请参见 11.8 节。实际上，它是一个简单的低通滤波器，跟踪"输入样本"的缓慢趋势，从而适应这些变化，但仍然要对任何更快的偏差进行检测。如同在生产控制中一样，样本可以是子组或单独测量值。

与其他图不同，我们在该图中不绘制方差，只绘制"低通滤波"的 EWMA 值。完成这个不是很困难，难点是在绘制时，我们还必须动态更新控制线。NIST 描述了一种简化，其中控制线在阶段 1 之后计算一次——基于由式（12-1）和式（12-3）得出的平均值和标准偏差 s（如果有超过 30 个样本）。让我们就此打住。

$$\text{UCL}_U = \mu + 3 \times \sqrt{\lambda/(2-\lambda)} \times s \tag{12-8}$$

$$\text{UCL}_L = \mu - 3 \times \sqrt{\lambda/(2-\lambda)} \times s \tag{12-9}$$

12.8 过程能力指数

如前所述，我们主要处理两件事：过程稳定性和过程能力。在本节中，我们处理后者。与控制图相关，如果规格上限和下限直接放在控制上限和下限之上，则将能力指数定义为 1。众所周知，这可能会导致 0.27% 的不合格品。

公式是

$$C_p = (\text{USL} - \text{LSL})/6\hat{\sigma} \tag{12-10}$$

如果规范限制没有以中心线为中心，那么上面的公式将给出过于乐观的估计。相反，应该使用以下公式：

$$C_{pk} = \min((\text{USL} - \hat{\mu})/3\hat{\sigma}, (\hat{\mu} - \text{LSL})/3\hat{\sigma}) \tag{12-11}$$

表 12.9 显示了 C_{pk} 和相关值。例如，第一行显示，如果规格限制只放在中心线下方和上方的一个 σ 处，那么我们可以预期所有产品的 68.27% 是合格的，每百万次机会的不合格品数量将是 317 311。根据 C_{pk} 的定义，在这种情况下，它等于 1/3 并不奇怪，每次我们把控制极限上下扩大 1 个 σ，它就增加 1/3。这张表是用 Excel 简单计算出来的。

表 12.9 C_{pk} 和相关值

C_{pk}	σ	合格率（%）	DPMO
0.33	1	68.27	317 311
0.67	2	95.45	45 500
1.00	3	99.73	2 700
1.33	4	99.99	63
1.67	5	99.999 9	0.57
2.00	6	99.999 999 8	0.002

12.9 扩展阅读

❑ www.itl.nist.gov/div898/handbook/pmc/section3/pmc31.htm

NIST/Sematech 统计方法电子手册——控制图部分。

❑ www.spcforexcel.com

这个带 Excel 扩展的站点拥有非常广泛的知识库。

❑ Alberto Cairo：*The Truthful Art - Data，Charts，and Maps for Communication*

正如标题所示，这本书是关于展示的，而不涉及嵌入式软件。不过，它还是引入了一般的统计数据。这是一本极具说明性和娱乐性的书。

❑ Jan Gullberg：*Mathematics：From the Birth of Numbers*

一本精彩而书呆子气十足的书，包含关于概率论的章节。

后记 · Postscript

在第 1 版的结尾部分，我曾担心物联网的商业模式——如何创造收入。我还说，虽然我们确实看到了一些全新的产品，但大多数物联网解决方案可能会通过省钱的方式来赚钱。在过去的几年里，这似乎被证实了。许多物联网解决方案是现有解决方案的更智能的实现。以啤酒酿造公司的过程控制为例，按惯例员工需要每隔一段时间读一次仪表，然后把仪表的值写在纸上。这些读数将被填入 Excel 表格，该表格可在不久后用于调节过程。将来，数据也会被发送到管理层（如通过邮件附件）以安排生产计划。

今天，这些都可以实时发生。工厂内的"内环"控制可以完全无人操作，云中的生产计划也可以自动更新。除此之外，数据可以作为增强现实在工厂中呈现。使用合适的眼镜，你可以看到一个储酒糟，同时看到温度、酒精含量、运输日期等。

商人通过省钱来赚钱，这使营销更容易。他们不需要开发全新的场景，而是需要了解客户的工作流程（在上面的例子中，就是酿酒过程及其周围的一切），并帮助改进这一点。这一直是市场营销的核心部分。

推荐阅读

解读物联网

作者：吴功宜 吴英 ISBN：978-7-111-52150-1 定价：79.00元

本书采用"问/答"形式，针对物联网学习者常见的困惑和问题进行解答。通过全书300多个问题，辅以400余幅插图以及大量的数据、表格，深度解析了物联网的背景知识和疑难问题，帮助学习者理解物联网的方方面面。

物联网设备安全

作者：Nitesh Dhanjani 等 ISBN：978-7-111-55866-8 定价：69.00元

未来，几十亿互联在一起的"东西"蕴含着巨大的安全隐患。本书向读者展示了恶意攻击者是如何利用当前市面上流行的物联网设备（包括无线LED灯泡、电子锁、婴儿监控器、智能电视以及联网汽车等）实施攻击的。

从M2M到物联网：架构、技术及应用

作者：Jan Holler 等 ISBN：978-7-111-54182-0 定价：69.00元

本书由长期从事M2M和物联网领域研发的技术和商务专家撰写，他们致力于从不同视角勾画出一个完整的物联网技术体系架构。书中全面而又详实地论述了M2M和物联网通信与服务的关键技术，以及向物联网演进的过程中所要应对的挑战与需求，同时还介绍了主要的国际标准和一些业界最新研究成果。本书在强调概念的同时，通过范例讲解概念和相关的技术，力求进行深入浅出的阐明和论述。

推荐阅读

 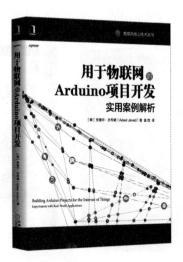

雾计算：技术、架构及应用

作者：Mung Chiang, Bharath Balasubramanian, Flavio Bonomi

ISBN：978-7-111-58402-5 定价：79.00元

"雾"是更贴近地面的"云"，本书将带领你"拨云见雾"，开启5G与物联网的新时代！

随着终端设备性能的飞速提升，雾不仅能够解决云面临的难题，还能为企业的快速创新提供机遇。雾计算关注以客户端为中心的感知，充分利用边缘设备的计算、存储、通信和管理能力，具有低时延的优势，在智慧城市、车联网、AR/VR游戏和视频点播等方面有着广阔的应用前景，堪称物联网关键领域的完美解决方案。

本书云集了来自学术界和企业界的先锋学者和实践专家，全面讨论雾计算的关键技术和工程应用，对雾架构的组网、计算和存储等方面进行了深入分析，涉及众多前沿研究和设计挑战。本书对于相关领域的研究者、工程师和学生都非常有益，将助力其在技术变革的风暴中"腾云驾雾"。

用于物联网的Arduino项目开发：实用案例解析

作者：Adeel Javed ISBN：978-7-111-56360-0 定价：59.00元

这是一本关于如何用Arduino构建日常使用的、能连接到互联网的设备的书。有了联网的设备，应用就可以发挥联网的优势。

本书给急于学习Arduino的爱好者提供绝佳参考。它通过具体的项目实例展示Arduino的工作原理，以及用Arduino能实现什么，涉及用Arduino实现互联网连接、常见的物联网协议、定制的网页可视化，以及按需或实时接收传感器数据的安卓应用等。

本书能给你提供基于Arduino设备开发的坚实基础，你可以根据自己特定的开发需求来选择起步的方向。